LA FORMATION DU SYSTÈME NERVEUX

ŒUVRES DE R.-M. MAY

LA TRANSPLANTATION ANIMALE. *Gauthier-Villars*, Paris, 352 pages, 170 figures.

LES CELLULES EMBRYONNAIRES. *N. R. F.*, Paris, 264 pages, 70 figures.

LA FORMATION DU SYSTÈME NERVEUX. *N. R. F.*, Paris, 304 pages, 146 figures.

LA VIE DES TARDIGRADES. *N. R. F.*, Paris, 134 pages, 62 figures.

LA GREFFE. *N. R. F.*, Paris, 304 pages, 82 figures.

L'AVENIR DE LA SCIENCE — 20
Collection dirigée par Jean Rostand

RAOUL-MICHEL MAY
Professeur de biologie animale
à la Faculté des Sciences de l'Université de Paris

LA FORMATION DU SYSTÈME NERVEUX

nrf

GALLIMARD
Neuvième édition

A mi querido amigo el Dr. Raoul May
en testimonio de sincera admiracion
y cordial afecto

S. Ramon Cajal

Madrid 28 Abril 1927

A la mémoire

du génial fondateur

de la neurologie moderne

SANTIAGO RAMÓN Y CAJAL

I

INTRODUCTION

Supposons qu'un homme intelligent, mais sans connaissances théoriques concernant l'électricité, ni pratiques quant à ses applications, soit placé dans le bureau central téléphonique d'une très grande ville, et qu'on lui donne comme tâche d'expliquer l'organisation de ses nombreux câbles et fils. Dans l'impossibilité de suivre individuellement chacun de ceux-ci, et devant l'extrême complexité du réseau, seules peu de solutions se présenteront à notre homme. Pour comprendre le dispositif de l'immense et compliqué bureau central qu'il a devant les yeux il faut d'abord qu'il comprenne celui d'un système beaucoup moins développé. En d'autres mots, il faut qu'il procède du simple au complexe.

Il peut donc demander à étudier des bureaux téléphoniques très réduits, peu compliqués. Pour cela, la meilleure solution serait d'avoir sous les yeux les différents bureaux construits depuis l'invention du téléphone. Mais nombre de ceux-ci ont disparu ; il faudra donc que notre homme se contente d'étudier les bureaux centraux des plus petites villes, même si ceux-ci sont déjà bien compliqués pour un novice.

Mais il peut aussi assister à la construction d'un petit bureau central téléphonique. Il aura ainsi l'avantage de voir posés un à un les câbles et les fils, d'étudier leurs rapports mutuels, et de comprendre l'organisation du réseau alors qu'il est encore rudimentaire, et que le nombre même des conducteurs n'a pas obscurci la place que chacun occupe dans le système central. Ayant compris l'organisation de ce réseau simple, il pourra aisément transposer ses connaissances à l'énorme réseau qu'il a à analyser.

Enfin, lorsque notre homme aura acquis une certaine expérience, il pourra soustraire à un réseau un câble ou un nombre restreint de fils, et voir quel est le résultat de cette action négative, ou bien encore ajouter des fils ou transformer leurs connexions, et étudier les effets de ces changements sur le réseau. Ceci lui permettra de confirmer ou d'infirmer les idées qu'il s'était faites sur son fonctionnement.

Nous nous trouvons, si nous voulons étudier le système nerveux, devant un problème semblable, rendu plus complexe du fait que le système nerveux, à l'encontre d'un réseau téléphonique, trouve en lui-même l'énergie et l'initiative de son fonctionnement. Mais, de même que notre novice ne peut comprendre théoriquement l'organisation du bureau central téléphonique, avec son réseau périphérique, faute des notions préalables, nous ne pouvons non plus, dans l'état actuel de nos connaissances, comprendre théoriquement l'organisation du système nerveux central et périphérique. Nous aussi nous trouvons donc dans la nécessité de procéder uniquement de façon pratique, en comparant l'inconnu au déjà connu, le complexe au simple.

Pour ce faire la solution la meilleure serait de pouvoir étudier un à un les différents systèmes nerveux des nombreuses espèces disparues au cours de l'évolution du règne animal, et dont nous ne possédons plus qu'un certain nombre de fossiles. Mais si cette méthode de la paléontologie est d'une application pratique lorsqu'on veut étudier des tissus anatomiques tels que les os, qui résistent bien à l'action du temps et des éléments, ou qui donnent leur forme exacte à la matière minérale qui les remplace lentement, nous ne pouvons en dire autant du système nerveux. Fragile, rapidement putrescible, il n'en reste, dans les fossiles, à de très rares exceptions près , rien, si ce n'est parfois son moulage.

Nous pouvons, par contre, étudier, comme notre homme dans le cas des bureaux téléphoniques, des systèmes nerveux simples, encore réduits. Cette méthode de l'anatomie et de l'histologie comparées élucide bien des points, mais elle est nécessairement incomplète elle aussi, car de nombreux stades intermédiaires manquent, et nous ne pouvons conclure *a priori* que l'évolution de certaines structures nerveuses a suivi la même voie et la même gradation dans toutes les formes, fussent-elles très voisines.

Heureusement que nous pouvons, nous aussi, assister, pour chaque espèce animale, à la construction de son système nerveux central, comme notre homme pourrait assister à celle d'un bureau central téléphonique. Cette méthode, celle de l'embryologie, va nous permettre, comme à lui, de voir posés un à un les différents conducteurs et de comprendre l'organisation du système nerveux alors qu'il est encore rudimentaire et constitué par un nombre restreint de cellules et de fibres.

Enfin, lorsque nous aurons ainsi acquis une certaine connaissance du système nerveux, nous pourrons nous aventurer à détruire certains faisceaux nerveux ou nerfs périphériques, pour observer les résultats de cette action négative : c'est la méthode expérimentale des dégénérescences. Nous pourrons aussi faire des greffes nerveuses chez l'embryon, ou transformer certaines connexions nerveuses. Ce sont là d'autres aspects de la méthode expérimentale.

Ainsi il y a quatre méthodes d'étude possibles si nous

voulons comprendre l'organisation d'un grand centre relié à un vaste réseau périphérique. Dans le cas du système nerveux, la première, celle de la paléontologie, est presque impossible, faute du matériel adéquat ; la deuxième, celle de l'anatomie et de l'histologie comparées, est riche en résultats, mais malgré tout incomplète ; la troisième, celle de l'embryologie, et la quatrième, celle de l'expérimentation, sont les plus intéressantes non seulement pour leurs acquisitions mais aussi pour leurs possibilités. On peut en effet affirmer qu'à l'heure actuelle l'anatomie et l'histologie comparées ont déjà donné beaucoup de ce qu'on était en droit d'attendre d'elles en neurologie. Mais l'embryologie comparée du système nerveux est bien loin d'avoir épuisé ses possibilités, et l'expérimentation n'en est qu'à ses débuts. De plus, une nouvelle science, qui fusionne ces deux disciplines, la neuroembryologie expérimentale, a, depuis quelques années, enrichi d'une foule de techniques et de données nouvelles, non seulement la neurologie, mais encore toute la biologie. Elle a rendu possible l'introduction dans l'étude morphologique du système nerveux des méthodes d'expérimentation quantitative qui s'étaient déjà révélées si riches en résultats pour son étude physiologique.

Il nous semble donc qu'il n'est pas trop tôt pour exposer sous une forme simple, accessible à tout esprit cultivé, les acquisitions fournies par l'évolution et par l'embryologie normale et expérimentale du système nerveux. Ces méthodes, qui sont encore en pleine transformation, ont pourtant déjà éclairé d'une vive lumière les nombreuses questions que pose le plus compliqué de tous nos appareils. Leur étude ne facilite d'ailleurs pas seulement la compréhension de la structure du système nerveux ; elle place celui-ci sur le plan expérimental qui est le carrefour où se rejoignent sa physiologie, sa chimie et sa physique.

Tout en insistant sur le côté morphologique de la formation du système nerveux, nous ne saurions en effet négliger son aspect fonctionnel ni son aspect physico-chimique. Ce sont là des points de vue divers d'une même question, de simples techniques différentes qui donnent des résultats concordants et complémentaires. On ne peut, en effet, séparer la formation structurale du système nerveux de sa formation chimique et physique. Mais cette dernière est encore peu étudiée ; il n'y a pas, jusqu'ici, une physique spéciale de la neurogénèse. La formation morphologique et l'organisation chimique du système nerveux, qui ont fait l'objet de plus de recherches que son aspect physique, montrent, en bien des points, des différences très marquées avec les autres systèmes animaux. C'est donc sur ces deux aspects de la formation nerveuse que nous insisterons particulièrement.

Nous ne pourrons, dans un petit livre comme celui-ci, exposer également le côté physiologique du développement nerveux. On sait, en effet, qu'une autre nouvelle science a fait son apparition depuis quelques années : la physiologie embryonnaire. Cette science se relie tout naturellement à celle du comportement, à la psychologie de l'embryon. Nous apercevons là un champ bien vaste et puissamment intéressant. Mais nous ne saurions l'aborder sans posséder les connaissances préalables fournies par la morphologie et la chimie de l'embryon. Nous nous bornerons ici à ces dernières.

II

LE MOUVEMENT SANS NERFS

L'évolution du système nerveux est un vaste sujet qui a fait l'objet d'un certain nombre de livres, dont un des plus récents et des plus concis est celui de Kappers. Nous ne saurions suivre ici les modifications structurales qui vont d'un fin et insignifiant système nerveux chez les Invertébrés inférieurs jusqu'à l'imposant névraxe, avec ses ramifications périphériques non moins frappantes, chez les Mammifères et l'Homme. Mais nous pouvons affirmer de suite que cette imposante masse nerveuse est constituée chez ces derniers par des éléments cellulaires semblables à ceux que l'on peut observer chez les espèces animales les plus inférieures. Les modifications structurales chez les différents groupes d'animaux n'ont donc qu'un intérêt particulier à chacun d'eux, et découlent toutes de l'organisation et de la multiplication différentes de cellules nerveuses semblables.

Par ailleurs, il est du plus haut intérêt, dans la question qui nous occupe, d'approfondir l'étude des animaux qui se passent complètement de système nerveux, puis de ceux chez qui apparaissent pour la première fois les éléments nerveux, et de voir quelle est la structure originelle de ces cellules, qui, par la suite, n'auront plus qu'à s'agglomérer, se multiplier et se modifier pour constituer les différents types de systèmes nerveux.

Pour reprendre notre comparaison avec le système central téléphonique, une fois que nous aurons compris l'organisation du premier poste, nous pourrons négliger un certain nombre de modifications purement structurales, basées sur le même principe, de petits bureaux centraux, pour passer d'emblée à un bureau central ultérieurement compliqué mais encore en cours d'élaboration.

Nous devons une étude d'ensemble sur le système nerveux élémentaire à George Howard Parker, et nous puiserons largement dans son beau travail.

La cellule nerveuse est une cellule qui s'est spécialisée dans une fonction qui est commune à tout protoplasme. Nous voyons, en effet, que des groupes cellulaires entiers existent sans organisation nerveuse, et ceci non seulement chez des Invertébrés inférieurs, mais encore dans certains tissus de tous les animaux, y inclus les Mammifères les plus élevés et l'Homme.

Chez les Protozoaires et les Spongiaires un système nerveux n'est pas encore différencié. Il existe pourtant chez ces Invertébrés inférieurs des fonctions comparables aux fonctions nerveuses, et n'en différant qu'en degré.

Ainsi, les fonctions principales du système nerveux : l'irritabilité, la réceptivité, la conduction, la corrélation, et l'élaboration d'impulsions ou d'excitations sont des propriétés générales du protoplasme. Jusqu'à un certain point ces fonctions se trouvent même dans le tissu musculaire qui se forme, dans la série des animaux (phylogénie), et chez leurs embryons (ontogénie), avant les cellules nerveuses.

On a observé, en effet, des réflexes, sur des distances tissulaires assez considérables, chez : 1. Des animaux sans tissu nerveux, tels que des Protozoaires ou des Spongiaires.

On sait, par exemple, qu'une Amibe se meut toute entière lorsqu'on excite un de ses pseudopodes. 2. Les larves de Batraciens. Wintrebert a étudié ces réflexes chez les embryons ciliés de ces Vertébrés avant la différenciation nerveuse ; il a montré qu'ils sont bien indépendants des voies nerveuses. 3. Les larves plus avancées de ces mêmes Batraciens. Schaper a observé certains réflexes chez elles après ablation des ébauches du cerveau et de la moelle.

Il semble d'ailleurs que non seulement de simples réflexes, mais même des fonctions que l'on considère en général comme purement mentales — la mémoire, l'attention, l'association, — sont en réalité inhérentes à tout protoplasme.

Mais une spécialisation nerveuse ou plutôt neuroïde apparaît de bonne heure dans l'échelle des organismes. Nous avons dit plus haut qu'il n'y a pas de différenciation nerveuse chez les Protozoaires et les Spongiaires. Mais chez certains Infusoires il existe une organisation fibrillaire de cytoplasme conducteur en rapport avec les cils : c'est l'appareil neuromoteur.

Taylor a étudié cet appareil en 1920 chez l'Infusoire *Euplotes*. Non loin de la membrane ondulante existe un petit centre d'où partent un certain nombre de fibrilles, de cytoplasme spécialisé, qui se rendent aux cils. Lorsqu'on coupe ces fibrilles, au moyen d'un appareil à microdissection, les cils auxquels elles se rendent perdent leur coordination (fig. 1). Elles sont donc normalement conductrices d'une impulsion que le cytoplasme environnant ne transmet pas, et il semble même que chaque fibrille transmet cette impulsion à titre individuel. Rees a encore étudié en 1922 des fibrilles semblables dans le cytoplasme d'un autre Infusoire, la Paramécie, qui posséderait également un appareil neuromoteur.

Les Spongiaires s'élèvent à certains points de vue au-dessus des Cœlentérés. Mais ils ne possèdent pas, comme ces derniers, de cellules nerveuses. Les Eponges calcaires de l'ordre des Ascons sont les plus simples. Ce sont de sim-

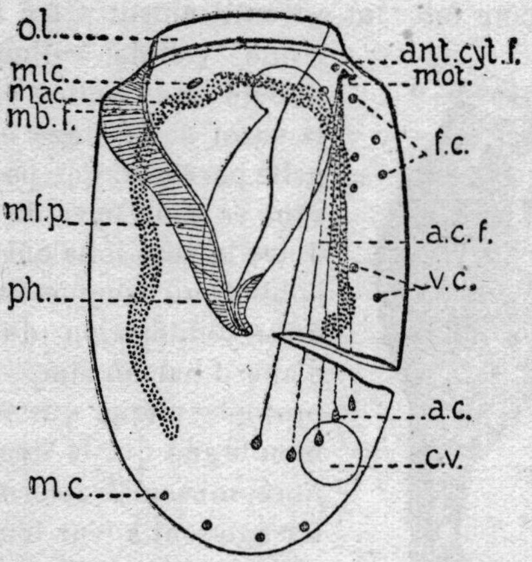

Fig. 1. — *Démonstration de la fonction de l'appareil neuromoteur chez l'Infusoire* Euplotes. *La rupture de continuité de ses fibrilles anales, par microdissection, interrompt la coordination du mouvement des cils anaux, agglomérés en cirres.* a. c., *cirre anal;* a. c. f., *fibrille à un cirre anal;* ant. cyt. f. *et* m. b. f., *fibrille à la membrane ondulante;* c. v., *vacuole contractile;* f. c., *cirres frontaux;* m. c., *cirres marginaux;* mac., *macronucléus;* m. f. p. *membrane ondulante;* mic., *micronucléus;* mot., *centre moteur* (*motorium*); o. l., *lèvre orale;* ph., *pharynx;* v. c., *cirres ventraux.* x *800* (*C. V. Taylor*).

ples sacs fixés par leur base. Autour d'une vaste cavité intérieure, tapissée de cellules flagellées appelées choanocytes, la paroi est percée de nombreux pores inhalants et, à l'extrémité supérieure, d'un seul orifice, exhalant — l'oscule (fig. 2).

Chaque pore inhalant est entièrement percé à l'intérieur d'une cellule cylindrique qui s'étend dans toute l'épaisseur de la paroi de l'éponge et qu'on appelle porocyte. Ces porocytes peuvent se contracter de façon à réduire le pore inhalant, ou même à l'oblitérer complètement. Dans cette oblitération du pore c'est d'abord par un simple glissement protoplasmique que se forme une membrane qui le ferme. Puis des fibres musculaires formant sphincter agissent à leur tour.

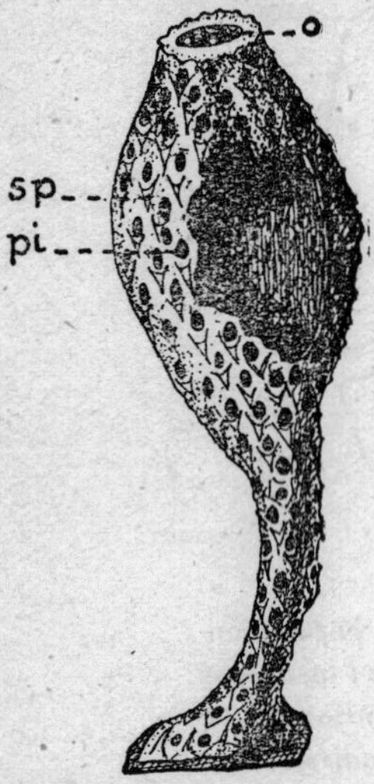

Fig. 2. — Forme Olynthus *d'une Eponge calcaire* (Ascetta primordialis). o, *oscule;* pi, *pores inhalants;* sp, *spicules.* x 25 (*R. Perrier*).

Les cellules ectodermiques qui se trouvent sur la face externe du sac sont aussi éminemment contractiles ; elles peuvent fermer complètement l'oscule et sont capables de contracter l'éponge en totalité au point d'oblitérer entièrement la cavité intérieure.

L'oscule, le seul orifice exhalant, se ferme non seulement lorsqu'il est exposé à des influences anormales, telles que l'air, certaines drogues, la blessure de cellules voisines, mais encore dans l'eau tranquille, non courante. Les pores inhalants se ferment également lorsqu'ils sont exposés à ces influences anormales, mais ne sont pas influencés par les courants.

Ainsi, les Eponges ont des tissus comparables aux tissus musculaires, mais n'ont pas de système nerveux. Ceci ne les empêche pas de manifester une activité placée sous un contrôle général. En effet le corps de l'Eponge dans sa totalité peut se contracter lentement, et les choanocytes battent à l'unisson.

G. H. Parker a montré que la transmission chez les Éponges est *neuroïde* et non pas *nerveuse*, et qu'elle est comparable à ce que l'on voit dans les membranes épithéliales de nombreux animaux, dont les Mammifères.

Le mouvement neuroïde est facile à observer, chez les Vertébrés, dans les épithéliums ciliés (fig 3), tels que ceux de l'arbre respiratoire. Si nous représentons dix cellules d'un tel épithélium, avec leurs cils, on observe des cas où l'onde de propagation commence à la cellule 1 et va progressivement à la cellule 10, les cils s'appuyant chacun sur le cil suivant, encore non actif, dans la même direction, de telle façon que le cil suivant entre alors en action (fig. 4). Ici le *mouvement ciliaire propre* se faisant dans le même sens que *l'onde de propagation*, on pourrait expliquer ce mouvement successif comme étant dû à une cause purement mécanique.

Mais on observe d'autres cas où le *mouvement ciliaire propre* se faisant toujours dans la même direction, *l'onde de propagation* va en sens inverse, de la cellule 10 à la cel-

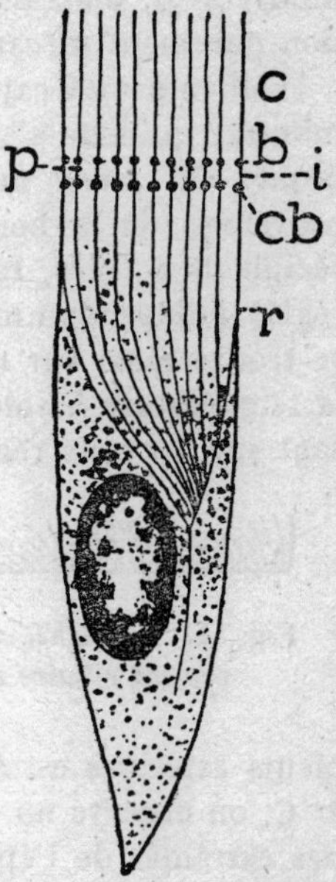

Fig. 3. — *Schéma de l'appareil cilié d'une cellule à cils vibratiles.* b, *bulbe des cils;* c, *cils;* cb, *corpuscules basaux;* i, *pièces intermédiaires;* p, *plateau cuticulaire;* r, *racines convergeant en un cône radiculaire* (*A. Prenant, P. Bouin,*) *L. Maillard*).

lule 1. Ici, l'ordre de propagation étant renversé, chaque cil ne touche pas le suivant, non actif, pour le mettre en mouvement, mais bien un cil qui vient d'agir ; une explication purement mécanique n'est donc plus possible.

D'ailleurs une expérience, due à Kraft, va encore nous montrer qu'il ne s'agit pas simplement d'une cause mécanique. On place un lambeau allongé d'épithélium cilié provenant de la bouche d'une Grenouille sur trois petits récipients accolés, récipients dont la température peut être réglée indépendamment pour chacun d'eux. L'épithélium se trouve ainsi sur trois régions dont on peut faire varier la température à volonté, l'axe du mouvement ciliaire passant sur les trois régions. Si la température des deux réci-

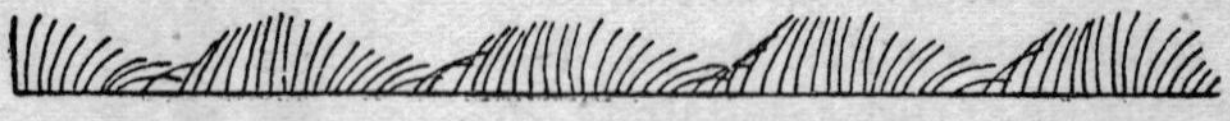

Fig. 4. — *Schéma des ondes de propagation du mouvement ciliaire sur une surface ciliée* (*M. Verworn*).

pients extrêmes est à 12° C, et celle du récipient moyen à 2° C, on observe un mouvement des cils dans les deux parties extrêmes de l'épithélium, mais non pas dans sa partie moyenne. Si, de plus, l'on excite mécaniquement la partie extrême d'où part normalement le mouvement ciliaire, celui-ci se trouvera accéléré dans cette partie et dans l'autre partie extrême à 12°, mais non pas dans la partie intermédiaire à 2°, qui ne montrera toujours aucun mouvement ciliaire. Il y a donc bien une transmission à travers cette partie intermédiaire, mais elle n'est pas mécanique.

On constate ainsi expérimentalement une transmission non mécanique dans l'épithélium cilié. Cette transmission, neuroïde, correspond bien à celle que nous avons étudiée chez les Eponges sans cellules nerveuses.

G. H. Parker a démontré que les tissus, d'Invertébrés ou

de Vertébrés, où l'on constate une transmission neuroïde, agissent comme *effecteurs indépendants*, tandis que le plus souvent il existe, chez les organismes, un arc réflexe : Récepteur → Ajusteur → Effecteur. Un exemple typique et classique est celui-ci : Organe des sens (récepteur) → Système nerveux central (ajusteur) → Muscle (effecteur).

On trouve pourtant, même chez les animaux supérieurs, des muscles agissant comme effecteurs indépendants. Tels sont le sphincter pupillaire et le muscle cardiaque.

Arnold en 1841 a observé que l'iris se contracte, dans des yeux excisés d'Anguilles, lorsqu'ils sont exposés à la lumière. Brown-Séquard a voulu expliquer ce phénomène par un réflexe intra-oculaire.

Mais Steinach, en 1892, a coupé la face antérieure de l'œil (fig. 5) et a obtenu une contraction du sphincter pupillaire en réponse à l'excitation lumineuse. De même un morceau d'iris illuminé directement se contracte. Par contre, un faisceau lumineux passant dans la pupille d'un œil intact, sans toucher l'iris, n'est pas stimulant.

Il n'y a donc pas de réflexe intra-oculaire, mais bien une réponse directe du muscle iridien à la lumière. Ceci est confirmé, chez l'Homme, par le cas d'individus atteints d'une dégénérescence du nerf optique. Un faisceau lumineux qui passe dans la pupille de tels yeux n'a pas d'effet sur le sphincter pupillaire, tandis qu'il provoque une contraction de ce sphincter lorsqu'il passe sur l'iris.

Quoique le sphincter pupillaire des Vertébrés soit normalement actionné sous l'influence d'un arc réflexe, il n'y a pas de doute qu'il puisse subir en plus une stimulation directe.

Deux théories s'appliquent à expliquer le battement du cœur des Vertébrés. La théorie myogène présente le cœur comme un effecteur indépendant, semblable aux organes musculaires des Spongiaires. La théorie neurogène, par contre, suppose que le muscle cardiaque est sous le contrôle nerveux, comme la plupart des muscles des animaux supérieurs.

Le cœur des Vertébrés inférieurs, et de tous les Vertébrés à l'état embryonnaire, est un tube en forme de S (fig. 6). Chez les Vertébrés supérieurs après le stade embryonnaire il est compliqué par la superposition de séparations qui le divisent en cœur droit et gauche. Mais même chez les Vertébrés inférieurs après le stade embryonnaire le tube cardiaque est dilaté en quatre chambres qui se suivent dans l'ordre suivant : sinus veineux, oreillette, ventricule, bulbe.

Le grand Harvey est l'auteur de la théorie myogène, tandis que Willis, ayant découvert des nerfs dans le cœur, et pensant qu'ils contrôlaient son action, est l'auteur de la théorie neurogène.

La contraction du cœur commence dans la chambre la plus postérieure, le sinus veineux ou, lorsque celui-ci fait partie de l'oreillette, dans la partie postérieure du muscle de celle-ci. Chez les Vertébrés supérieurs le lieu où la contraction débute est appelé le nœud sinusal. De là l'onde de contraction passe sur l'oreillette et, à travers un étroit pont musculaire, au ventricule. De là il y a une rapide propagation au moyen du tissu musculaire spécialisé de la face interne du ventricule — le tissu de Purkinje ou tissu nodal, à tout le muscle du ventricule. Ce tissu nodal a conservé l'aspect de la structure embryonnaire, et est facilement distingué du reste du muscle cardiaque.

Ainsi la contraction passe de façon unifiée sur tout le muscle cardiaque. D'après la théorie myogène la contraction prend naissance dans le muscle même et est propagée sous forme d'une vague ou onde de la partie veineuse à la partie artérielle du cœur.

Nous n'avons pas à exposer ici les faits et les arguments invoqués par les deux écoles concernant la nature myogène ou neurogène du battement du cœur. Il nous suffira de dire que la nature myogène de la contraction du cœur des Vertébrés ne peut laisser de doute, tout au moins chez l'embryon. C'est en effet chez celui-ci que les faits sont absolument probants.

1. Chez l'embryon de Poulet le cœur se forme après 23 heures d'incubation et bat lorsque 6 heures se sont encore écoulées. A ce stade, dit de 10 somites, les crêtes neurales ne sont pas différenciées, et il n'y a pas encore de neuroblastes, c'est-à-dire de cellules nerveuses embryonnaires. Le cœur n'est d'ailleurs envahi par des cellules nerveuses qu'au 6e jour d'incubation.

2. Hooker a montré en 1911, chez des embryons de Grenouille dont il avait complètement extirpé le système nerveux, que le cœur se développe et se met à battre.

3. Après la découverte de la culture des tissus par Harrison en 1907, Burrows, cinq ans plus tard, a cultivé des cellules du cœur d'embryons de Poulet. De petits morceaux de cœurs d'embryons, cultivés dans du plasma auquel il ajoute du suc embryonnaire, donnent naissance, à leur périphérie, à des cellules. Ces cellules se mettent à battre 50 à 120 fois par minute, rythme typique du muscle ventriculaire. Certaines des cellules qui battent ainsi sont complètement isolées (fig. 7).

Lewis a d'ailleurs montré, en 1915, de la même façon, que le muscle squelettique peut se contracter sans influence nerveuse.

Nous pouvons donc admettre la théorie myogène du battement du cœur chez l'embryon des Vertébrés. Comme le sphincter pupillaire, le muscle cardiaque peut agir en effecteur indépendant. Même pour des fonctions aussi importantes que celles dévolues à ces muscles, chez les vertébrés supérieurs, il n'est pas besoin de spécialisation nerveuse ; les propriétés du protoplasme en général suffisent ici, comme elles suffisent chez certains Invertébrés inférieurs pour toutes leurs fonctions.

Si, malgré cela, il y a eu, au cours de l'évolution, formation d'un système nerveux, c'est que la spécialisation, ici comme ailleurs, présente des avantages incontestables. Chez un organisme la centralisation des commandes, la rapidité de transmission, la possibilité d'innombrables combinaisons nouvelles sont l'apanage d'un tissu affecté spécialement aux fonctions que nous groupons sous le vocable de « nerveuses », mais qui ne sont que la sommation et l'exclusive organisation de caractères déjà présents dans la moindre parcelle de matière vivante.

Fig. 5. — *Surface interne du corps ciliaire et de l'iris. Le cristallin a été enlevé* (*H. Rouvière*).

Fig. 6. — *Développement embryonnaire du cœur de Poulet. Les nombres indiquent l'âge de l'embryon en jours* (*H. A. Murray*).

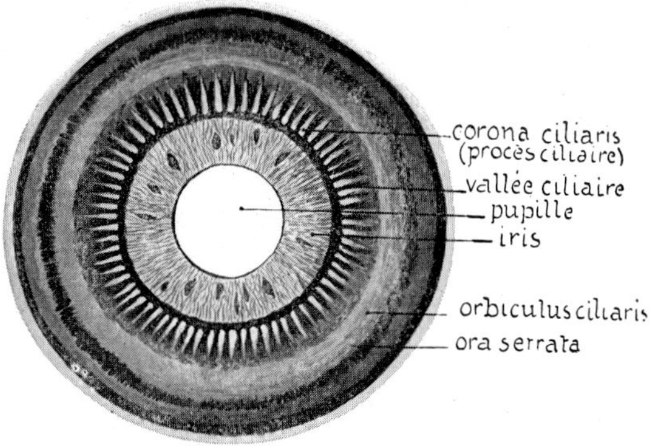
corona ciliaris
(procès ciliaire)
vallée ciliaire
pupille
iris
orbiculus ciliaris
ora serrata

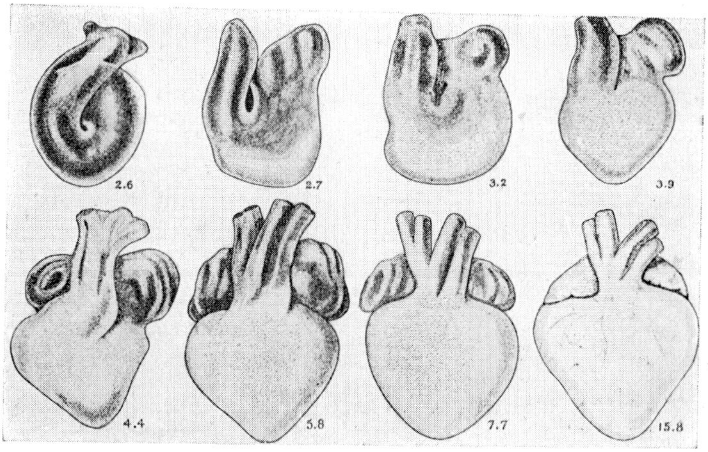
2.6
2.7
3.2
3.9
4.4
5.8
7.7
15.8

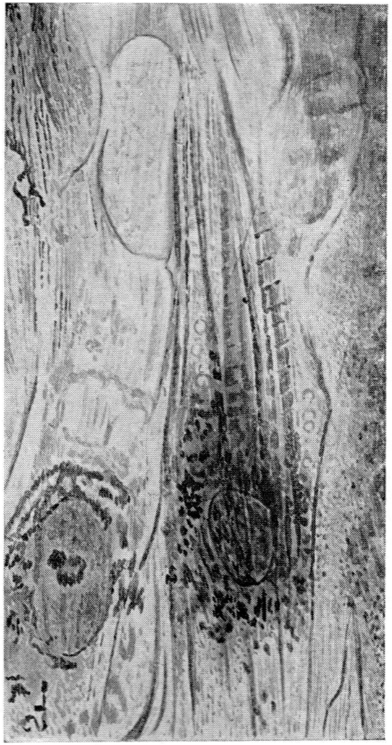

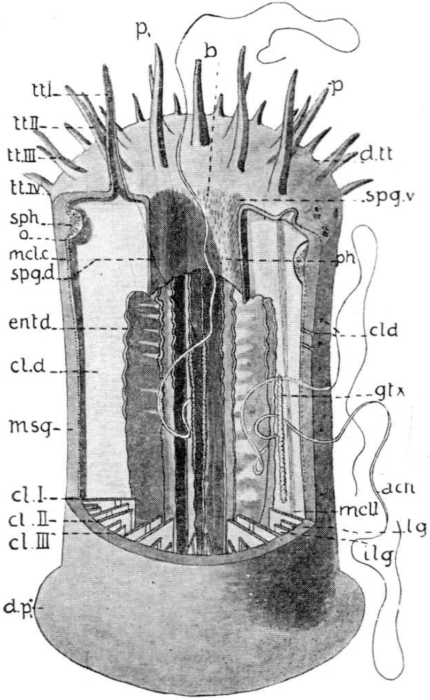
p.
b
p
tt.I
tt.II
tt.III
tt.IV
d.tt
spg.v
sph.
o.
mcl.c
spg.d
ph
entd.
cl.d
cld
gtx
msg
cl.I
cl.II
cl.III
acn
mclI
lg
ilg
d.p.

III

LE RÉSEAU NERVEUX

Nous avons laissé entendre que les cellules nerveuses seraient, en dernière analyse, des cellules qui auraient exacerbé et spécialisé des fonctions communes à tout protoplasme. Si cette théorie était vraie nous pourrions nous attendre à observer, chez les organismes inférieurs où ils apparaissent pour la première fois, des éléments nerveux encore noyés dans la masse cellulaire environnante, non

---

Fig. 7. — *Cellule du muscle cardiaque, provenant d'un embryon de Poulet au 4e jour de développement, au 7e jour de culture.* x *1450* (*W. H. Lewis et M. R. Lewis*).

Fig. 8. — *Actinie dont une partie de la colonne a été enlevée pour montrer la structure interne,* acn, *aconties;* b, *bouche;* cl. I, II, III, *cloisons du 1er, 2e, 3e cycle;* cld, *cinclides;* cl. d, *cloison dorsale;* d. p, *disque pédieux:* d. tt, *disque tentaculaire*; entd, *entéroïdes;* gtx, *organes génitaux;* ilg, *interloges;* lg, *loges;* mcl. c, *muscles circulaires;* mcl. l, *muscles longitudinaux des cloisons;* msg, *mésoglée;* o, *orifice de la cloison;* p, *pore tentaculaire:* ph, *pharynx;* sph, *sphincter;* spg. d, *syphonoglyphe dorsal;* spg. v, *syphonoglyphe ventral*; tt. I, II, III, IV, *tentacules du 1er, 2e, 3e, 4e cycle* (*Y. Delage et E. Hérouard*).

encore agglomérés ni organisés en un système défini. Or, en pratique, cela est bien le cas, et l'on observe chez les Cœlentérés, premier groupe d'Intervétébrés à système nerveux, un réseau diffus d'éléments nerveux, semblant émerger des cellules qui les entourent.

Les Cœlentérés sont des animaux qui ne possèdent que deux couches cellulaires, l'ectoderme, externe, et l'endoderme, interne, séparés par une lame anhiste plus ou moins épaisse, la mésoglée. Ils comprennent les Actinies, les Méduses, les Coraux et de nombreuses autres espèces, presque toutes marines.

Fig. 9. — *Schéma de l'ectoderme d'une Actinie montrant les sous-couches épithéliale*, e, *nerveuse*, n, *et musculaire*, m (*G. H. Parker*).

Les Actinies, ou Anémones de mer, vivent en général isolées, fixées au rocher ou sur une coquille par un disque pédieux adhésif. Elles ont la forme d'une colonne cylindrique (fig. 8). En haut le corps se termine par le disque buccal, entouré de longs tentacules creux, et portant en son centre la bouche. Celle-ci se prolonge intérieurement par un pharynx ou œsophage qui descend dans la cavité centrale. Cette cavité, en cul-de-sac, est libre en son centre, mais subdivisée latéralement par des cloisons verticales qui s'attachent à la paroi extérieure et qu'on appelle septa ou replis mésentéroïdes. La cavité centrale est ainsi divisée, par ses cloisons, en loges périphériques disposées de façon radiaire.

Les premiers zoologistes qui se soient occupés de cette question, O. et R. Hertwig, ont vu que les deux couches cellulaires des Actinies, l'ectoderme et l'endoderme, sont constituées elles-mêmes par trois sous-couches qui sont, de la périphérie vers le centre, épithéliale, nerveuse, et musculaire (fig. 9). La sous-couche épithéliale contient, parmi d'autres éléments, des cellules neurosensorielles se terminant extérieurement par une petite pointe sensible, et intérieurement par une arborisation constituée par des fibrilles très fines. Ce sont ces arborisations qui, avec d'autres cellules nerveuses, les cellules ganglionnaires primitives, également ramifiées, constituent la deuxième sous-couche, nerveuse. Enfin, au-dessous de celle-ci se trouve la troisième sous-couche, musculaire, constituée par des cellules musculaires allongées, appliquées étroitement à la lame de mésoglée ou même partiellement incluses dans cette dernière.

O. et R. Hertwig pensaient qu'en plus de la sous-couche nerveuse, bien développée dans toutes les régions des Actinies, il existerait des concentrations ou bandes nerveuses au bord interne du pharynx, genre de système nerveux central rudimentaire.

D'après cette théorie, les impulsions nerveuses qui partent de l'ectoderme passeraient dans une couche nerveuse ectodermique, puis dans une couche péripharyngienne, puis dans une couche nerveuse endodermique, et enfin aux muscles endodermiques.

Mais Havet, en 1901, a montré qu'il n'existe pas de concentrations nerveuses péripharyngiennes ; il n'existe qu'un réseau nerveux diffus, semblable dans toutes les régions de l'Actinie. Les cellules ganglionnaires primitives seraient en réalité des cellules nerveuses motrices et transmettraient, comme les cellules nerveuses motrices des animaux supérieurs, les excitations des cellules sensorielles aux muscles. Ici comme, par exemple, dans le cas de la moelle des Vertébrés, une cellule nerveuse sensorielle serait en rapport avec une cellule motrice qui serait elle-même en connexion avec un muscle. C'est l'arc réflexe classique. Les Actinies qui ont le système nerveux le plus rudimentaire que l'on connaisse, le posséderaient, tout comme le plus évolué des Mammifères.

De plus Havet a déclaré que des fibres nerveuses traversent la lame mésogléenne qui sert de support aux Actinies, et mettent l'ectoderme directement en contact avec l'endoderme. Ceci a été abondamment confirmé par Parker et Titus en 1916.

De nombreuses expériences de G. H. Parker ont encore

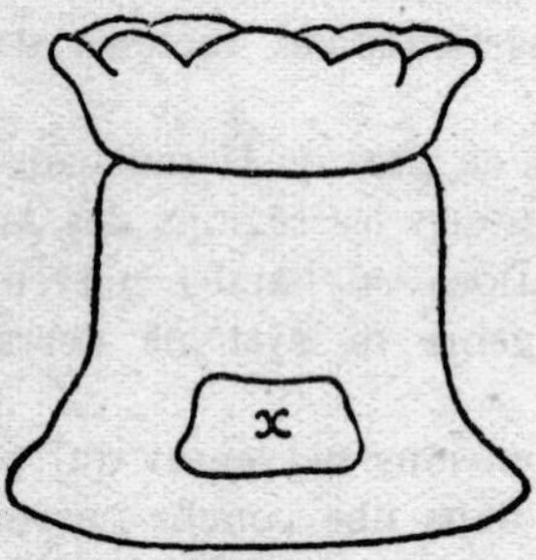

Fig. 10.

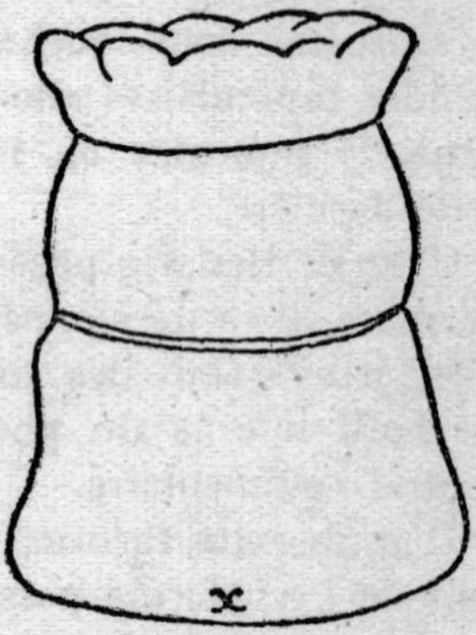

Fig. 11.

Fig. 10. — *Actinie* (Metridium); *dans la paroi de sa colonne a été pratiquée une incision oblongue, longue de 4 cm. et large de 2 cm., de telle façon que la partie ainsi découpée n'est en rapport avec le reste de l'animal que par l'intermédiaire des cloisons. Le stimulus est appliqué à* x (*G. H. Parker*).

Fig. 11. — *Actinie* (Metridium); *la paroi de sa colonne est complètement ceinturée par une incision qui la traverse en tous points. Le stimulus est appliqué à* x (*G. H. Parker*).

montré que le système nerveux des Actinies n'est centralisé en nul endroit, mais est constitué par un vaste réseau d'une égale valeur physiologique dans toutes les régions de ces organismes.

On peut, chez une Actinie, isoler l'ectoderme et la lame mésogléenne, ne les laissant en contact qu'avec l'endoderme, au moyen d'une incision circulaire ou oblongue d'une petite partie de la colonne. Dans une telle préparation (fig. 10) la partie superficielle n'est en rapport avec le reste de l'animal que par l'intermédiaire des cloisons endodermiques. Et pourtant sa stimulation mécanique provoque une contraction des muscles longitudinaux des cloisons, et, partant, une rétraction de tout le disque buccal.

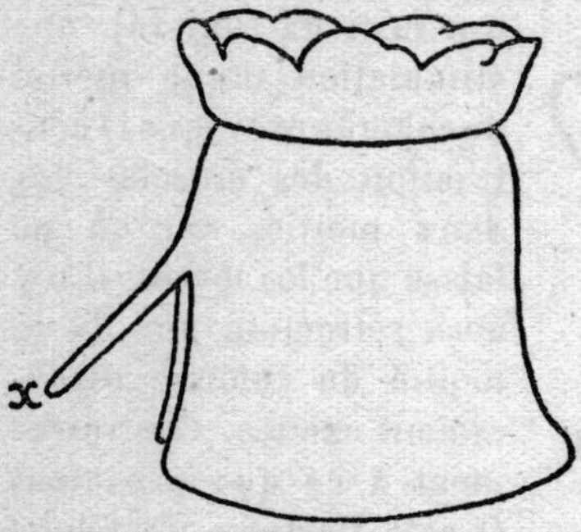

Fig. 12.

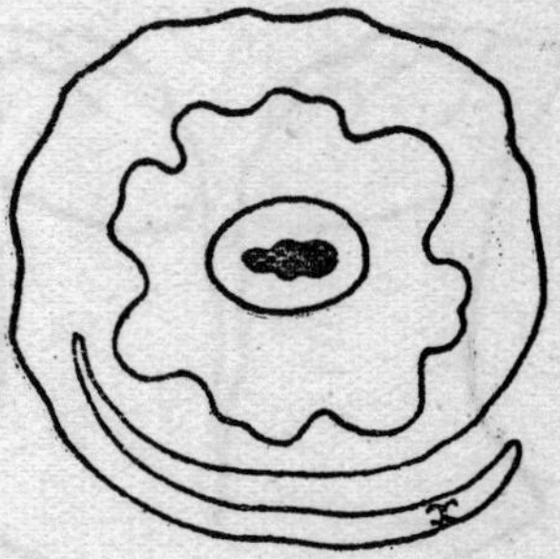

Fig. 13.

Fig. 12. — *Actinie* (Metridium); *une languette a été découpée à partir du disque pédieux jusqu'à l'équateur de sa colonne. Le stimulus est appliqué à* x (*G. H. Parker*).

Fig. 13. — *Actinie* (Metridium) *vue du pôle oral; une partie du bord du disque pédieux de sa colonne a été partiellement excisée. Le stimulus est appliqué à* x (*G. H. Parker*).

Par contre, si on l'isole alors des cloisons en la découpant complètement, mais en la laissant en place, sa stimulation ne provoque plus de réponse du disque buccal. Il y a donc là une transmission nerveuse, et non purement mécanique.

Il est également possible de faire une incision circulaire de la colonne (fig. 11) ; l'excitation du disque pédieux au-dessous de l'incision provoque une contraction du disque buccal *même mieux* qu'une excitation de la partie de la colonne au-dessus de l'incision.

On peut encore découper des languettes à partir du disque pédieux ou du disque buccal jusqu'à la région moyenne de la colonne (fig. 12) ou bien une languette circulaire le long du bord du disque pédieux (fig. 13). L'excitation du bout libre de telles languettes provoque encore une rétraction de l'Actinie.

Si l'on découpe l'Anémone de mer en deux, en ne laissant qu'un pont de tissu du disque buccal, ou bien du disque pédieux (fig. 14), une stimulation d'une moitié de colonne provoque la contraction des muscles des deux moitiés. Si on ne laisse que les lèvres, il n'y aura rétraction que de la moitié de colonne directement excitée. Contrairement à ce que pensaient O. et R. Hertwig, c'est donc la région péripharyngienne qui est la moins bonne conductrice de l'influx nerveux chez les Actinies.

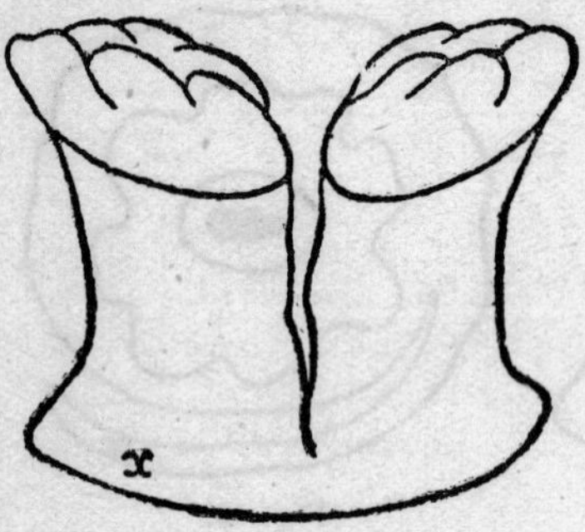

Fig. 14. — *Actinie (Metridium) coupée en deux verticalement sauf dans le disque pédieux. Le stimulus est appliqué à* x *(G. H. Parker).*

Ces belles expériences de Parker montrent qu'il existe un réseau conducteur de l'influx nerveux allant de toutes les régions superficielles de l'Actinie jusqu'aux muscles longitudinaux des cloisons. Il ne semble pas y avoir de voies préétablies mais bien un réseau ou plexus qui est capable de mener une excitation nerveuse autour de toutes sortes d'incisions irrégulières et compliquées, pourvu qu'il reste un pont tissulaire entre la partie stimulée et la partie qui réagit.

Parker a de plus mesuré la vitesse de conduction de l'influx nerveux en stimulant d'abord le bout libre, puis la racine de la languette découpée le long du bord du disque pédieux, dans l'expérience décrite plus haut. La contraction de l'Actinie (*Metridium*) ayant lieu plus rapidement lorsqu'on stimule la racine de la languette que lorsque l'excitation porte sur son bout libre, la différence est le temps nécessaire pour la transmission entre ces deux points. On n'a plus qu'à mesurer la languette pour connaître le taux de transmission. A 21° C ce taux est de 121 à 146 millimètres par seconde, ce qui est évidemment bien plus lent que dans le cas des Vertébrés, mais la réaction des Cœlentérés est quand même presque immédiate, et bien plus rapide que chez les Spongiaires, où la réponse n'a lieu que 5 à 10 minutes après l'excitation. Si le réseau nerveux transmet plus lentement que le nerf, il le fait bien plus rapidement que la cellule non nerveuse.

Un autre caractère du réseau nerveux est qu'il ne se fatigue pas facilement. Une expérience de E. N. Harvey met ce fait bien en valeur. Il a découpé une Méduse, *Cassiopea*, de telle façon que l'onde de pulsations, caractéristique des Méduses, partait du seul corps marginal sensitif qu'il avait laissé sur les huit que possède cette espèce, puis se propageait à travers un très long lambeau circulaire découpé dans l'ombrelle. De cette façon, après le passage de l'onde sur une partie donnée du lambeau, cette partie avait largement le temps de se remettre avant que l'onde n'y passât à nouveau. Dans ces conditions l'onde de pulsations, une fois commencée, a continué sa marche autour de l'ombrelle sans arrêt pendant 11 jours. Au rythme de 46,5 millimètres par minute, elle a franchi en tout environ 600 kilomètres !

Nous avons vu que chez les Cœlentérés on observe deux variétés de cellules nerveuses — les cellules neurosensorielles et les cellules ganglionnaires primitives, qui agiraient en tant que cellules motrices. Passons maintenant à un examen plus détaillé de leurs relations mutuelles.

Dans un premier cas, les cellules neurosensorielles semblent être en rapport direct avec les cellules musculaires, et sans rapport avec des cellules ganglionnaires primitives. Un tel système existerait, d'après Parker et Titus, dans les tentacules de l'Actinie *Metridium*, de même que chez certains Mollusques. C'est là un système récepteur — effecteur direct (fig. 15).

Dans un deuxième cas, habituel chez les Cœlentérés, la

Fig. 15.

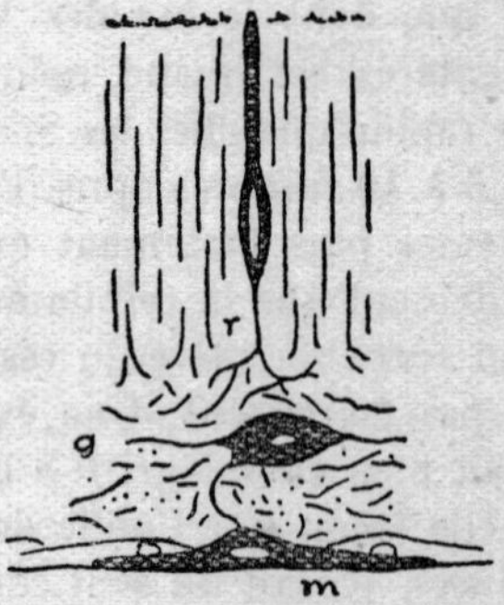

Fig. 16.

Fig. 15. — *Schéma de type simple d'un système récepteur-effecteur, tel qu'on peut l'observer dans les tentacules des Actinies. Il consiste en récepteurs* r *ou cellules sensorielles dont le réseau nerveux basal les met en rapport avec les cellules musculaires* m *plus profondes (G. H. Parker).*

Fig. 16. — *Schéma de type complexe d'un système récepteur-effecteur, tel qu'on peut l'observer dans beaucoup de régions du corps des Actinies. Il consiste non seulement en récepteurs* r, *avec leurs réseaux nerveux, et en cellules musculaires* m, *mais aussi en cellules dites ganglionnaires primitives* g *dans le réseau nerveux (G. H. Parker).*

cellule neurosensorielle se termine dans le réseau ou plexus de cellules ganglionnaires primitives. Celles-ci sont, par ailleurs, en rapport avec les cellules musculaires sous-jacentes (fig. 16). Mais nous n'avons pas encore ici un système récepteur-ajusteur-effecteur, car le réseau ganglionnaire est diffus ; il ne correspond donc d'aucune façon à un système nerveux central.

Chez les Cœlentérés, en effet, les différentes activités nerveuses ne sont pas centralisées. Chaque organe important, comme un tentacule, le disque pédieux, etc., possède une organisation neuro-musculaire propre et autonome. De tels organes, séparés du tout, possèdent encore un haut degré d'activité et réagissent en grande partie comme s'ils faisaient encore corps avec l'organisme.

Dans un tel système à réseau nerveux, la transmission de l'influx nerveux est diffuse, semblable à celle d'une onde ; elle passe dans tout le réseau. Ceci est bien différent de ce qui a lieu chez les animaux à système nerveux central, où les impulsions nerveuses ne suivent que des voies bien déterminées, n'allant de la périphérie qu'à un centre donné, ou bien d'un centre qu'à un groupe spécial d'effecteurs ou à un seul effecteur, un seul muscle par exemple.

Dans le système récepteur-effecteur des Cœlentérés, par contre, il n'y a pas de centre ou station centrale, et la transmission est toujours diffuse.

Pourtant, un tel système présente déjà des avantages incontestables sur la transmission neuroïde que nous avons décrite au chapitre I.

Kappers a observé que l'action intégrante du réseau nerveux :

1. Rend plus rapide la conduction d'excitation.
2. Renforce l'excitation par l'addition de l'énergie de réserve des cellules ganglionnaires.
3. Diffuse l'excitation à une région plus vaste.
4 Est peu sujette à la fatigue, ainsi que le montre l'expérience de Harvey sur la Méduse *Cassiopea*.

Il est même possible qu'il existe, dans le réseau nerveux, un début de polarisation, de la surface vers les fibres musculaires. Ceci serait un premier pas vers un des caractères principaux des neurones des animaux à système nerveux central, — la polarisation.

Il y a de grandes différences physiologiques entre les cellules anastomosées d'un réseau nerveux et les cellules spécifiques du système nerveux central des animaux supérieurs, dont les rapports entre elles se font par contiguïté en une articulation particulière qui porte le nom de synapse.

Moore a montré qualitativement que des alcaloïdes tels que la strychnine et la caféine n'ont pas d'effet excitant sur le système nerveux des Cœlentérés, alors qu'ils ont un effet sur celui d'animaux supérieurs à eux. Ces observations ont donné lieu à la conception de Parker que l'action de tels alcaloïdes pourrait être employée comme preuve physiologique de la présence de synapses. En d'autres termes, ils différencieraient la continuité de la contiguïté nerveuses.

Nous avons eu l'occasion, il y a quelques années, de vérifier quantitativement cette conception sur une Actinie, *Calliactis effœta L.*, que l'on trouve en abondance près de Roscoff, en Bretagne, sur des coquilles du Mollusque *Buccinum* déjà habitées par ces curieux Crustacés, les Pagures ou Bernards l'Ermite. La vitesse de réaction du Cœlentéré varie de 0.37 à 5.55 dixièmes de secondes ; le même individu, excité à plusieurs reprises, montre aussi de grands écarts. L'injection de divers alcaloïdes — strychnine, atropine, pilocarpine, morphine, cocaïne, nicotine, — qui, chez des animaux à système nerveux synaptique, agissent directement sur les centres nerveux, ne fait pas varier, chez *Calliactis*, le taux de vitesse de réaction, qui reste dans les limites d'animaux normaux.

Nous voyons donc que des écarts assez considérables peuvent avoir lieu dans le taux de vitesse de réaction d'un animal à système nerveux diffus. De plus, des substances qui, chez des animaux à système nerveux synaptique, agissent directement sur les centres nerveux, n'ont aucun effet sur le Cœlentéré à système nerveux diffus, anastomosé.

Le système nerveux élémentaire des Cœlentérés a permis, malgré sa simplicité, le développement d'organes des sens. Chez les Méduses libres dites Acalèphes on observe à la

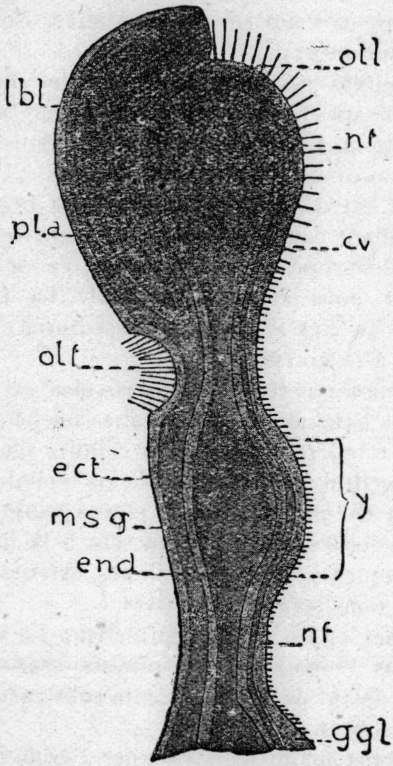

Fig. 17. — *Corps marginal d'une Méduse libre, vu en coupe sagittale.* cv, *cavité endodermique;* ect, *ectoderme;* end, *endoderme;* ggl, *ganglion nerveux;* lbl, *lobule protecteur;* msg, *mésoglée;* nf, *couche nerveuse;* olf, *cupule olfactive;* otl, *otolithes;* pl. a, *poils auditifs;* y, *région où se trouvent les yeux, que l'on verrait en coupe frontale* (*Y. Delage et E. Hérouard*).

périphérie de l'ombrelle un ou deux cercles ou anneaux ganglionnaires et nerveux. Il y a en plus, comme nous l'avons déjà vu à propos de l'expérience de Harvey sur *Cassiopea*, huit corps marginaux sensitifs ou rhopalies (fig. 17). Ces corps marginaux sont constitués par un ensemble d'organes des sens élémentaires. Nous y voyons les organes suivants :

1. Des otolithes — ensemble de cellules disposées sans ordre et contenant chacune une grosse concrétion, reposant sur un épithélium neurosensoriel cilié. Sous cet épithélium sont accumulées plus de cellules ganglionnaires qu'ailleurs. C'est d'ici que partiraient les impulsions statiques qui, allant dans l'anneau ganglionnaire de la sous-ombrelle, influenceraient le mouvement rythmique de propulsion dont nous avons déjà parlé. La fonction des otolithes et de l'épithélium neurosensoriel serait donc l'orientation à la gravité.

2. Les ocelles ou yeux — diverticules sacciformes au fond desquels l'endoderme forme une couche pigmentaire, tandis que l'ectoderme fournit les cellules sensitives chargées de recueillir l'impression. Leurs cellules neurosensorielles sont en rapport avec le plexus ganglionnaire. La fonction des ocelles serait l'orientation à la lumière.

3. Des plaques sensorielles ciliées, externe et interne, dont les fonctions seraient olfactives.

Les otolithes et les ocelles permettent l'orientation des Méduses dans l'espace, et les plaques sensorielles olfactives les avertissent de la présence de substances ou d'organismes particuliers.

Nous pouvons maintenant résumer l'évolution neuroïde et nerveuse telle que nous l'avons décrite jusqu'ici. Il semble que les cellules musculaires indépendantes des Spongiaires, vues par Parker, aient évolué chez les Cœlentérés, certaines se spécialisant en cellules neurosensorielles réceptrices pour l'excitation des cellules musculaires. Puis il y aurait eu formation de cellules ganglionnaires primitives et, finalement, d'organes des sens. Les cellules musculaires, qui peuvent agir seules, le font plus rapidement lorsque des cellules neurosensorielles leur servent de déclic ou détente. En effet, nous avons vu que les Spongiaires réagissent cinq à dix minutes seulement après l'excitation, tandis que les Cœlentérés le font presque immédiatement.

Que reste-t-il de tout cela chez les Vertébrés et chez l'Homme ? Il y a d'abord la similitude des cellules neurosensorielles avec les cellules olfactives et optiques des Vertébrés. Mais c'est surtout le système nerveux propre de leur tube digestif, et notamment de leur intestin grêle, qui est semblable au réseau nerveux des Cœlentérés. Ce système nerveux propre du tube digestif est formé par des plexus intrinsèques, constitués par des cellules ganglionnaires primitives comme celles des Cœlentérés, avec de nombreuses ramifications de leurs fibres.

C'est l'existence de cet appareil qui explique l'automatisme et l'autonomie du tube digestif, développés au maximum dans l'intestin grêle. Celui-ci accomplit des mouvements lents, d'une part un mouvement péristaltique, d'autre part un mouvement de segmentation rythmique. Ces mouvements ressemblent aux mouvements lents des Cœlentérés; le temps de conduction dans les plexus digestifs est d'ailleurs semblable à celui du réseau nerveux des Cœlentérés. Le mouvement péristaltique sert normalement à transporter la masse alimentaire de l'estomac au gros intestin ; c'est essentiellement une onde de constriction qui commence dans la partie supérieure de l'intestin grêle pour aboutir dans sa partie inférieure, et qui est précédée d'une onde de relâchement. Le mouvement de segmentation rythmique consiste en une série de constrictions qui transforme une masse alimentaire continue en une série de petites masses qui sont ensuite fusionnées à nouveau. Par une répétition de ce processus le bol alimentaire est mis en contact intime avec les sécrétions digestives et les parois absorbantes de l'intestin grêle. Ces parois consistent en une muqueuse épithéliale interne puis, en allant vers la périphérie, en une sous-muqueuse, une couche de muscles lisses circulaires, une couche de muscles lisses longitudinaux, enfin une séreuse.

C'est dans la sous-muqueuse que l'on trouve un des plexus, celui de Meissner ou plexus sous-muqueux. Le deuxième plexus, dit d'Auerbach ou myentérique, se trouve entre les deux couches musculaires (fig. 18).

Les deux plexus sont en connexion entre eux et avec les nerfs extrinsèques qui proviennent du sympathique et du vague et qui composent un premier plexus sous-séreux. Ils sont constitués par un réseau abondant de fibres et de ganglions. Cenx-ci varient à la fois dans la dimension et dans le nombre des cellules qui les composent.

Si l'on sépare une partie de l'intestin d'avec ses nerfs extrinsèques elle continuera malgré cela à avoir des contractions rythmiques. Un bout d'intestion isolé fera de même. Magnus, en 1909, a fendu la paroi intestinale en ses couches constitutives : 1. muqueuse et sous-muqueuse avec le plexus de Meissner, 2. muscle circulaire, 3. muscle longitudinal avec le plexus d'Auerbach. Les deux premières couches ne montrent que peu de mouvement, tandis que la troisième, contenant le plexus myentérique ou d'Auerbach, montre des mouvements spontanés rythmiques. Il semble donc que ce soit le plexus myentérique qui commande les mouvements intestinaux.

Comme l'activité des Cœlentérés, le mouvement intestinal des Vertébrés est neurogène, et dépend d'un réseau nerveux propre ou intrinsèque. Le système nerveux extrinsèque du tube digestif semble surajouté au système intrinsèque, et inhibe ou accélère les effets de ce dernier sur l'intestin.

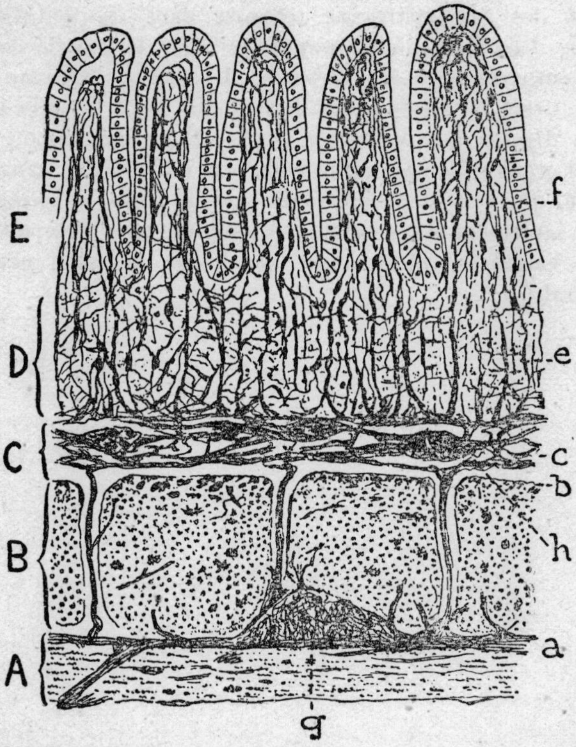

Fig. 18. — *Coupe longitudinale de l'intestin grêle, chez le Cobaye. Méthode de Golgi; cette figure, demi-schématique, montre l'ensemble des plexus et des ganglions.* A, *couches des fibres musculaires longitudinales;* B, *couche des fibres musculaires circulaires;* C, *tissu conjonctif sous-muqueux, avec le plexus de Meissner et ses ganglions;* D, *couche des glandes de Lieberkühn;* E. *villosités;* a, *plexus d'Auerbach;* b, *plexus musculaire profond, coupé transversalement;* c, *travées du plexus de Meissner;* e, *travées du plexus périglandulaire;* f, *plexus intravilleux;* g, *ganglion du plexus d'Auerbach* (S. R. *Cajal*).

Nous avons vu au chapitre II que la transmission neuroïde des Spongiaires se retrouve dans les épithéliums ciliés, dans le sphincter pupillaire, dans le muscle cardiaque embryonnaire des Vertébrés. De même, le réseau nerveux des Cœlentérés a son homologue dans les plexus du tube digestif des Vertébrés. Nous allons maintenant voir que l'organisation bien plus complexe de la chaîne ganglionnaire, que l'on voit s'épanouir chez les Vers, se retrouvera non seulement dans la chaîne ganglionnaire sympathique des Vertébrés, mais aussi dans leur système nerveux central.

IV

L'ORGANISATION DE LA CHAINE GANGLIONNAIRE

Chez les Cœlentérés, le réseau nerveux d'une Actinie, d'une Hydre d'eau douce, est situé dans une région particulière de l'organisme, la sous-couche nerveuse. Chez les Méduses nous avons vu l'apparition, à la périphérie de l'ombrelle, de cercles ou anneaux ganglionnaires et nerveux et d'organes des sens.

Dans une autre direction, celle des Vers au sens ancien du mot, cette centralisation va en s'accentuant, avec la formation de deux cordons nerveux autour desquels persiste un réseau. C'est ainsi que chez le Ver plat (Plathelminthe) inférieur *Planocera* (fig. 19), on peut observer un réseau nerveux superficiel ressemblant à celui des Cœlentérés, au-dessous du tégument de tout le corps. Mais, en connexion avec ce réseau, on peut également observer, plus profondément, deux cordons nerveux, peu développés, sous forme de nerfs latéraux longitudinaux, reliés en avant de la bouche, dans la région des tentacules, par un nœud de substance nerveuse plus concentrée, le ganglion cérébroïde.

Chez d'autres Vers plats, plus élevés, tels que le Trématode *Harmostomum* (fig. 20), il existe des filets transversaux qui ont encore une structure de réseau nerveux, mais ce réseau est moins développé que chez les Plathelminthes inférieurs. Par contre, le réseau nerveux s'est concentré en six nerfs longitudinaux, dont les deux ventraux sont très condensés et développés.

Les Plathelminthes supérieurs s'éloignent donc des

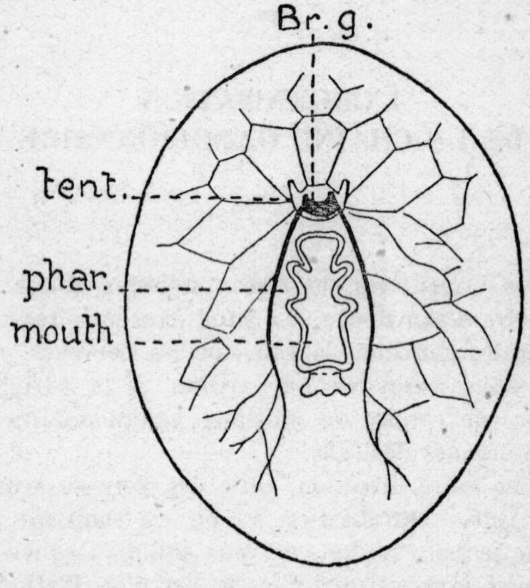

Fig. 19. — *Système nerveux du Ver plat inférieur* Planocera. Br. g., *ganglion cérébral;* mouth, *bouche;* phar., *pharynx;* tent., *tentacule* (*Lang*).

Cœlentérés dans la structure de leur système nerveux, et se rapprochent en cela des Annélides ou Vers annelés, où il n'existe que deux cordons ventraux, ou connectifs. C'est là qu'est concentré tout leur système nerveux central.

Ces cordons sont élargis, chez les Annélides, pour former dans chaque segment un ganglion nerveux de chaque côté.

Les deux cordons ventraux sont donc devenus des connectifs entre les ganglions de chaque segment. De plus, chez certains Annélides-Polychètes inférieurs (*Sabella* — fig. 21,1) les deux ganglions de chaque segment sont réunis par des commissures transversales ; le système nerveux pris

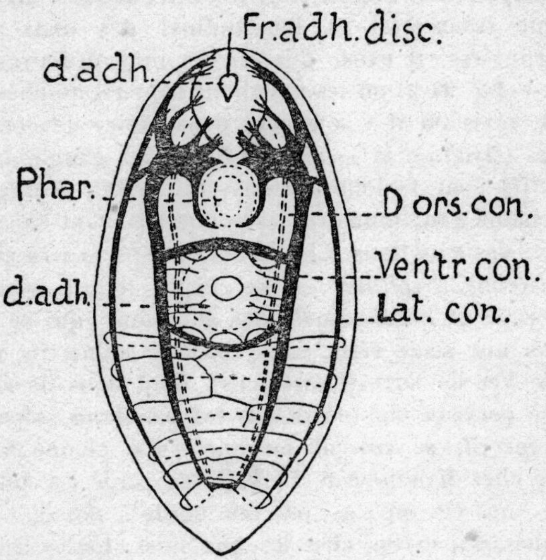

Fig. 20. — *Aspect ventral d'un Ver plat d'organisation élevée, le Trématode* Harmostomum. *Les deux ventouses* (Fr. adh. disc., d. adh.) *sont fortement innervées par les nerfs ventraux. Nerfs : ventraux, épais.* (Ventr. con.), *latéraux, moins épais* (Lat. con.), *tous en traits pleins ; dorsaux* (Dors. con.) *en pointillé ;* Phar., *pharynx* (*Bettendorf*).

dans son ensemble a ainsi l'aspect d'une échelle de corde, avec les ganglions segmentaires reliés entre eux longitudinalement et transversalement. Chaque ganglion est en rapport par des nerfs périphériques avec la peau et les muscles de son propre segment ; chaque segment a une certaine indépendance physiologique et peut agir en tant qu'unité. En avant de l'œsophage existent deux ganglions cérébroïdes reliés de chaque côté avec les deux connectifs par l'intermédiaire d'un collier œsophagien.

Chez d'autres Annélides plus élevés en organisation (Polychètes supérieurs, Oligochètes) il y a tendance à un rapprochement transversal et longitudinal des deux chaînes ganglionnaires. Il existe des formes intermédiaires (*Phyllodice* — fig. 21,2) où les ganglions sont rapprochés latéralement, mais où il y a encore deux séries de connectifs, d'autres (*Hyalinœcia* — fig. 21,3) où les ganglions et les connectifs sont fusionnés transversalement, formant une seule chaîne ganglionnaire, les connectifs étant encore bien distincts des ganglions. Chez d'autres espèces très évoluées, enfin (*Nereis*, *Nephthys* — fig. 21,4), il y a coalescence transversale et longitudinale des ganglions, qui se suivent ainsi en une seule série, sans cordons connectifs visibles. Chez le Ver de terre (*Lumbricus*), dont nous décrirons le système nerveux plus en détail, les ganglions, séparés par un connectif, se suivent en une seule chaîne ventrale, comme chez *Hyalinœcia* ; l'échelle de corde est ainsi remplacée, chez ces espèces, par une corde à nœuds.

De même il existe, chez les Annélides, toutes les transitions entre un système nerveux qui est encore rattaché à la peau (*Sigalion*), celui (*Nereis*) où la chaîne ventrale est libre mais où les ganglions cérébroïdes de la tête sont encore rattachés à la peau, et celui où le système nerveux central dans sa totalité est complètement séparé de la peau ; c'est le cas du Lombric.

Ainsi, si nous résumons l'évolution du système nerveux des Vers, nous constatons que certains Vers plats inférieurs ont un réseau nerveux superficiel qui ressemble à celui des Cœlentérés ; mais ce réseau est en rapport avec deux cordons nerveux qui forment, en avant de la bouche, un ganglion cérébroïde. Chez les Vers plats supérieurs six cordons

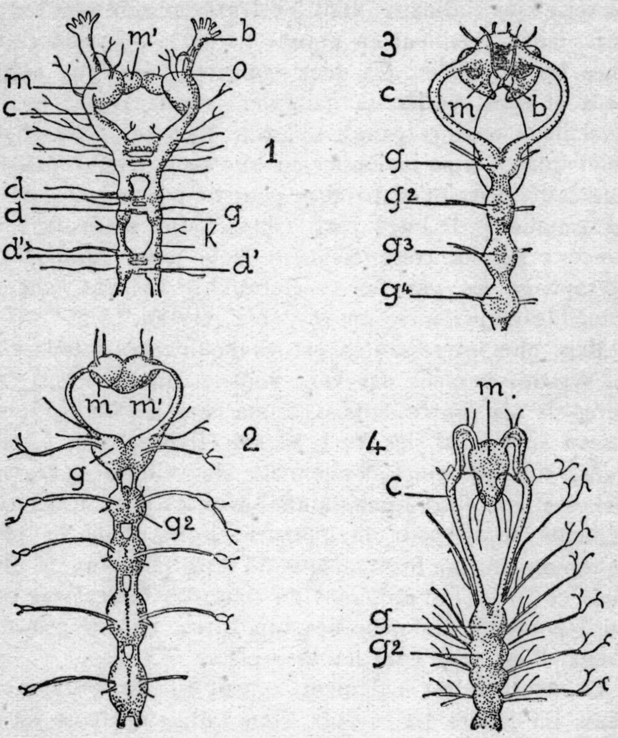

Fig. 21. — *Divers degrés de concentration de la chaîne nerveuse chez les Annélides Polychètes.* 1, (Sabella pavonina) *Ganglions isolés; ici les ganglions d'une même paire sont, par exception, dédoublés, de sorte qu'il y a deux paires de ganglions par segment; il en est de même des commissures.* 2, (Phyllodice laminosa) *Ganglions rapprochés latéralement.* 3, (Hyalinœcia tubicola) *Ganglions fusionnés.* 4, (Nephthys hombergii) *Coalescence transversale et longitudinale.* b, *ganglions buccaux, portion spécialisée du cerveau;* c, *collier œsophagien;* d, *commissures;* g, *ganglions sous-œsophagiens, ou premiers ganglions ventraux;* g^2—g^4, *ganglions des segments suivants;* k, *connectifs;* m, *cerveau;* m', *ganglions accessoires du cerveau (Pruvot).*

nerveux longitudinaux, dont les deux ventraux sont les plus importants, prennent en grande partie la place du réseau. Chez les Annélides, les deux connectifs ventraux existent seuls et sont renflés en ganglions segmentaires, formant ainsi deux chaînes ganglionnaires. Mais ces deux chaînes ont tendance à se fusionner en une seule chez laquelle les connectifs peuvent disparaître pour ne laisser subsister que les ganglions. D'autre part, cette chaîne médiane a tendance à s'isoler complètement de la peau. Au-dessus de l'œsophage les ganglions cérébroïdes forment, chez les Annélides supérieurs, un véritable cerveau.

Mais, plus intéressantes que les modifications de la forme du système nerveux des Vers, sont les modifications cellulaires de ses constituants. Comme chez les Cœlentérés, le réseau superficiel des Vers plats inférieurs, sous l'épithélium, consiste en prolongements de cellules neurosensorielles et en cellules ganglionnaires primitives. Ces prolongements sont, pour la plupart, isolés dans le plexus ganglionnaire, ne formant que de rares faisceaux de fibres. Mais ce réseau est différent de celui des Cœlentérés en ce qu'il contient des neurones bipolaires, encore peu nombreux, il est vrai, chez les Vers plats.

Le neurone est l'élément constitutif du système nerveux. En dehors des réseaux, cette cellule nerveuse est sans continuité avec ses congénères. Le neurone comporte un corps cellulaire ou neurocyte avec son noyau, et des arborisations dont certaines, plus ou moins courtes, portent le nom de dendrites, et une, longue de quelques millimètres à plus de deux mètres, d'après les cas, est le cylindre-axe, axone ou neurite. Les dendrites sont réceptrices, et amènent le stimulus nerveux vers le corps cellulaire ; elles sont cellulopètes. Le cylindre-axe mène l'excitation nerveuse du corps cellulaire vers la périphérie ; il est cellulofuge. Le neurone est donc polarisé. Les faits qui ont établi non seulement l'existence du neurone, mais encore la loi de sa polarisation, sont dus au grand histologiste et neurologiste Santiago Ramón y Cajal, quoique ce soit Waldeyer qui ait employé le nom de neurone pour la première fois.

Nous avons vu au chapitre précédent que les rapports des neurones se font par contiguïté, et non par continuité, en une articulation particulière qui porte le nom de synapse. Or la synapse est elle-même polarisée, ne trans-

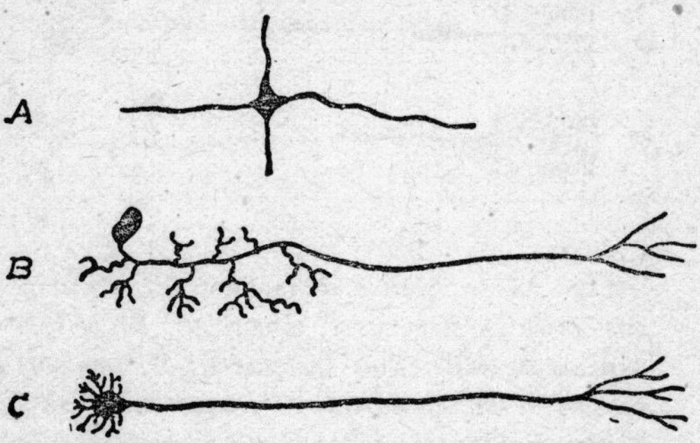

Fig. 22 — *Stades dans la différenciation des cellules nerveuses.* A, *protoneurone du réseau nerveux d'un Cœlentéré;* B, *neurone moteur d'un Lombric;* C, *neurone moteur primaire d'un Vertébré. En* B *et* C *l'extrémité réceptrice du neurone est à gauche, l'extrémité déchargeante est à droite* (*G. H. Parker*).

mettant l'excitation nerveuse que dans une seule direction, du neurone A au neurone B, par exemple, mais jamais du neurone B au neurone A. A la synapse, le stimulus amené par un cylindre-axe ou axone d'un premier neurone passe, à travers un hiatus, aux dendrites, puis au corps cellulaire d'un deuxième neurone. Dans le réseau nerveux, par contre, les cellules qui le composent, ou protoneurones (fig. 22, A), sont toutes en continuité. Une polarisation élémentaire de tout le réseau a peut-être lieu, mais les protoneurones ne sont pas polarisés et transmettent les excitations aussi bien dans un sens que dans l'autre.

La forme du neurone est variable (fig. 22, B, C ; fig. 23,

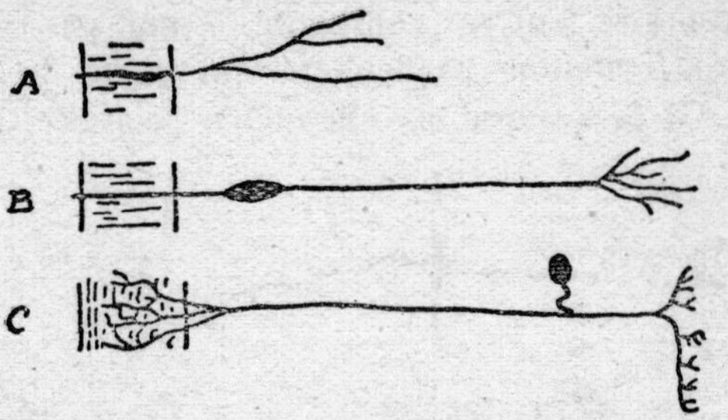

Fig. 23. — *Stades dans la différenciation des cellules nerveuses sensitives.* A, *cellule neurosensorielle d'un Cœlentéré;* B, *neurone sensitif d'un Mollusque;* C, *neurone sensitif primaire d'un Vertébré. Dans chaque cas la partie périphérique de la cellule est vers la gauche, sa partie centrale vers la droite* (*G. H. Parker*).

B, C). Nous venons de voir que le réseau nerveux des Vers plats contient des neurones bipolaires ; chez ces neurones

---

Fig. 24. — *Partie de la chaîne ganglionnaire d'un Lombric, vue de façon longitudinale et dorsale, montrant deux ganglions et leurs nerfs. Dans le premier ganglion, à gauche, les nerfs sont suivis jusque dans le corps et les muscles.* a—h, *neurones moteurs :* a, b, c, *homolatéraux avec leurs axones* an, bn, cn ; d, e, f, *contralatéraux avec leurs axones* dn, en; g, *contralatéraux croisés avec leurs axones* gn; h, *bipolaire homolatéral avec son axone* hn; i, m, n, *neurones d'association : long* (i), *moyen* (n) *et court* (m); gf, *fibre nerveuse que l'on ne trace pas à sa cellule d'origine;* sfb, *faisceau sensitif qui reçoit les fibres sensitives* sf; hg, *contour de la peau d'un segment du corps :* isf, *sillon intersegmentaire. Imprégnation de Golgi* (*G. Retzius*).

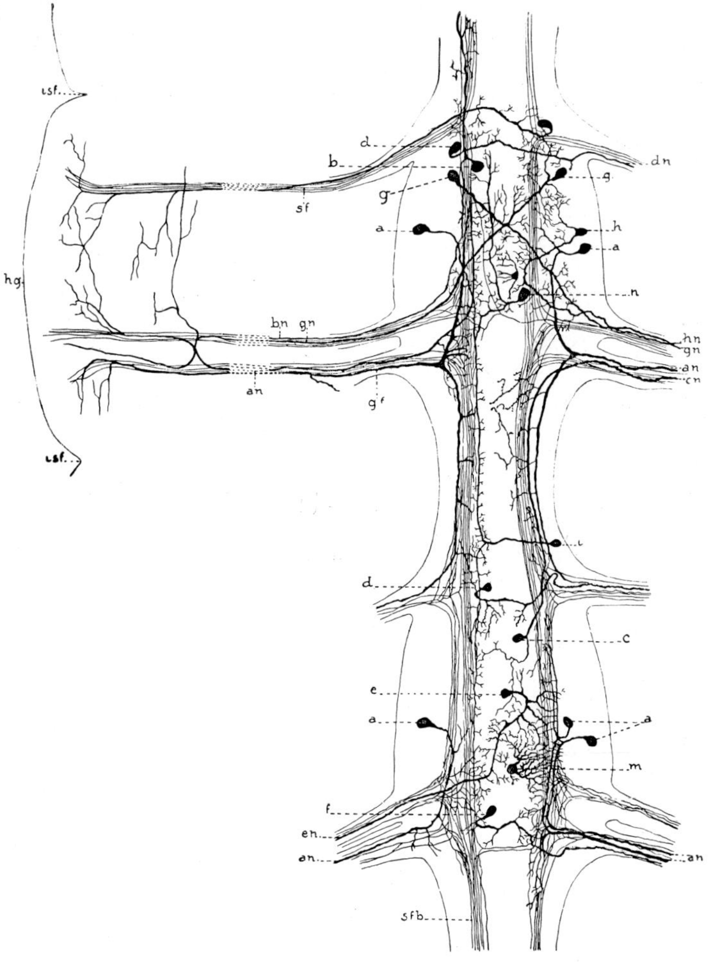

lsf
d
b
g
sf
dn
g
a
h
a
hg
n
bn
gn
hn
gn
an
cn
an
g'
lsf
i
d
c
e
a
a
a
m
f
en
an
an
sfb

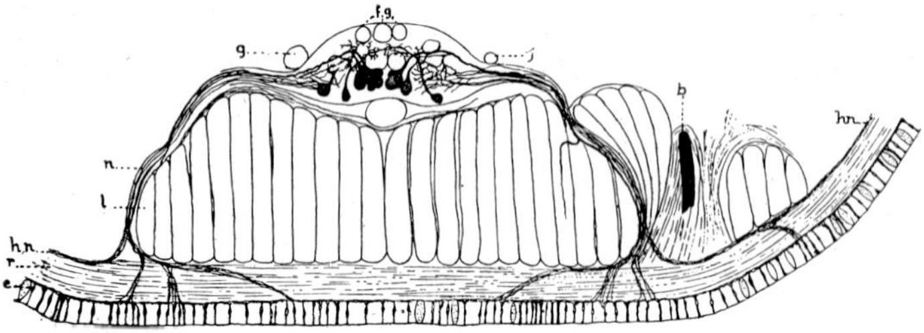
f.g.
g
b
hn
n
l
h.n
r
e

une expansion est une dendrite, l'autre un cylindre-axe. Dans certains cas (fig. 23, C) (ganglions cérébro-spinaux des Vertébrés supérieurs) les deux expansions embryonnaires de ce type de neurone peuvent être partiellement soudées chez l'adulte. Il existe encore des neurones multipolaires, avec des dendrites en plusieurs points ou pôles cellulaires, et le cylindre-axe en un autre. Enfin, il existe des neurones unipolaires, avec tous les prolongements ramifiés issus d'un seul pôle cellulaire.

Des neurones unipolaires se trouvent, chez les Vers plats, dans les deux cordons nerveux qui constituent, comme nous l'avons vu plus haut, les premiers éléments d'un système nerveux central. Ils s'y trouvent parmi des groupes de cellules ganglionnaires primitives, caractéristiques du réseau nerveux, et avec des faisceaux de fibres. Celles-ci, encore isolées dans le réseau, se sont associées dans les cordons.

Les neurones, qui font ainsi leur apparition chez les Vers plats inférieurs, vont trouver un plein épanouissement dans le système nerveux central des Annélides (fig. 22, B), bien étudié par von Lenhossék, Apathy, et surtout Retzius.

Chez le Lombric chaque ganglion segmentaire se voit sous forme d'un élargissement de la chaîne ventrale (fig. 24). Chacun de ces ganglions possède trois nerfs de chaque côté, nerfs qui sont à la fois sensitifs et moteurs,

---

Fig. 25. — *Coupe transversale d'une partie du corps d'un Lombric avec un ganglion et deux de ses nerfs* n, *des muscles longitudinaux* l *et transversaux* r. *Dans les nerfs on voit des fibres épaisses, motrices, qui innervent les muscles. Les autres fibres, fines, sont sensitives, et proviennent des cellules neurosensorielles de l'épithélium cutané* e. *On peut observer des fibres tangentielles provenant d'une couche sensitive sous-épithéliale, de même que des fibres horizontales* hn *entre les couches musculaires;* f. g., *fibres géantes;* g, *vaisseaux sanguins latéraux, dorsaux à l'origine des nerfs. Imprégnation de Golgi* (*G. Retzius*).

car dans chaque nerf se trouvent des fibres sensitives fines et des fibres motrices plus épaisses.

Les fibres sensitives prennent naissance dans des cellules neurosensorielles qui se trouvent dans la peau et qui en occupent toute l'épaisseur (fig. 25). Juste sous la peau, à l'endroit où la fibre sensitive part du corps de la cellule neurosensorielle, on peut observer une petite arborisation caractéristique. Puis la fibre sensitive se dirige, par l'intermédiaire d'un nerf, vers le ganglion segmentaire de la chaîne ventrale, le pénètre et forme une arborisation terminale qui peut être du même côté (homolatérale), du côté opposé (contralatérale) de ce ganglion, ou bien dans le ganglion suivant.

Les neurones moteurs se trouvent surtout à la périphérie des ganglions ou même des connectifs, autour du feutrage central, neuropile ou neuropilème (fig. 24). Comme nous l'avons déjà dit, ils sont unipolaires, n'émettant qu'une expansion. Celle-ci forme une arborisation dendritique dans le feutrage central, puis poursuit son chemin sous forme de cylindre-axe. Celui-ci, comme la fibre sensitive, peut sortir du ganglion du même côté, du côté opposé, ou remonter dans le ganglion suivant avant de sortir pour se rendre aux muscles et autres organes effecteurs.

En plus de ces cellules sensitives et motrices dont les axones se trouvent mélangés dans les six nerfs de chaque ganglion, il existe à l'intérieur des ganglions un troisième type de neurone, le neurone d'association. Certains de ces neurones d'association sont relativement longs, allant parfois jusqu'au ganglion suivant ; d'autres sont courts et enclos dans leur ganglion d'origine. Mais aucun des neurones d'association ne dépasse environ un demi-segment. Chez les Vertébrés, par contre, nous verrons que certains neurones d'association sont très longs et unissent des parties du système nerveux central qui se trouvent très éloignées les unes des autres.

Mais si, chez les Annélides, la plupart des neurones sont courts, il existe pourtant chez eux des fibres nerveuses géantes. Celles-ci unissent tout la chaîne ganglionnaire. Les zoologistes qui les ont étudiées les premiers les prenaient pour des vaisseaux sanguins ou des organes de soutien. Même actuellement on ne connaît pas bien leurs rapports cellulaires, mais on sait qu'elles ont un caractère nerveux.

Chez le Lombric il existe trois fibres géantes (fig. 25) qui sont les seuls éléments qui vont d'un bout à l'autre de la chaîne ganglionnaire. Chez certains Vers elles ont été décrites comme possédant plusieurs noyaux. Chez les Crustacés G. E. Johnson a observé que chaque fibre géante peut être décomposée en plusieurs fibres juxtaposées. Chez les Annélides, aussi, Stough a montré que plusieurs éléments forment ensemble chaque fibre géante (fig. 123).

Quoi qu'il en soit, il est certain que les fibres géantes unissent toute la chaîne ganglionnaire, tandis que les neurones d'association n'en unissent que des parties.

Nous avons encore à parler de deux condensations nerveuses. La masse nerveuse sous-œsophagienne, qui est le premier renflement de la chaîne ventrale, est tout simplement constituée par la fusion de deux ou trois ganglions. Le « cerveau », formé par les deux ganglions cérébroïdes, sus-œsophagien, est très réduit chez le Lombric, car le Ver de terre n'a pas de tentacules, d'yeux, ou d'organes spéciaux en rapport avec lui. Les ganglions cérébroïdes sont donc petits chez le Ver de terre, presque sans neurones moteurs ; ils possèdent des faisceaux transversaux nommés commissures. Ces commissures sont au nombre de trois — antérieure, moyenne, et postérieure. Elles sont formées par les neurones sensoriels, c'est-à-dire les axones des cellules neurosensorielles, par des neurones d'association, et par des axones de neurones qui remontent de ganglions postérieurs.

Le cerveau de la *Nereis*, par contre, est infiniment plus

compliqué. *Nereis* est un Ver marin que l'on voit parfois sur nos tables lorsqu'il a été rapporté sur des Huîtres. C'est un Ver très actif, d'une organisation supérieure. Son cerveau est en rapport avec les quatre yeux, l'organe nuchal, les palpes labiaux, quatre paires de cirres tentaculaires, et les antennes, tous organes sensoriels, et avec les muscles de la trompe, des organes masticateurs et d'autres moins importants. Nous avons déjà dit plus haut que, chez *Nereis*, les ganglions cérébroïdes sont encore rattachés à la peau. Ils émettent et reçoivent de nombreux nerfs, qui sont en général à la fois sensitifs et moteurs.

En plus des cellules neurosensorielles semblables à celles des Cœlentérés, on observe, dans le cerveau de *Nereis*, un deuxième type de cellule sensorielle, neurone bipolaire que nous avons vu pour la première fois dans le système nerveux des Vers plats. Ces neurones bipolaires n'ont pas leur noyau à la périphérie, coiffé d'une pointe sensible ; il se trouve dans la masse nerveuse, et c'est l'expansion dendritique du neurone qui agit comme récepteur sensitif à la périphérie, le neurocyte émettant le cylindre-axe à son autre pôle. Nous retrouverons cette cellule bipolaire dans les ganglions cérébro-spinaux des Poissons adultes et dans ceux de tous les Vertébrés à l'état embryonnaire, ainsi que dans l'oreille de tous les Vertébrés adultes. Mais dans les ganglions cérébro-spinaux des Vertébrés adultes au-dessus des Poissons il y a, comme nous le verrons en détail plus bas, fusion partielle des deux expansions à leur point de contact avec le corps cellulaire.

Les neurones moteurs homolatéraux et contralatéraux, les neurones d'association, ne présentent rien de particulier dans le cerveau de la *Nereis*. Mais il s'y trouve un début de spécialisation sous forme de deux masses nerveuses, de chaque côté du cerveau, les corps pédonculés, reliés entre eux par une commissure.

Ces corps pédonculés vont évoluer chez les Insectes en

centres importants. Les Insectes en ont deux paires qui consistent en une couche périphérique cellulaire et une masse centrale fibrillaire, ou neuropilème. Ils constituent 1,2 à 10 0/0 du volume du cerveau des Insectes non sociaux, et atteignent leur plus grand développement chez les Hyménoptères sociaux où, chez les neutres des Fourmis, ils constituent 42 0/0 du volume du cerveau. Les corps pédonculés ont à faire à des fonctions de corrélation. Chez les Insectes, leur excision désorganise certains « instincts », comme celui qui a trait au rapprochement et à la recherche des sexes, et celui concernant les soins donnés aux œufs.

Ainsi les corps pédonculés, que nous observons à l'état simple dans le cerveau de *Nereis*, acquièrent chez les Invertébrés supérieurs un développment important. Nous ne pouvons éviter de songer ici à un parallélisme avec les hémisphères cérébraux des Vertébrés.

Le cerveau est en rapport, chez *Nereis*, avec des organes sensoriels spécialisés, indépendamment des organes tactiles, — cirres, tentacules et palpes. Ce sont les quatre yeux et un organe nuchal, probablement de caractère olfactif, placé dans la partie postérieure et dorsale de la tête. Chez d'autres Annélides, Sédentaires, existent des otocystes, ou plutôt des statocystes, organes du sens de l'équilibre. Leur structure est souvent celle d'une cavité renfermant des concrétions ; placés en avant, ils sont innervés par le ganglion du segment où ils se trouvent.

Le système nerveux des Vers est donc, chez les formes supérieures, d'une assez grande complexité. Il leur permet des réactions physiologiques multiples ; celles-ci ont été jusqu'ici surtout étudiées chez le Lombric, et nous nous bornerons à en esquisser un bref exposé chez cette espèce.

Le Lombric a deux catégories d'effecteurs : les glandes et les muscles. Les glandes cutanées sont abondantes ; si un nerf est excisé il n'y a plus de sécrétion muqueuse dans la région cutanée.

La reptation a lieu au moyen de soies locomotrices qui s'accrochent au sol ; les muscles longitudinaux se contractent ensuite et tirent le corps en avant, au taux de 2 à 3 cm. par seconde. La transmission nerveuse de la tête à la queue (céphalo-caudale) est double : nerveuse, et mécanique, c'est-à-dire purement musculaire.

Bovard a excisé, sur une certaine longueur, tous les segments, vers la région moyenne d'un Lombric, en laissant la chaîne ganglionnaire intacte. Le mouvement de reptation de la partie antérieure réapparaît dans la partie caudale si l'on n'excise que dix segments. Il ne réapparaît pas, par contre, si l'on excise 20 à 30 segments. La transmission purement nerveuse semble donc limitée à environ 10 segments, et il doit y avoir une transmission mécanique en plus de la transmission nerveuse. Il semble que la transmission nerveuse se fasse par une chaîne de réflexes qui a des rapports étroits avec une activité segmentaire des muscles. Si l'on coupe un Ver en deux et que l'on attache l'une à l'autre les deux moitiés par une petite longueur de fil, on obtient la reptation de l'ensemble, comme s'il y avait continuité organique. La traction mécanique, purement musculaire, se surajoute donc à l'impulsion nerveuse dans la transmission céphalo-caudale.

Mais la transmission de la queue vers la tête (caudo-céphalique), qui induit la tête à repartir en avant et à recommencer un deuxième mouvement de reptation lorsque le premier est terminé, semble purement nerveuse. En effet, si l'on coupe la chaîne ganglionnaire la transmission caudo-céphalique n'a plus lieu.

Il existe chez les Vers une innervation réciproque des muscles circulaires et longitudinaux, les uns se relâchant alors que les autres se contractent, comme chez les animaux supérieurs.

Les Vers peuvent faire des associations, simples il est vrai. Ceci est démontré par une expérience de Yerkes. Ce savant a construit un labyrinthe en forme de T. La branche verticale est exposée à une source lumineuse ; la moitié droite de la branche horizontale contient, vers son bout, une couche de papier émeri, puis, au-delà de celui-ci, un dispositif électrique donnant un léger choc lorsqu'un Ver le traverse. La moitié gauche de la branche horizontale ne contient aucun dispositif spécial. Le Ver, fuyant la lumière, s'engage dans la branche verticale, puis a à choisir la droite, où le papier émeri l'avertit du choc électrique, ou la gauche, d'où il ressort indemne.

En faisant faire 5 essais par jour, un Lombric s'adapte pour éviter le choc désagréable au bout de 20 à 100 épreuves. Il s'est créé un réflexe conditionné (Pavlow) ; la rugosité du papier émeri à droite l'avertissant du choc, le Lombric tourne à gauche, avec de moins en moins d'orientations à droite, et avec une rapidité de plus en plus grande. Si l'on coupe la tête jusqu'au 5ᵉ *segment* d'un Lombric ainsi dressé, le Lombric, après cicatrisation, est toujours dressé ; l'adaptation a donc affecté toute la chaîne ganglionnaire, et pas seulement les ganglions antérieurs. Mais, assez curieusement, après régénération de la tête le dressage disparaît.

Les Vers ont donc un système nerveux central avec des neurones sensitifs, moteurs et d'association, à synapses polarisées, qui leur permettent des réactions d'un degré de complexité assez élevé. Voyons maintenant ce qu'il reste de l'organisation de leur chaîne ganglionnaire chez les Vertébrés et chez l'Homme.

Nous avons déjà parlé des ganglions cérébro-spinaux à propos des cellules bipolaires que nous y retrouvons, tout au moins à l'état embryonnaire. Cette série ganglionnaire est indubitablement un des signes de l'organisation segmentaire, métamérique, des Vertébrés. Ce métamérisme est particuilèrement frappant chez l'embryon, où la série des somites — ébauches du système squelettique, musculaire et dermique — a l'aspect de la série des segments d'un Ver annelé. Mais, chez le Vertébré adulte aussi, la série des vertèbres, des côtes, l'organisation sériée de certains muscles tels que les intervertébraux, les intercostaux, le grand droit de l'abdomen, est un témoignage de son organisation segmentaire. De plus, de chaque côté du système nerveux central avec ses ganglions segmentaires bilatéraux, existe une autre série de ganglions sériés, — la chaîne des ganglions sympathiques.

Tous les nerfs spinaux et un grand nombre de nerfs cérébraux ou craniens présentent sur leur trajet, près de l'axe cérébro-spinal, un renflement (fig. 43), formé essentiellement de cellules nerveuses. Ce sont là les ganglions, qui constituent la série ganglionnaire cérébro-spinale. Pendant les premiers jours du développement les ganglions spinaux de tous les Vertébrés sont formés de cellules nerveuses bipolaires, semblables à celles que nous avons décrites tout d'abord chez les Vers plats, puis dans le cerveau de *Nereis*. Ces cellules conservent définitivement la forme bipolaire chez la plupart des Poissons, tandis que, chez tous les autres Vertébrés, la forme bipolaire n'est que temporaire ; les cellules bipolaires se transforment en cellules unipolaires par une modification spéciale.

Le prolongement unique de ces cellules unipolaires a un diamètre équivalent aux diamètres réunis des deux prolongements qui en partent. Ce fait prouve que, de la cellule d'origine jusqu'au point de bifurcation, il n'y a pas une fusion véritable, mais un simple accolement ou une simple juxtaposition des deux prolongements qui vont en provenir. Van Gehuchten observe qu'il en résulte que si, chez l'adulte, les cellules des ganglions spinaux se présentent comme des cellules unipolaires, elles n'en restent pas moins, par leur structure interne et par leur valeur physiologique, les cellules bipolaires du stade embryonnaire.

Le prolongement externe est généralement plus gros que

le prolongement interne. Provenant d'une surface sensible, il est ramifié à son extrémité ou provient d'un corpuscule terminal ; il entre alors dans la composition du nerf périphérique pour aboutir à la cellule ganglionnaire. C'est donc la branche dendritique du neurone originellement bipolaire. Le prolongement interne, généralement plus grêle que le prolongement périphérique, correspond à son cylindre-axe ; il se dirige vers le tronc cérébral ou la moelle, prenant part dans ce dernier cas à la constitution de la racine dorsale d'un nerf spinal. Puis il pénètre dans les cordons dorsaux médullaires. Là il se bifurque en une branche ascendante et une branche descendante qui deviennent des fibres constitutives de la substance blanche du cordon dorsal.

Si la série ganglionnaire cérébro-spinale présente certaines analogies avec la chaîne ganglionnaire, telle qu'elle nous apparaît chez les Vers annelés, la chaîne ganglionnaire sympathique des Vertébrés s'en rapproche bien davantage. Ce système nerveux sympathique (fig. 26) comprend, comme le système nerveux cérébro-spinal, une partie centrale et une partie périphérique. La partie centrale est formée par une série de ganglions, situés de chaque côté de la colonne vertébrale, depuis la base du crâne jusqu'à l'extrémité inférieure de la région sacrée ; dans le thorax leur nombre est habituellement le même que celui des nerfs rachidiens.

Ces ganglions sont reliés les uns aux autres par des faisceaux de fibres nerveuses, les cordons intermédiaires, qui correspondent tout à fait aux connectifs des Vers. De cette chaîne continue sympathique partent les nerfs périphériques qui vont se rendre soit dans les viscères, soit dans la paroi des vaisseaux. Le système nerveux sympathique est, par ailleurs, relié au système nerveux cérébro-spinal ; chaque ganglion de la chaîne sympathique est, en effet, en relation avec un ou plusieurs nerfs spinaux par des faisceaux de fibres nerveuses, les rameaux communicants, qui partent des nerfs spinaux non loin de la moelle. De nombreux ganglions existent également sur le trajet périphérique des nerfs craniens et dans nombre de plexus nerveux viscéraux.

Les neurones de la chaîne des ganglions sympathiques sont multipolaires. Ils semblent tous être des neurones moteurs. D'après les recherches des auteurs qui se sont occupés de cette question (Kölliker, Cajal), il n'y aurait aucune cellule réellement sensitive dans la chaîne ganglionnaire sympathique. Les fibres sensitives provenant des viscères ne feraient que traverser les ganglions sympathiques pour se rendre aux ganglions cérébro-spinaux. Par contre, il y a dans les ganglions sympathiques bon nombre de

---

Fig. 26. — *Schéma des voies sensitives et motrices du système sympathique.* A, *ganglion sympathique;* B, *moelle;* C, *ganglion rachidien;* D, *intestin (grêle);* E, *une glande (pancréas);* F, *ganglion viscéral;* I, *cordon intermédiaire;* R, *rameau communiquant;* V, *vaisseau;* a, b, *fibres motrices de premier ordre (pré-ganglionnaires de Langley) se terminant dans un ganglion éloigné* (a) *ou voisin* (b) *en passant dans un rameau communicant* R; c, *cylindraxe sympathique (fibre motrice de deuxième ordre), parcourant deux ganglions sympathiques;* d., d, *fibres motrices de deuxième ordre se terminant ou dans la tunique d'une artère* (d.), *ou dans celle de l'intestin* (d), *en empruntant le trajet d'un nerf spinal;* e, *fibre motrice de deuxième ordre qui aboutit à une artère et qui suit un trajet indépendant;* f, *fibre sensitive allant de l'intestin à un ganglion rachidien;* g, *cellules sympathiques d'un plexus nerveux interstitiel de l'intestin;* h, *fibre qui répond à un neurone d'association interfocale et qui s'arrête dans un ganglion;* i, *fibre motrice de premier ordre se rendant par le rameau communicant, et en traversant un ganglion sympathique, dans un ganglion viscéral* F, *en suivant le trajet d'un nerf sympathique périphérique;* k, *fibre de deuxième ordre destinée à une glande où elle se ramifie* (j); m, *couche musculaire de l'intestin* (*S. R. Cajal*).

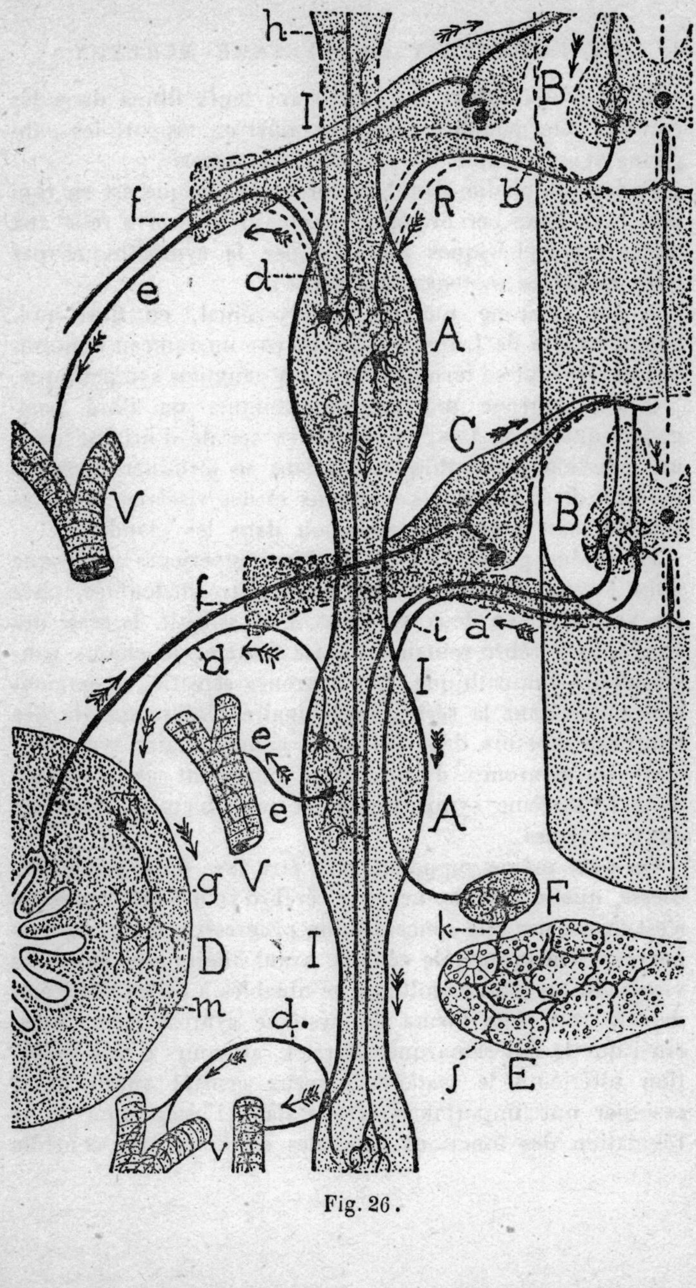

Fig. 26.

cellules d'association qui, envoyant leurs fibres dans les cordons intermédiaires, mettent ainsi en rapport les ganglions sympathiques les uns avec les autres.

Comme la chaîne ganglionnaire sympathique est en rapport avec l'axe cérébro-spinal, celui-ci se trouve relié aux organes périphériques innervés par le sympathique par deux neurones moteurs superposés :

1. Un neurone moteur cérébro-spinal, ou fibre préganglionnaire de Langley, passant par un rameau communicant et allant se terminer dans un ganglion sympathique.

2. Un neurone moteur sympathique, ou fibre postganglionnaire de Langley, ayant sa cellule d'origine dans un ganglion sympathique et allant se terminer dans les muscles de la paroi des vaisseaux et des viscères, dans les muscles arrecteurs des poils, ou dans les glandes.

La chaîne ganglionnaire des Vers supérieurs, telle que nous l'avons décrite, semble ainsi s'être dédoublée, chez les Vertébrés, en deux systèmes, l'un sensitif, la série des ganglions cérébro-spinaux, l'autre moteur, la chaîne ganglionnaire sympathique. Les neurones sensitifs se seraient concentrés dans la série ganglionnaire cérébro-spinale, les neurones moteurs dans la chaîne ganglionnaire sympathique, les neurones d'association subsistant certainement dans le système sympathique, et probablement dans les deux systèmes.

On peut même supposer, sans être taxé d'excessive hardiesse, que le système nerveux cérébro-spinal des Vertébrés s'est formé par une concentration progressive des ganglions nerveux. Un groupe de ceux-ci, ayant affaire aux fonctions viscérales les plus primitives, semblables à celles des Vers, demeurerait sous forme du système sympathique. Mais, ainsi que le fait remarquer Herrick, au cours d'une évolution ultérieure le système nerveux central aurait eu à assumer une importance accrue dans l'intégration et la régulation des fonctions générales du corps, un contrôle central des viscères serait devenu plus urgent, et ainsi auraient été commandées non seulement la formation du système nerveux cérébro-spinal, mais encore ses connexions avec le système sympathique préexistant.

V

LE DÉVELOPPEMENT DU NÉVRAXE DES VERTÉBRÉS

Il y a indubitablement une lacune entre les Invertébrés d'une part et les Vertébrés de l'autre. Les Vertébrés ne sont pas caractérisés, comme le nom semblerait l'indiquer, par la présence de vertèbres. En effet, celles-ci sont rudimentaires chez certains Vertébrés inférieurs, les Cyclostomes, classe qui comprend les Lamproies. Dans cette classe il se développe, dans l'épaisseur des parois du canal rachidien, des pièces cartilagineuses, première indication des futurs arcs vertébraux squelettiques, mais les corps vertébraux n'apparaissent pas encore. La chorde dorsale, squelette axial primitif, constituée par une tige pleine de grandes cellules claires et placée en-dessous du névraxe, est ici bien développée, et occupe la place des corps vertébraux, de même qu'elle en remplit les fonctions. Il n'y a pas à proprement parler, chez les Cyclostomes, de colonne vertébrale, mais bien une colonne chordale, sans segments squelettiques distincts.

Ainsi les vertèbres ne sont point des organes primitifs toujours présents, fût-ce sous une forme très simple, chez tous les Vertébrés. Comment pouvons-nous alors définir les Vertébrés ? On admet généralement qu'ils font partie d'un embranchement ou phylum caractérisé essentiellement par la présence : 1° d'une chorde dorsale — squelette axial primitif dont nous venons de parler ; 2° de fentes branchiales perforant le pharynx et les parois latérales du corps ; 3° d'un système nerveux dorsal par rapport à la notochorde et au tube digestif, et creux, car il est formé, chez l'embryon, par l'invagination ou reploiement d'une gouttière du feuillet externe, l'ectoderme. Cet embranchement ou phylum est celui des Chordata ou Chordés.

Or les deux premiers de ces caractères, s'ils sont présents chez tous les Vertébrés, ne le sont, chez la plupart d'entre eux, qu'à l'état embryonnaire. Les Vertébrés supérieurs ne possèdent une chorde dorsale et des fentes branchiales qu'à un stade peu évolué de leur développement. Des trois caractères, seul le système nerveux dorsal et creux est présent chez eux à l'état adulte aussi bien qu'à l'état embryonnaire ; on voit donc son importance pour caractériser les Chordés.

Nous avons vu que chez les Invertébrés métamériques, notamment chez les Vers annelés, chez les Insectes et autres Arthropodes, le système nerveux est ventral par rapport au tube digestif et plein. Comment expliquer alors la transformation d'un système nerveux ventral et plein en un système nerveux dorsal et creux ?

Plusieurs hypothèses ont été émises, dont une des plus vraisemblables est la suivante. Il y aurait eu une forme ancestrale commune aux Vers annelés d'une part, aux Vertébrés de l'autre. Les Annélides et les Chordés sont métamériques et possèdent une cavité générale ; leurs systèmes circulatoire et urogénital, leur croissance terminale, sont fondamentalement semblables, leurs systèmes nerveux et musculaire présentent des ressemblances. Si l'on renverse un Annélide sur son dos, son système nerveux devient dorsal par rapport au tube digestif, le sens de la circulation du sang est semblable à celui d'une Vertébré, et le vaisseau dorsal contractile du Ver prend alors la position du cœur ventral du Vertébré qui, nous l'avons vu, est également tubulaire et médian chez l'embryon. Le parallélisme entre les deux systèmes circulatoires est encore accru du fait que dans les deux embranchements existent des vaisseaux longitudinaux dorsaux et ventraux qui sont en connexion autour du pharynx par des arcs aortiques.

Il est certain que l'on peut présenter des objections à cette hypothèse, basées surtout sur les premiers stades embryonnaires, dissemblables dans les deux embranchements, et le fait que le tube digestif, dans sa région oesophagienne, traverse la chaîne nerveuse des Annélides, comme nous l'avons vu au chapitre précédent. Mais telle qu'elle est, cette hypothèse n'en est pas moins très suggestive.

On a cherché, d'autre part, des animaux qui posséderaient à la fois un système nerveux ventral et plein et un système nerveux dorsal et creux. Ceci n'est le cas que pour un groupe de Chordés primitifs, les Hemichordata, comprenant les Entéropneustes ou Balanoglosses, animaux qui vivent dans le sable, au niveau des basses mers. Les Balanoglosses ont un corps vermiforme, divisé en trois régions : la trompe, le collier et le tronc ; leur chorde dorsale est réduite à un minime diverticule pharyngien contenu dans la trompe. Ils possèdent de nombreuses fentes branchiales pharyngiennes. Il existe chez eux un tronc nerveux dorsal qui est tubulaire, avec une ou des cavités, d'après les espèces, dans sa partie antérieure, et un tronc nerveux ventral plein, en rapport avec le tronc nerveux dorsal par un anneau nerveux autour du pharynx, à la base du collier.

Le système nerveux des Balanoglosses semble donc bien être un système intermédiaire entre celui des Invertébrés et celui des Vertébrés. Les Balanoglosses adultes se rapprochent des Vertébrés, comme nous venons de le voir, mais leurs jeunes larves sont très semblables à celles de certains Invertébrés inférieurs, et notamment des Echinodermes.

D'autres Chordés primitifs sont les Tuniciers ou Ascidies, et l'*Amphioxus* ou *Branchiostoma*, tous animaux marins.

Chez la plupart des Tuniciers, seule la larve, longue de 2 à 3 millimètres, et dont la forme extérieure rappelle celle d'un têtard de Batracien, possède les caractères distinctifs des Chordés, dont le système nerveux dorsal et creux. Ce système nerveux s'étend, sous la forme d'un tube, dans toute la longueur de la queue ; il se prolonge également dans le tronc, et se renfle, en avant, en une grosse vésicule creuse. Le tube correspond à la moelle épinière, la vésicule au cerveau de l'*Amphioxus*, que nous décrirons plus loin. A l'intérieur de cette vésicule cérébrale se trouvent des organes sensoriels : un ocelle avec cristallin, attaché à la paroi dorsale, et, sur la paroi ventrale, attachée au sommet d'un court pédoncule, une vésicule dite auditive, mais dont la fonction aurait plutôt à faire à l'équilibration.

Sous cette forme la larve des Tunicers, chez la plupart des espèces, ne vit que quelques heures. Elle se fixe aux rochers, et alors commence une métamorphose régressive ; les caractères des Chordés disparaissent en grande partie, la chorde est résorbée, de même que le système nerveux, dont il ne reste qu'un petit ganglion. La plupart des Tuniciers adultes n'ont, par leur organisation très inférieure, aucun rapport visible avec les Chordés.

L'*Amphioxus*, ou *Branchiostoma*, long de 5 à 6 cm., a un corps pisciforme, pointu à ses deux extrémités et fortement comprimé. Il vit généralement enfoui dans le sable, d'où n'émerge que la région antérieure du corps.

La partie centrale du système nerveux est la moelle épinière, tube qui possède un petit canal médian. Ce canal épendymaire n'est que le fond de la gouttière primitive qui persiste, elle aussi, sous la forme d'une fissure, allant du canal axial à la face dorsale de la moelle. La moelle se développe, en effet, comme chez tous les Chordés, par une invaginaton ou reploiement de l'ectoderme qui, sur la ligne médiane dorsale de l'embryon, se creuse de façon à former une gouttière, puis un tube complet.

En avant, le canal central se dilate en une large cavité semblable aux ventricules cérébraux des Vertébrés. Cette vésicule cérébrale a une paroi fort mince ; elle représente le cerveau. A son extrémité antérieure existe une tache pigmentaire, qu'on considère comme un ocelle. En plus de cet ocelle il existe des taches pigmentaires métamériques le long du canal épendymaire. Dans la région où se trouve la première tache pigmentaire, sur le côté gauche du dos de la tête, existe une fossette ciliée dirigée vers le cerveau. C'est la fossette dite olfactive. Elle se termine en cul-de-sac, mais la vésicule cérébrale envoie vers elle un prolongement nerveux, véritable lobe « olfactif » creux, et terminé lui aussi en coecum à l'extrémité.

La moelle épinière donne, sur toute sa longueur, des nerfs rachidiens disposés en quatre rangées : les rangées ventrales, droite et gauche, comprennent des nerfs moteurs, tandis que les nerfs dorsaux, indépendants des précédents, sont surtout sensitifs, mais cependant avec quelques fibres motrices mélangées. Les nerfs de droite alternent régulièrement avec les nerfs de gauche ; de même, les nerfs dorsaux alternent avec les nerfs ventraux, si bien qu'à un nerf dorsal à gauche correspond, au même niveau transversal, un nerf ventral à droite, et *vice versa*.

Il y a un saut brusque entre la vésicule cérébrale unique de l'*Amphioxus* et le cerveau de tous les Chordés qui lui sont supérieurs, cerveau constitué par cinq parties distinctes, à partir de cinq vésicules embryonnaires. Voyons donc comment se forme le système nerveux central chez l'embryon des Vertébrés. Pour ce faire nous allons donner la description de son développement chez l'embryon de

Grenouille, où chaque étape est facile à observer. On sait, en effet, que la Grenouille, comme la plupart des Batraciens ou Amphibiens, pond ses œufs dans l'eau. Là, entourés de leurs enveloppes transparentes, ils se trouvent sous forme de petites boules pigmentées dans des masses gélatineuses. Il suffit de les débarrasser de leurs enveloppes pour observer, sous la loupe, toutes les phases de leur développement. La description de la formation embryonnaire du système nerveux de la Grenouille que nous donnons ici est d'ailleurs valable, à quelques détails près, pour tous les Vertébrés.

Après les premières segmentations, à un stade précoce de son développement, l'embryon de Grenouille n'est encore qu'une petite boule ou sphère de cellules, la gastrula, avec un pore appelé blastopore. A ce moment commence la formation du système nerveux par la transformation d'une région moyenne bien délimitée de l'ectoderme, en avant du blastopore, en une épaisse plaque médullaire, ou plaque neurale (fig. 27, A). Cette plaque a grossièrement l'aspect d'une cuillère. Sa partie élargie donnera naissance au cerveau tandis que le manche deviendra la moelle. Bientôt, à ce stade embryonnaire appelé neurula, les bords de la plaque neurale se soulèvent et se reploient (fig. 27, B, C) ; la cuillère devient une large gouttière dont les lèvres se rapprochent et se soudent d'arrière en avant. Avant de s'achever, cette soudure laisse pendant quelque temps à l'extrémité antérieure du névraxe un orifice étroit, le neuropore antérieur ; celui-ci se fermera bientôt. Notre cuillère s'est ainsi transformée en une cornue, dont la partie élargie, vésiculaire, sera le cerveau, tandis que la partie tubulaire correspondra à la future moelle (fig. 27, D).

Mais là s'arrête l'analogie, car une cornue a la même épaisseur partout, tandis que notre névraxe embryonnaire ou canal neural a des parois épaisses, mais un plancher et un toit minces. De plus, les bords latéraux de la plaque neurale, qui ont été transportés jusqu'à la région de la

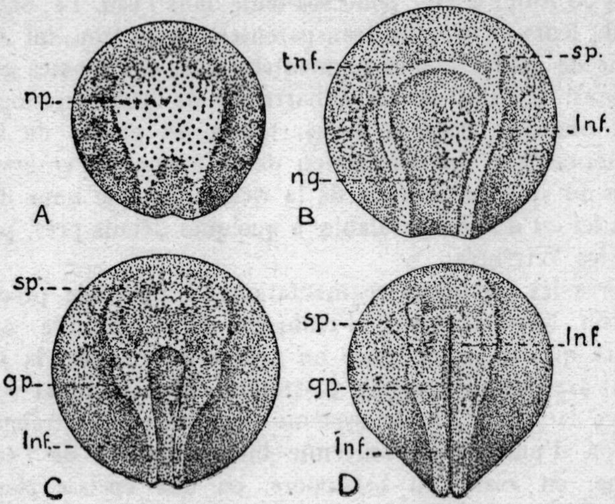

Fig. 27. — *Stades successifs du développement du tube neural et des ébauches des organes des sens et des branchies chez l'embryon de la Grenouille* Rana pipiens; *aspect antéro-dorsal.* A. *Stade peu après l'achèvement de la gastrulation, montrant la plaque neurale ou médullaire* n p. B. *Stade suivant, montrant le début de la formation des replis neuraux ou médullaires et des ébauches des organes des sens (plaque sensorielle).* C. *Stade ultérieur, montrant le début de la formation des ébauches des branchies.* D. *Stade ultérieur, montrant les replis médullaires juste avant leur soudure, et les ébauches des organes des sens et des branchies*; g p., *ébauches des branchies;* lnf., *replis neuraux ou médullaires latéraux;* ng., *gouttière neurale ou médullaire;* np., *plaque neurale ou médullaire;* p., *ébauches des organes des sens ou plaque sensorielle;* tnf., *repli neural ou médullaire transverse* (*R. S. Mc Ewen*).

fusion dorsale, ne sont pas inclus dans les parois du tube. Ces crêtes de tissu ectodermique en sont partiellement séparées, de telle façon qu'elles deviennent semi-indépendantes de lui et occupent une place dans l'angle, de chaque côté du tube neural, entre celui-ci et la paroi du corps. Les crêtes neurales ainsi formées se scindent bientôt en segments successifs. Chacun des segments conserve une petite

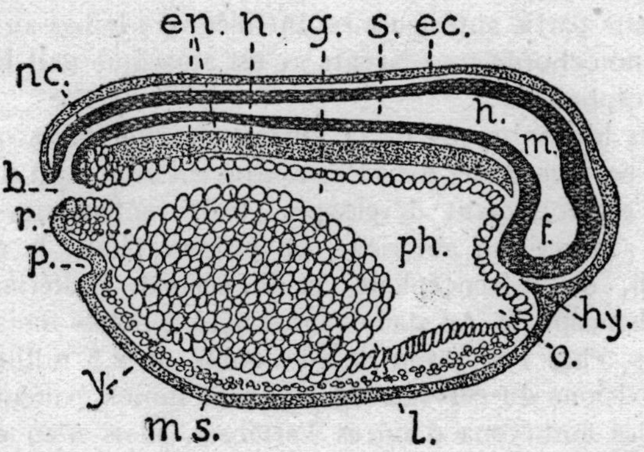

Fig. 28. — *Schéma d'une coupe sagittale médiane d'un embryon de Grenouille juste avant la fermeture du blastopore.* b., *blastopore;* ec., *ectoderme;* en., *endoderme;* f., *cerveau antérieur ou prosencéphale;* g., *intestin moyen;* h., *cerveau postérieur ou rhombencéphale;* hy., *hypophyse;* l., *diverticule hépatique;* m., *cerveau moyen ou mésencéphale;* ms., *mésoderme;* n., *notochorde;* nc., *canal neurentérique;* o., *évagination orale ou buccale;* p., *proctodaeum, où se formera, à un stade ultérieur, l'ouverture anale ou cloacale* ph., *région pharyngienne du canal alimentaire;* r., *rectum;* s., *moelle épinière;* y., *vitellus* (*A. M. Marshall*).

connexion avec la paroi du névraxe, et forme par la suite un des ganglions de la série ganglionnaire cérébro-spinale dont nous avons parlé p. 56.

Au moment de la formation de la plaque médullaire, l'embryon, comme nous l'avons dit plus haut, n'est qu'une petite sphère cellulaire ; la plaque médullaire épouse donc sa courbe. Mais, pendant que se forme le tube ou canal neural, l'embryon commence à s'allonger. La courbure originelle de la partie antérieure du névraxe embryonnaire n'en persiste pas moins, et augmente même, de telle façon que cette partie antérieure est inclinée vers le bas au-devant de la notochorde sous-jacente ; c'est ainsi que naît la courbure céphalique.

Chez les embryons de la plupart des Vertébrés on peut observer, à ce stade, dans l'extrémité antérieure du névraxe, qui s'est fortement développée, trois renflements consécutifs : le cerveau antérieur, ou prosencéphale, le cerveau moyen, ou mésencéphale, et le cerveau postérieur, ou rhombencéphale. Au stade auquel nous sommes maintenant arrivés, chez l'embryon de Grenouille de 2,5 millimètres, ces divisions du cerveau (fig. 28) sont moins évidentes que chez les embryons d'autres Vertébrés, mais n'en existent pas moins. Elles peuvent d'ailleurs être distinguées, chez l'embryon de Grenouille, par certains épaississements (fig. 29) ; l'un, le tubercule postérieur, sépare le cerveau antérieur du cerveau moyen, l'autre, l'épaississement dosal, sépare le cerveau moyen du cerveau postérieur ; ce dernier se continue insensiblement avec la cavité de la moelle.

De plus, existent déjà à ce stade, dans le cerveau antérieur, des structures particulières : 1. l'infundibulum, cul-de-sac ventral qui pointe en arrière ; 2. en avant de l'infundibulum, un épaississement ou bourrelet qui est l'ébauche du chiasma optique ; 3, en avant du chiasma optique une légère dépression, le récessus optique, qui s'évagine ou s'enfonce de chaque côté en formant les pédicules creux des vésicules optiques — les futurs yeux. Du côté dorsal du prosencéphale existe une autre évagination, unique et médiale, l'ébauche de l'épiphyse ou glande pinéale.

Pendant ce temps, dans la région de la future bouche (stomodæum) une languette de cellules ectodermiques pousse vers le haut et en arrière pour rejoindre l'infundibulum que nous venons de décrire. La fusion de la lan-

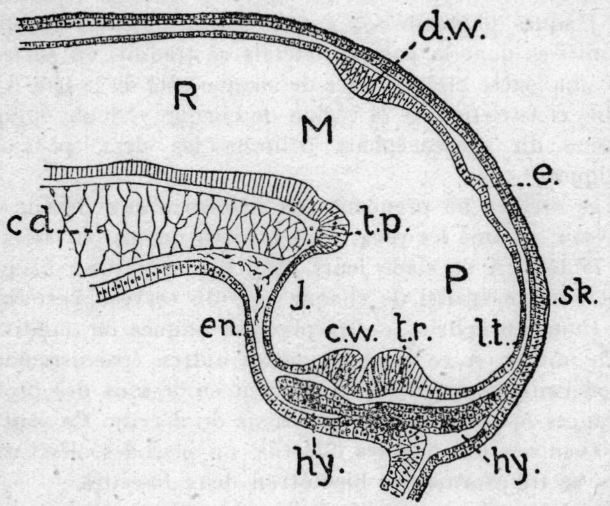

Fig. 29. — *Coupe sagittale médiane du cerveau d'un embryon de Grenouille* (Rana fusca) *de 2, 3 mm. de longueur.* cd, *notochorde;* c.w., *ébauche du chiasma optique;* d.w., *épaississement dorsal;* e., *ébauche de l'épiphyse;* en., *garniture endodermique du pharynx;* hy., *hypophyse;* J., *infundibulum;* l.t., *lame terminale;* M., *mésencéphale;* P., *prosencéphale;* R., *rhombencéphale;* sk., *ébauche de la placode olfactive;* t.p., *tubercule postérieur;* t.r., *torus transverse* (*Von Kupffer*).

guette cellulaire avec ce dernier formera plus tard l'hypophyse ou glande pituitaire.

Revenons maintenant à la formation des yeux. Avant la fermeture de la gouttière médullaire dans la région du futur prosencéphale est apparue, de chaque côté, une plaque de cellules pigmentées. Après la soudure dorsale ces plaques se trouvent, de chaque côté, à l'intérieur du cerveau antérieur. Il se produit alors le phénomène que nous avons mentionné plus haut, l'évagination ou formation de culs-de-sac latéraux au fond desquels se trouvent repoussées les plaques pigmentées. Ce sont là les vésicules optiques primitives dont la poussée latérale se traduit, en surface, par une légère protubérance de chaque côté de la tête. Une faible constriction de la région de chaque vésicule optique voisine du prosencéphale délimite les deux pédicules optiques.

Les oreilles ne prennent pas naissance aux dépens du cerveau, comme les yeux, mais à partir des parois latérales de la tête. A ce stade leurs ébauches sont deux plaques d'ectoderme épaissi de chaque côté du cerveau postérieur ou rhombencéphale, — les placodes otiques ou auditives.

De même, à ce moment, deux autres épaississements ectodermiques apparaissent un peu en-dessous des protubérances optiques que nous venons de décrire. Ce sont là les ébauches des organes olfactifs, ou placodes olfactives ; elles se transformeront bientôt en deux fossettes.

Pendant que se sont ainsi ébauchés divers organes nerveux ou des sens, dans la partie antérieure de l'embryon, les lèvres de la partie terminale de la gouttière médullaire se sont soudées pour former la partie postérieure de la future moelle épinière. Ce faisant, elles englobent la partie dorsale du blastopore qui, se fermant vers l'extérieur, est ouvert à l'intérieur et en rapport avec la partie postérieure de la cavité digestive. Il y a ainsi une connexion provisoire entre celle-ci (*enteron*) et la cavité neurale, le canal d'union portant le nom de canal neurentérique. La signification de cet extraordinaire organe nous échappe complètement.

Un autre phénomène, moins visible sur l'embryon de Grenouille que sur celui d'autres Vertébrés, est celui de la neuromérie. On a observé depuis longtemps, sur le cerveau postérieur des embryons, des étranglements régulièrement espacés le divisant en segments consécutifs, les neuromères.

Certains chercheurs (Locy, Hill) ont constaté, dans la plaque neurale encore ouverte, une segmentation analogue s'étendant jusqu'à son extrémité antérieure (fig. 30).

Les différents neuromères engendrent des parties distinctes, le détail desquelles il est inutile de donner ici. La

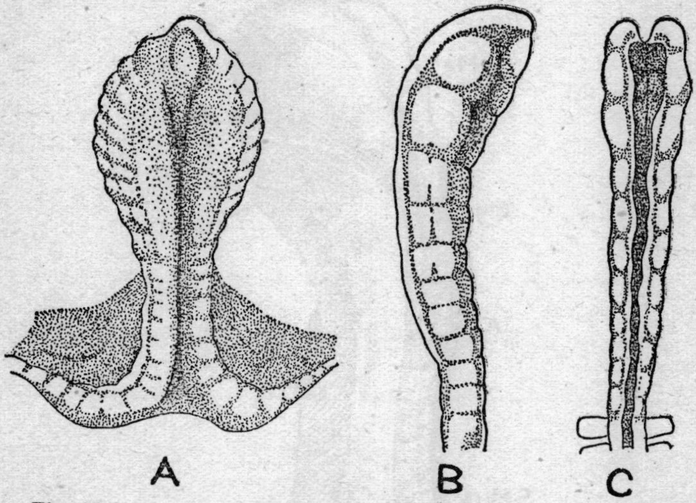

Fig. 30. — A. *Les neuromères dans la plaque neurale d'un jeune embryon de Sélacien* — Squalus acanthias (*Locy*). B. C. *Les neuromères dans la partie antérieure d'un embryon de Poulet de 22 heures d'incubation; il est vu de droite en* B, *où l'on constate que les neuromères entourent l'axe neural, et de dos en* C (*C. Hill*).

valeur et la signification de ces neuromères sont encore mal déterminées, mais on ne peut s'empêcher de penser qu'ils évoquent, eux aussi, la chaîne ganglionnaire des Vers annelés.

Reprenons maintenant le cerveau au stade à trois vésicules, et voyons quelle est son évolution ultérieure chez les Vertébrés en général. Au stade à trois vésicules succède un stade à cinq vésicules résultant du dédoublement du prosencéphale et du rhombencéphale. A la partie antérieure du prosencéphale (fig. 31) se forme un renflement plus ou moins divisé en deux moitiés latérales ; c'est là le cerveau terminal ou télencéphale qui constituera par la suite de son

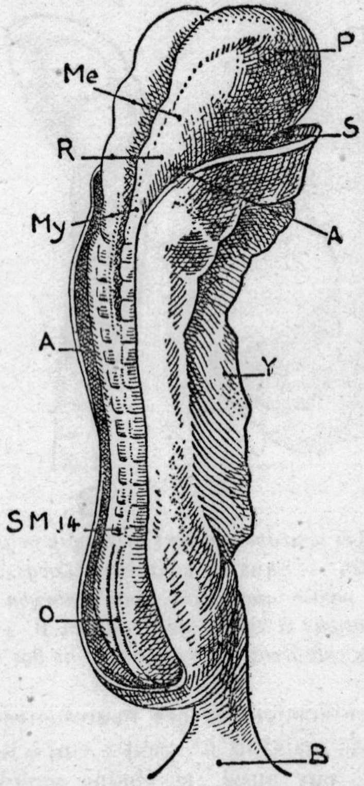

Fig. 31. — *Embryon humain de 2,4 mm.; le tube neural est partiellement clos;* A, *amnion (coupé);* B, *pédicule de fixation;* Me, *Mésencéphale;* My, *myélencéphale;* O, *gouttière médullaire ouverte ;* P, *prosencéphale ;* R, *rhombencéphale ;* S, *stomodæum;* SM 14, *segment mésodermique 14 ;* Y, *vésicule ombilicale ou sac vitellin (Kolmann).*

évolution le cerveau proprement dit des Vertébrés supérieurs, avec ses deux hémisphères. Ce qui reste du prosencéphale après la séparation du télencéphale constitue le disencéphale ou cerveau intermédiaire. Le rhombencéphale se divise en une partie antérieure, le métencéphale ou cerveau postérieur, et une postérieure, le myélencéphale, ou arrière-cerveau (fig. 32).

Ainsi, des trois vésicules cérébrales, seul le mésencéphale ou cerveau moyen ne s'est pas divisé et demeure tel quel, tandis que le cerveau antérieur et le cerveau postérieur donnent chacun naissance, par dédoublement, à deux nouvelles vésicules. Voyons maintenant ce que chacune de ces cinq vésicules va contribuer, en gros, à l'édification de l'encéphale des Vertébrés (fig. 33).

Le télencéphale, partiellement divisé en deux par une invagination ou scissure longitudinale moyenne, donne ainsi naissance aux deux hémisphères cérébraux, et sa cavité est également divisée en deux, les ventricules des hémisphères, ou ventricules latéraux. Ceux-ci ne communiquent avec le 3e ventricule du diencéphale que par deux orifices placés à droite et à gauche de la ligne médiane, les trous de Monro. De chaque côté du télencéphale le plancher, épais, porte un renflement saillant dans la cavité, le ganglion basal. En outre, il existe deux prolongements antérieurs creux, les lobes olfactifs, avec chacun un nerf en avant, le premier nerf cranien ou nerf olfactif.

Le diencéphale est divisé par un plan frontal en deux moitiés, l'une dorsale ou thalamus, l'autre ventrale ou hypothalamus. Au-dessus du 3e ventricule, qui s'étend dans tout le diencéphale, la voûte de celui-ci comprend, entre autres, la toile choroïdienne ou plexus choroïde, lame épithéliale plissée et vasculaire, et l'épiphyse ou œil pinéal. Dans l'hypothalamus on peut observer le chiasma optique où a lieu le croisement de la deuxième paire de nerfs craniens, les nerfs optiques, et la tige de l'hypophyse.

Le mésencéphale comprend dorsalement le toit optique, disposé en deux vésicules paires, les lobes optiques, chez la plupart des Vertébrés ; il forme chez les Mammifères les tubercules quadrijumeaux. Ventralement le mésencéphale fournit la continuation du bulbe rachidien, ou moelle-allongée, jusqu'au diencéphale, ou bien, chez les Mammifères, la majeure partie des pédoncules cérébraux. La cavité centrale constitue ici l'aqueduc de Sylvius, étroit chez les Mammifères, mais plus grand chez les Poissons où il se prolonge dans les lobes optiques. Le mésencéphale donne naissance à deux paires de nerfs craniens, la troisième (nerfs moteurs oculaires communs) et la quatrième (nerfs pathétiques), toutes deux ayant affaire à la motricité des yeux.

Le métencéphale fournit par sa voûte le cervelet ; par son plancher il constitue une partie du bulbe qui, chez la plupart des Vertébrés, se continue avec celle dérivée du myélencéphale et ne peut en être distinguée, mais qui, chez les Mammifères, se reconnaît à la présence d'un épaississement transversal, le pont de Varole ou protubérance annulaire. La cavité du métencéphale est une extension du 4e ventricule bulbaire.

Le myélencéphale donne le bulbe rachidien ou moelle allongée qui continue la moelle en s'élargissant peu à peu en avant. Au niveau du bulbe le canal central se rapproche de sa surface dorsale et s'élargit fortement en un ventricule aplati, le 4e ventricule, qui a une forme losangique chez les Vertébrés supérieurs, triangulaire chez les Vertébrés inférieurs. Il est limité, du côté dorsal, par une toile choroïdienne ou plexus choroïde postérieur. Le bulbe donne naissance à tous les nerfs craniens restants, ou bien les reçoit, à partir de la cinquième paire (nerfs trijumeaux) à la dixième et dernière (nerfs vagues) chez les Vertébrés inférieurs, et à la douzième et dernière (nerfs hypoglosses) chez les Vertébrés supérieurs.

En arrière du bulbe le tube neural évolue progressivement chez l'embryon pour atteindre la structure de la moelle adulte. Le canal neural est tapissé de cellules qui originellement étaient sur la surface de l'embryon, et qui n'ont pas les caractères de cellules nerveuses ; ce sont les cellules épendymaires. La moelle est tout d'abord plus épaisse dans les régions dorsales et latérales, et refoule le canal central du côté ventral. Plus tard chez l'embryon les cellules et fibres poussent également du côté ventral et refoulent le canal vers le centre de la moelle. Le canal neurentérique dont nous avons parlé plus haut disparaît au cours du développement embryonnaire.

Il nous reste à suivre le développement des organes des sens dont nous avons décrit les premières ébauches.

Les vésicules optiques primitives que nous avons décrites plus haut se sont étendues latéralement (fig. 121). Lorsque leur fond arrive au contact de l'ectoderme latéral de la tête, celui-ci, comme en réponse à ce voisinage, s'épaissit sur une petite partie de son étendue, puis s'invagine en une fossette, la fossette cristallinienne. Celle-ci se transforme alors en une vésicule qui bientôt se détache de l'ectoderme et devient libre en formant le cristallin. Pendant la formation de ce dernier la vésicule optique s'est transformée en la cupule optique. L'hémisphère distal de la vésicule s'est invaginé dans l'hémisphère proximal, comme s'il était poussé par le cristallin de bas en haut en même temps que de dehors en dedans, comme un ballon dont on enfonce une paroi sur l'autre au moyen d'une pierre ronde appliquée excentriquement. Dans le cas de la cupule optique le pédicule qui la relie au cerveau se trouve placé excentriquement vers le bas, endroit où le cristallin va faire sa pénétration. La cupule s'accroît par ses bords qui tendent à envelopper le cristallin et à se fermer en dessous de lui pour former la pupille. Pendant tout le temps que dure cette formation la cupule optique est incomplète du côté ventral, et présente une fente, la fente choroïdienne, qui se ferme plus tard. Finalement le cristallin est enchâssé dans la cupule optique dont il occupe toute l'ouverture (fig. 34).

La cupule est formée de deux feuillets. Le plus proche du cerveau se charge de pigment ; c'est la lame pigmentaire de la rétine. L'autre, plus épais, non pigmenté, est la rétine proprement dite. Rétine et lame pigmentaire se

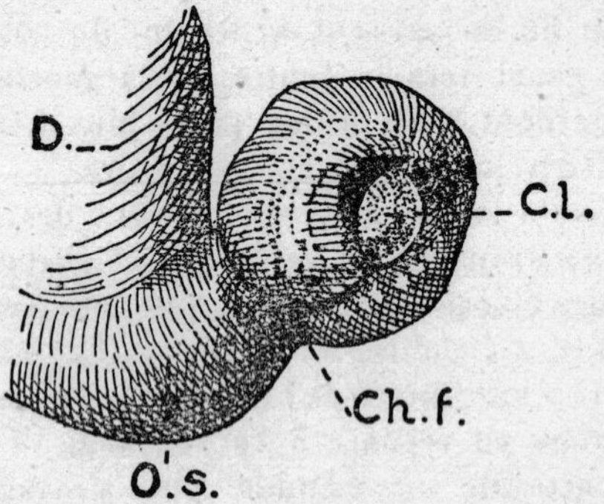

Fig. 34. — *Le pédicule optique, la cupule optique, et le cristallin d'un embryon humain de 12,5 mm. La fente choroïdienne s'est fermée le long du pédicule optique.* C. l., *cristallin;* D., *diencéphale*; Ch. f., *fente choroïdienne;* O. s., *pédicule optique* (*Hochstetter*).

continuent naturellement l'une dans l'autre au niveau du bord de la cupule optique (fig. 35). Les cellules rétiniennes les plus proches de la lame pigmentaire deviennent les cônes et les bâtonnets de la rétine, les autres cellulles nerveuses embryonnaires ou neuroblastes, plus proches de la cavité de la cupule optique donnent les cellules bipolaires et ganglionnaires de la rétine. Les axones de ces dernières passent sur la surface de la rétine, ensuite par le bout interne de la fente choroïdienne, puis par le bord ventral du pédicule optique vers le cerveau, en formant le nerf optique. Les fibres des deux nerfs optiques, arrivées au diencéphale, croisent toutes de l'autre côté chez les Vertébrés inférieurs, en grande partie chez les Vertébrés supérieurs, formant ainsi le chiasma optique que nous avons mentionné plus haut. La paroi de chaque pédicule optique entoure et engaine un nerf optique, oblitérant ainsi sa propre cavité.

Au bord de la pupille la fermeture de la fente choroïdienne est marquée par un épaississement dont se développent les cellules de l'iris. Le corps vitré est formé dans la cavité de la cupule optique par des cellules rétiniennes et cristalliniennes. La choroïde, couche vasculaire de l'œil, se forme en dehors de la couche pigmentaire, et la sclérotique, tissu de soutien de l'œil, est formée encore plus à la périphérie, choroïde et sclérotique provenant du mésenchyme, tissu lâche sous-jacent à l'ectoderme. Vis-à-vis du cristallin, l'ectoderme du côté de la tête devient transparent et, avec l'addition de mésenchyme, forme la cornée.

L'oreille a un développement qui est également assez complexe. Les placodes auditives que nous avons observées de chaque côté du rhombencéphale ou cerveau postérieur, dans les deux parois de la tête, vont former : 1. un appareil destiné à percevoir les changements de position du corps par rapport au monde extérieur, c'est-à-dire un appareil d'équilibration ; 2. un appareil auditif ; 3. des cellules ganglionnaires en rapport avec 1 et 2. L'appareil d'équilibration est représenté par les canaux semicirculaires ; il existe probablement seul chez les Poissons. L'appareil auditif est représenté par la lagena, court diverticule chez les Vertébrés inférieurs, mais qui se complique et forme le limaçon des Vertébrés supérieurs.

La partie de la placode auditive qui ne donne pas naissance aux cellules ganglionnaires s'invagine, forme une vésicule piriforme qui se sépare de la paroi pour se rapprocher du rhombencéphale. Le pédicule de séparation forme un canal, le canal endolymphatique, qui se ferme à son extrémité distale, sauf chez les Sélaciens, où il débouche par un trou très fin à la surface de la tête.

La vésicule piriforme ou otocyste, enfoncée dans le mésenchyme qui occupe les côtés de l'encéphale, subit une série de transformations (fig. 36). Une constriction oblique la divise en deux parties séparées par un étranglement, une supérieure, l'utricule, l'autre inférieure, le saccule. L'utricule engendre les canaux semi-circulaires, le saccule est en rapport avec le canal endolymphatique près de l'étranglement, et présente la lagena chez les Reptiles et Oiseaux, et le limaçon chez les Mammifères. Celui-ci a d'abord la forme d'une corne légèrement courbée, puis il s'enroule sur lui-même en formant jusqu'à deux tours et demi, constituant ainsi une sorte de cône.

Pendant la formation de l'étranglement entre l'utricule et le saccule naissent, à l'intérieur de la paroi utriculaire, deux paires de crêtes. Une paire est verticale et en avant, l'autre est horizontale et latérale, du côté de la peau. Bientôt naît une troisième paire qui est en arrière et verticale.

Fig. 32. — *Vue latérale du cerveau d'un embryon du Lézard* Gecko. *Les racines des nerfs craniens sortent du métencéphale et du myélencéphale.* Di, *diencéphale;* Lo, *lobe olfactif;* Ms, *mésencéphale;* No, *nerf optique;* T, *télencéphale* (*Tandler et Kantor*).

Fig. 33. — *Coupe sagittale médiane du cerveau d'un embryon humain de 14 mm.* 1, *récessus optique;* 2, *crête formée par 3;* 3, *chiasma optique;* 4, *récessus infundibulaire;* Ca, *aqueduc cérébral;* Ce, *cervelet;* Cp, *pédoncule cérébral;* Cs, *corps strié;* D, *diencéphale;* E, *épithalamus;* H, *hypothalamus;* Lt, *lame terminale* M, *mésencéphale;* Mt, *métencéphale;* My, *myélencéphale;* Pa, *pallium;* Po, *pont de Varole*; Rf, *fosse rhomboïdale;* Rh, *rhinencéphale;* Ri, *isthme rhombencéphalique*; Sc, *moelle épinière;* T, *télencéphale;* Th, *thalamus* (*His*).

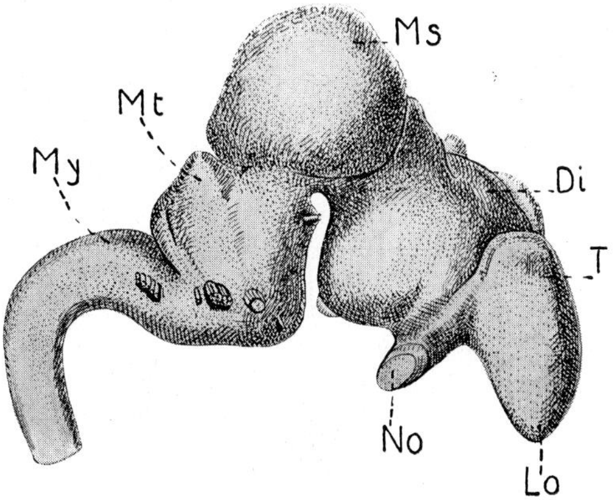
Ms
Mt
My
Di
T
No
Lo

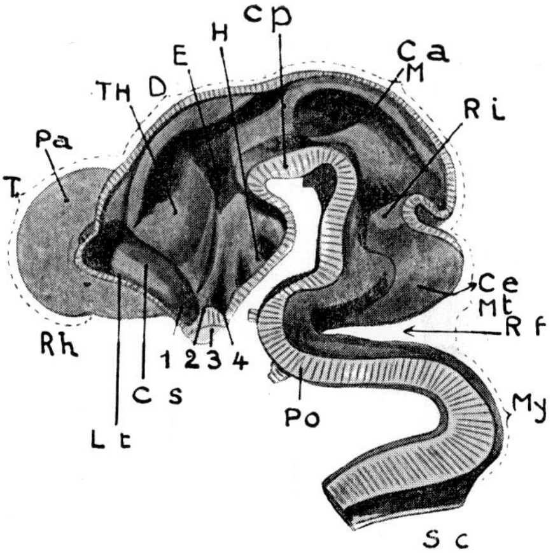
cp
H
E
Ca
M
TH
D
Ri
Pa
T
Ce
Mt
Rf
Rh
1 2 3 4
C s
Po
My
L t
S c

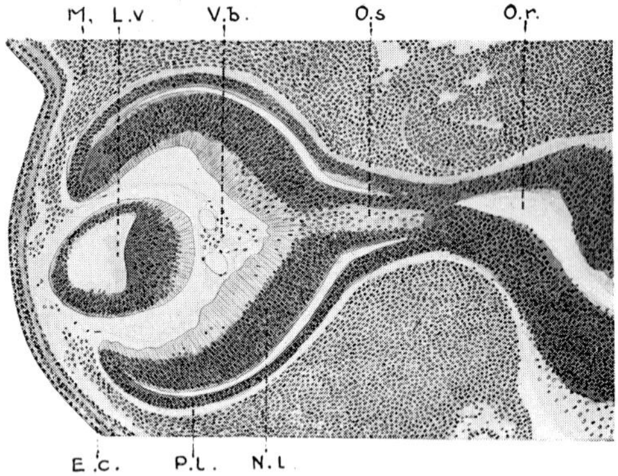
M.
L.v.
V.b.
O.s
O.r.
E.c.
P.l.
N.l.

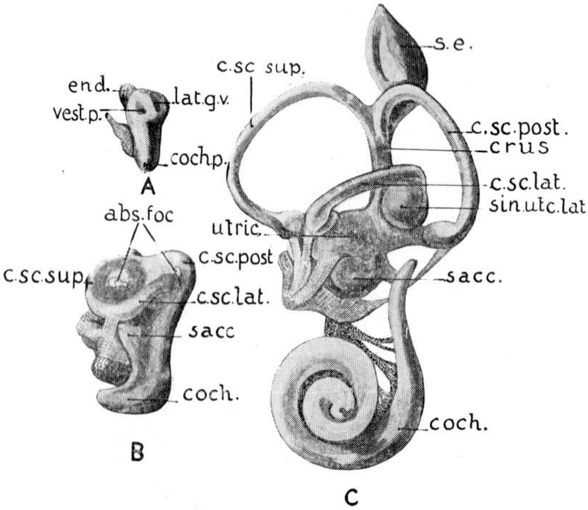
end.
lat.g.v.
vest.p.
coch.p.
A
abs.foc
c.sc.sup.
c.sc.post
c.sc.lat.
sacc
coch.
B
c.sc sup.
s.e.
c.sc.post.
crus
c.sc.lat.
sin.utc.lat
utric.
sacc.
coch.
C

Les bords de chaque paire de crêtes se fusionnent tout au long, donnant ainsi naissance à un tube qui est ouvert à ses deux bouts dans la cavité de l'utricule. Les trois tubes sont les ébauches des trois canaux semi-circulaires, présents chez tous les Vertébrés sauf les Cyclostomes, où il n'y en a qu'un ou deux. Ces canaux se séparent de la paroi de l'utricule en poussant en dehors de ce dernier, et acquièrent à ses dépens un renflement ampullaire ou ampoule à l'une de leurs extrémités. Ils sont situés chacun dans un des plans principaux de l'organisme : les deux verticaux sont unis entre eux à angle droit, le canal postérieur dans un plan sagittal, le canal antérieur dans un plan transversal ; le troisième, canal externe, est placé dans un plan frontal.

Des plages sensorielles, constituées par des cellules en rapport avec des branches du nerf acoustique, se forment dans la paroi épithéliale de l'utricule, du saccule, des

---

Fig. 35. — *Coupe à travers le pédicule optique, la cupule optique, et le cristallin d'un embryon humain de 10 mm.* E. c., *épithélium de la cornée* ; L. v., *vésicule cristallinienne* ; M., *mésenchyme* ; N. l., *rétine proprement dite ;* O. r., *récessus optique du cerveau ;* O, s., *pédicule optique ;* P, l., *lame pigmentaire de la rétine ;* V. b., *corps vitré* (*Prentiss*).

Fig. 36. — *Stades du développement de l'oreille interne humaine. Vues latérales de modèles du labyrinthe membraneux gauche ;* A, *à 6,6 mm.*, B, *à 13 mm.*, C, *à 30 mm. La partie cochléaire du nerf acoustique et de ses ganglions est pointillée, sa partie vestibulaire est striée.* Abs. foc., *région de la paroi complètement résorbée ;* coch., *canal cochléaire ;* coch. p., *ébauche ou poche cochléaire* ; cms., *sinus supérieur* ; c. sc. lat., c. sc. post., c. sc. sup., *canal semi-circulaire latéral, postérieur, supérieur ;* end., *canal endolymphatique ;* lat. g v., *sillon latéral de la poche vestibulaire ;* sacc , *saccule ;* s. e., *extrémité dilatée en poche ou sac du canal endolymphatique ;* sin. utric. lat., *sinus postéro-latéral de l'utricule ;* utric., *utricule* (*Streeter*).

ampoules, de la lagena ou du limaçon. Autour du labyrinthe membraneux ainsi formé naît une capsule cartilagineuse ou osseuse formée par le mésenchyme qui enveloppait au début l'invagination de la vésicule auditive. Mais il existe un faible espace entre le labyrinthe membraneux et la capsule, l'espace périlymphatique, rempli d'un fluide, la périlymphe. Le labyrinthe membraneux, d'autre part, est aussi rempli d'un liquide particulier, l'endolymphe, dans lequel sont suspendus des concrétions ou des cristaux calcaires, les otolithes, dont nous avons déjà vu les homologues chez les statocystes des Invertébrés. Il n'y a pas d'otolithes dans le canal cochleaire du limaçon.

A partir des Amphibiens commencent à apparaître les différenciations qui conduiront à la formation de l'oreille moyenne, et les Mammifères ont, en plus, une oreille externe. Ces structures sont surajoutées à l'oreille interne des Poissons et n'ont pas de rapports directs, dans leur développement, avec celui du système nerveux central. Nous ne donnerons pas ici les détails de leur formation.

Nous avons vu plus haut, chez l'embryon de Grenouille, que l'organe olfactif apparaît tout d'abord sous forme de deux épaississements ectodermiques ou placodes olfactives, un peu au-dessous des protubérances optiques. Ces placodes se transforment bientôt en deux fossettes (fig. 37). Le fond de chaque fossette se rapproche de la paroi du télencéphale et n'en est séparé que par un peu de mésenchyme. Puis ses cellules prolifèrent activement, il s'en détache des traînées minces et nombreuses qui, traversant le mésenchyme, s'approchent du télencéphale et s'unissent à lui, réalisant des connexions primaires entre l'organe sensoriel et le centre nerveux. Ainsi sont tracées les voies des nerfs olfactifs futurs. Mais les fibres nerveuses définitives ont chacune leur cellule d'origine dans l'épithélium olfactif lui-même, et les cellules placodiques leur serviront d'abord de tuteurs dans leur croissance, puis de gaines.

L'organe olfactif est très simple chez les Vertébrés inférieurs, mais il se complique progressivement jusqu'à devenir chez les Vertébrés supérieurs, et spécialement chez les Mammifères, une véritable annexe de l'appareil respiratoire ; là l'organe primitif n'est plus qu'une partie d'un ensemble complexe, les fosses nasales.

VI

LA GENÈSE NORMALE DE LA CELLULE NERVEUSE

Dans le chapitre précédent nous avons parlé du développement du système nerveux comme si celui-ci était constitué par une substance plastique qui, au cours de son organisation embryonnaire, était refoulée ici, tassée là, pour donner en fin de compte des structures du névraxe adulte. Ceci n'est évidemment pas le cas. Le tissu nerveux est, comme les autres, constitué par une infinité de cellules dont la multiplication, la croissance et l'organisation seules donnent lieu à l'extraordinaire série de transformations et de remaniements qui, d'une plaque neurale, construisent d'abord un tube, puis une série de vésicules, enfin l'ensemble des organes nerveux, et qui édifient par ailleurs les organes sensoriels qui leur sont annexés. Pendant que le névraxe est ainsi formé par les cellules nerveuses embryonnaires, celles-ci se mettent, de plus, en rapport les unes avec les autres au moyen des synapses, envoient à la périphérie du corps leurs expansions, et entrent en contact avec les tissus variés de l'économie. Cette merveilleuse organisation n'a pas manqué de susciter l'admiration et la curiosité des biologistes, ni les hypothèses les plus variées pour en donner une explication valable. Nous allons maintenant procéder à l'examen de la croissance, normale et expérimentale, des cellules nerveuses embryonnaires ou neuroblastes, et des théories qui ont été émises pour la comprendre.

Les cellules du tube nerveux donnent naissance à deux catégories cellulaires : les cellules nerveuses, chez lesquelles l'irritabilité et la conduction sont les fonctions prédominantes, d'une part, et les cellules névrogliques, ou cellules de soutien caractéristiques du système nerveux, de l'autre. La paroi du tube neural qui, tout d'abord, consiste en une couche unique de cellules cylindriques, en acquiert plusieurs par la suite. Puis ces cellules se fondent en un syncytium, masse commune à nombreux noyaux arrangés radiairement et en séries presque parallèles, et limité à ses deux surfaces par les membranes limitantes interne et externe (fig. 38). Les noyaux se groupent de telle façon que l'on distingue trois couches : 1. une couche interne

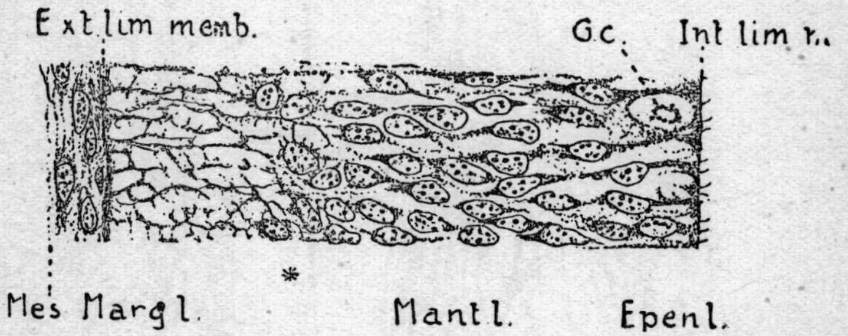

Fig. 38. — *Différenciation du tube neural chez un embryon de Porc de 10 mm.* Epen. l., *couche épendymaire;* Ext. lim. memb., *membrane limitante externe;* G. c , *cellule germinative;* Int., lim. m., *membrane limitante interne;* Mant. l., *couche en manteau;* Marg. l., *couche marginale;* Mes., *mésoderme;* *, *limite entre les couches en manteau et marginale* (*Hardesty*).

épendymaire, dont nous avons déjà dit un mot p. 77 ; les noyaux et corps cellulaires de cette couche sont proches de la membrane limitante interne, tandis que leurs expan-

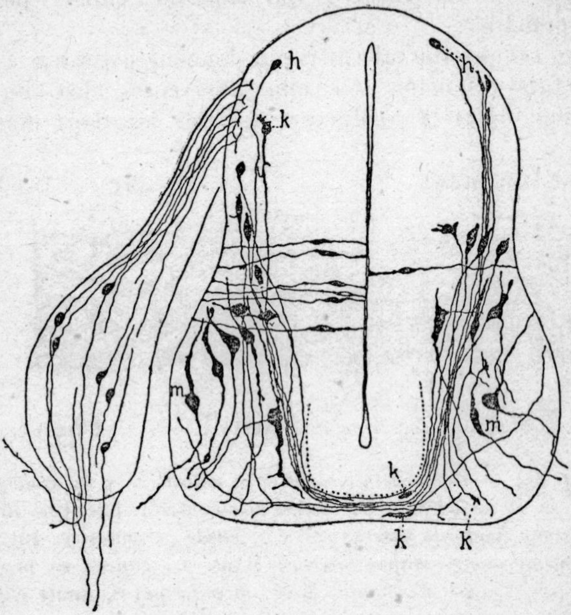

Fig. 39. — *Coupe de la moelle épinière chez un embryon de Poulet de 4 jours 1/2 de développement. A gauche on voit un ganglion rachidien ou spinal avec plusieurs cellules ganglionnaires dont le prolongement central devient dichotomique dans le faisceau dorsal.* h, *cellules commissurales dans la région dorsale*; k, *cône de croissance*; m, *cellules motrices des cornes ventrales. Les cellules horizontales sont épendymaires. Imprégnation de Golgi* (*G. Retzius*).

sions s'étendent vers la périphérie ; 2. une couche moyenne à nombreux noyaux, couche en manteau ou recouvrante ; 3. une couche externe, marginale, sans cellules, constituée par des fibres.

La couche épendymaire n'est pas nerveuse ; elle borde simplement la cavité du névraxe, ses cellules envoyant des expansions à travers le tube nerveux, même jusqu'à sa périphérie ; cette couche fournit pourtant, au cours du

Fig. 40. — *Schéma montrant la similitude entre le développement phylogénique et le développement ontogénique de la cellule pyramidale du cerveau.* A, B, C, D, *Cellules pyramidales* ; A, *de la Grenouille*, B, *d'un Reptile*, C, *de la Souris*, D, *de l'homme*. a, *neuroblaste*; b, c, d, e, *cellules pyramidales;* b, *à la phase bipolaire*, c, *avec bouquets*, d, *avec dendrite basilaire*, e, *avec collatérales nerveuses et branches du tronc. Imprégnation de Golgi* (S. R. *Cajal*).

développement, des cellules à la couche en manteau. Celle-ci formera la substance grise, cellulaire, tandis que la couche marginale constituera la substance blanche, composée uniquement d'expansions nerveuses et névrogliques.

Les cellules primitives du tube nerveux donnent naissance, par division, à des cellules épendymaires d'une part, à des cellules indifférentes de la couche en manteau, de l'autre. Ces cellules indifférentes donnent elles-mêmes

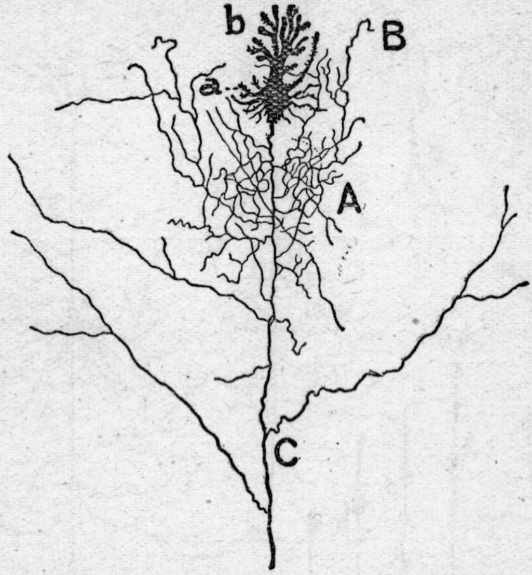

Fig. 41. — *Cellule de Purkinje; cervelet d'enfant nouveau-né.* A, B, C, *collatérales;* A, *supplémentaires du cylindraxe,* B, *longues ou définitives,* C, *inférieures.* a, *corps de la cellule hérissé d'appendices indifférents;* b, *ramure définitive en train de se former. Imprégnation de Golgi* (*S. R. Cajal*).

origine à des spongioblastes et à des neuroblastes. Les spongioblastes se transforment par la suite en cellules névrogliques de soutien avec leurs expansions tandis que

---

Fig. 37. — *Coupe de la région olfactive chez l'embryon de la Grenouille rousse.* M, *membrane pharyngienne:* O, *fossette olfactive;* T, *télencéphale* (*Hinsberg*).

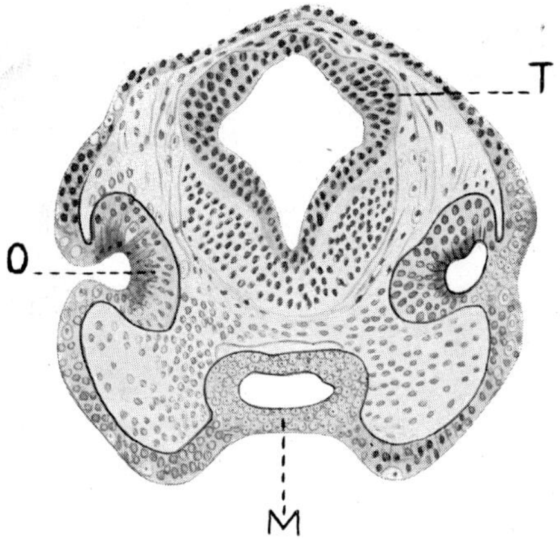
T
O
M

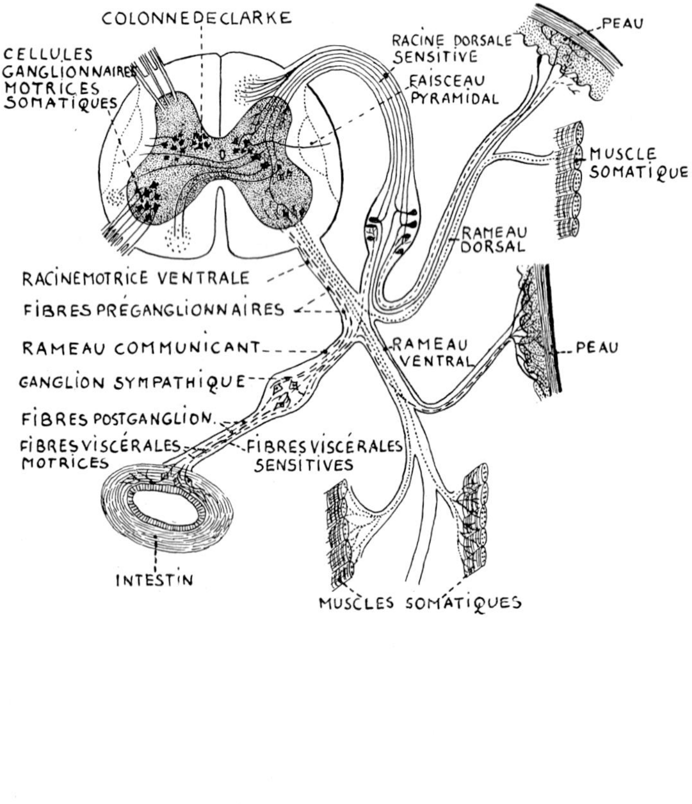
COLONNE DE CLARKE
CELLULES GANGLIONNAIRES MOTRICES SOMATIQUES
RACINE DORSALE SENSITIVE
FAISCEAU PYRAMIDAL
PEAU
MUSCLE SOMATIQUE
RAMEAU DORSAL
RACINE MOTRICE VENTRALE
FIBRES PRÉGANGLIONNAIRES
RAMEAU COMMUNICANT
RAMEAU VENTRAL
PEAU
GANGLION SYMPATHIQUE
FIBRES POSTGANGLION.
FIBRES VISCÉRALES MOTRICES
FIBRES VISCÉRALES SENSITIVES
INTESTIN
MUSCLES SOMATIQUES

les neuroblastes, cellules nerveuses embryonnaires vraies, se développent en neurones avec leurs expansions (fig. 39). Les cellules névrogliques se multiplient et se dispersent à travers les couches en manteau et marginale ; leurs fibres se différencient non comme des expansions nerveuses, mais comme des fibres conjonctives, entre les neurocytes.

C'est la transformation des neuroblastes en neurones et la croissance de leurs expansions, toujours vers les mêmes lieux, qui ont le plus intrigué les histologistes. Voyons donc plus en détail comment ils se différencient.

A la fin du premier mois de développement, chez l'embryon humain, des groupes de neuroblastes se séparent du syncytium général de la couche en manteau, dans le tube neural, et deviennent piriformes (fig. 40). Du bout pointu de chaque neuroblaste pousse une expansion fine ; c'est le cylindre-axe, axone ou neurite. Les jeunes axones croissent dans la couche marginale du tube neural, ou bien s'associent pour former des nerfs efférents, c'est-à-dire qui partent du névraxe. A l'intérieur des cellules nerveuses et des axones jeunes se forment à ce moment de fines fibrilles, les neurofibrilles, que l'on suppose être les éléments conducteurs des neurones. Puis les corps des neurones efférents donnent naissance à des processus ramifiés, les dendrites (fig. 41, 42).

Nous avons parlé p. 69 des crêtes neurales et dit qu'elles forment la série ganglionnaire cérébro-spinale. Les cellules de cette série ganglionnaire se différencient, comme dans le tube neural, en deux catégories cellulaires, l'une de sou-

---

Fig. 43. — *Schéma des neurones de la moelle épinière et des nerfs spinaux d'un Vertébré, montrant leurs rapports mutuels et leurs terminaisons. Les fibres somatiques sensitives sont en lignes ininterrompues, les fibres somatiques motrices en pointillé, les fibres viscérales sensitives en courtes lignes brisées, les fibres viscérales motrices en longues lignes brisées* (*Plate*).

tien, l'autre neuroblastique, qui donnera les cellules ganglionnaires proprement dites. Nous avons décrit l'évo-

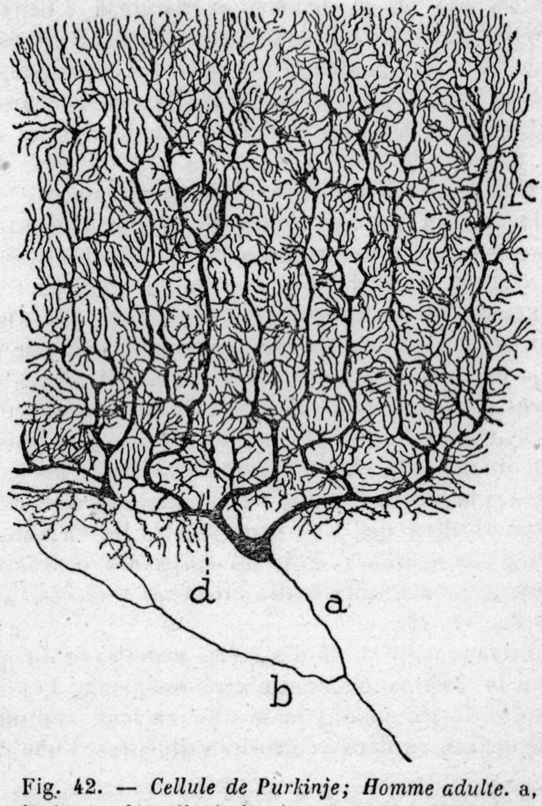

Fig. 42. — *Cellule de Purkinje; Homme adulte.* a, *cylindraxe ;* b, *collatérale récurrente ;* c, *cavités destinées aux capillaires ;* d, *vides occupés par les cellules à corbeilles. Imprégnation de Golgi* (*S. R. Cajal*).

lution de ces neuroblastes ganglionnaires d'abord en cellules bipolaires, puis en cellules unipolaires chez les Vertébrés autres que les Poissons. Leurs prolongements internes, axoniques, sont afférents, se dirigeant vers le tronc cérébral ou la moelle. Dans ce dernier cas ils prennent part à la constitution de la racine dorsale d'un nerf spinal, la racine ventrale étant constituée par des fibres efférentes associées en nerfs, décrites ci-dessus. Les prolongements externes des cellules ganglionnaires, dendritiques, en commun avec ces mêmes fibres efférentes ventrales de la moelle, constituent les troncs des nerfs spinaux (fig. 43).

De plus, il semble bien que ce soient des neuroblastes des crêtes ganglionnaires qui émigrent ventralement pour former la chaîne ganglionnaire sympathique que nous avons étudiée p. 57.

Dans les ganglions cérébro-spinaux les cellules de soutien se différencient en cellules capsulaires, ou cellules satellites, qui encapsulent les cellules ganglionnaires, et en cellules de la gaine qui prolonge la capsule le long de la fibre nerveuse. Les cellules de la gaine, ou cellules de Schwann, émigrent avec les expansions ou fibres, en engainant tout d'abord des faisceaux. Puis elles prolifèrent et engainent chaque fibre nerveuse individuellement, et, dans le cas des nerfs spinaux, aussi bien les fibres des racines ventrales que celles des racines dorsales. Ainsi chaque fibre nerveuse possède sa gaine de Schwann ou névrilemme, dont chaque cellule de la gaine forme un segment.

Les prolongements périphériques des neurocytes, ainsi engainés, se divisent en deux catégories : ceux qui ne possèdent que cette gaine — ce sont les fibres nues ou de Remak ; et ceux qui ont, en plus, entre la gaine et le prolongement neurocytaire, un manchon d'une substance grasse dite myéline — ce sont les fibres à myéline, où les segments adjacents du névrilemme sont marqués par des étranglements successifs.

Les fibres nues ou de Remak composent les nerfs des Invertébrés, de certains Vertébrés inférieurs, et, chez les Vertébrés supérieurs, certains nerfs cérébro-spinaux comme les nerfs olfactifs, et le système sympathique presque exclusivement ; elles se trouvent ainsi en grand nombre dans les nerfs à myéline et la moelle. La grande majorité des nerfs périphériques, chez les Vertébrés supérieurs, et la substance blanche des centres cérébro-spinaux, sont myélinisés. La myéline apparaît pendant le quatrième mois de la vie embryonnaire chez l'Homme. Dans les interstices d'une charpente de neurokératine est déposée la myéline, dont l'origine est encore discutée.

Dans le système nerveux central il n'existe pas de névrilemme autour des fibres nerveuses. Mais des cellules de la gaine paraissent s'y trouver, en grand nombre, pendant la formation de la myéline. Hardesty trace leur origine à des spongioblastes de soutien.

Les fibres à myéline ont une couleur blanche brillante et ce sont elles qui donnent la couleur caractéristique à la substance blanche du système nerveux central et aux nerfs périphériques. La myélinisation semble se faire d'après l'état fonctionnel. Les fibres qui deviennent fonctionnelles les premières sont aussi les premières à se myéliniser, puis se myélinisent celles qui entrent en fonction par la suite. La myélinisation de toutes les fibres qui doivent l'être n'est d'ailleurs complétée qu'à la troisième année d'âge chez l'Homme.

Nous avons ainsi brièvement esquissé la genèse des expansions des neurones et de leurs enveloppes. Mais ces expansions vont s'orienter, se mettre en contact les unes avec les autres et avec les organes périphériques, pour aboutir à un état fonctionnel. Leur croissance ne sera pas fortuite ; elle sera dirigée vers les mêmes lieux, pour créer les mêmes rapports. C'est pour expliquer cet extraordinaire phénomène de l'orientation des fibres nerveuses que divers biologistes ont échafaudé les théories que nous allons maintenant passer en revue.

Mais il est bon, avant de le faire, de se rappeler que ces

théories ne peuvent être basées que sur les phénomènes scientifiques connus au moment où elles ont été édifiées. De nouveaux faits, de nouvelles techniques, sont susceptibles de les modifier de fond en comble et, si elles apportent peut-être chacune une part d'éclaircissement, la complexité des phénomènes qu'elles tentent de nous faire comprendre ne permet encore de les accepter que comme fils directeurs et non comme explication définitive.

Une théorie de la genèse des fibres nerveuses doit pouvoir expliquer, en dehors de la formation des structures accessoires telles que les cellules engainantes de Schwann, le tissu conjonctif, etc., les faits suivants (Paul Weiss) :

1. Le nombre et le genre d'expansions produits par un neuroblaste donné sont toujours caractéristiques pour chaque type de neurocyte. La première expansion qui se forme est en général l'axone, les expansions ultérieures sont des dendrites.

2. Certains groupes de fibres quittent le névraxe et pénètrent dans les tissus périphériques, tandis que d'autres groupes avancent à l'intérieur même des centres nerveux et se mettent en rapport avec les dendrites d'autres neurocytes.

3. Les fibres périphériques se rassemblent en faisceaux ou nerfs, leur nombre étant caractéristique et relativement constant. En des lieux typiques de l'organisme des troncs nerveux voisins s'anastomosent pour échanger des fibres et créer des plexus périphériques. En d'autres lieux les nerfs se ramifient en des branches plus petites qui continuent le long de voies différentes. Enfin les fibres arrivent à leur point de terminaison et établissent des rapports fonctionnels avec des tissus particuliers.

4. Les connexions périphériques sont effectuées de telle façon que les divers organes récepteurs (cellules sensorielles) et effecteurs (fibres musculaires, glandes, etc.) sont en rapport avec les parties correspondantes du système

nerveux central. Ainsi des cellules sensorielles données sont en rapport avec des cellules des ganglions spinaux au moyen des dendrites de ces cellules ganglionnaires ; des axones, provenant des cornes motrices de la moelle, sont en connexion avec des muscles volontaires striés ; des fibres sympathiques sont en contact avec des muscles involontaires lisses et des glandes. En d'autres mots, chaque type d'expansion nerveuse est en rapport avec un type cellulaire approprié.

Les théories concernant les connexions des fibres nerveuses peuvent être classées en 1. chimiques, 2. électriques, 3. mécaniques.

Un des premiers savants qui aient abordé ce problème des connexions nerveuses est Santiago Ramón y Cajal qui, en 1892, a imaginé la théorie du chimiotactisme, chimiotropisme, ou neurotropisme. Cette théorie suppose que les neuroblastes sont doués d'une sensibilité chimiotactique particulière, et qu'ils sont capables de mouvements amiboïdes, à l'instigation de substances sécrétées par les éléments épithéliaux, nerveux, ou mésodermiques. Leurs expansions s'orienteront, par conséquent, dans le sens des courants chimiques et se porteront à la rencontre des cellules sécrétrices.

Cajal admet des conditions mécaniques qui auraient pour but de canaliser dans un sens déterminé le mouvement amiboïde, aveugle au début. La sécrétion ne s'établirait d'ailleurs pas partout en même temps ; elle s'effectuerait, au contraire, successivement, dans les diverses cellules embryonnaires, pendant les phases les plus précoces de leur développement.

Tous les segments du neurone embryonnaire seraient doués de sensibilité aux substances attractives : le corps cellulaire, les dendrites et le cylindre-axe, dont l'extrémité ou cône de croissance posséderait cette sensibilité au plus haut degré. La production des ramifications sur les cylindres-axes et les dendrites reconnaîtrait pour cause la multiplicité des forces chimiotropiques positives qui, simultanément ou à tour de rôle, agiraient sur l'amiboïdisme d'un neurone ; celui-ci émettrait donc autant d'appendices qu'il recevrait de sollicitations d'éléments différents. Mais plusieurs cellules nerveuses pourraient être provoquées par un seul et unique élément, pourvu que son énergie chimiotactique soit suffisamment puissante. Ainsi de nombreuses expansions nerveuses, appartenant à des neurones différents, pourraient être attirées par lui. Tels seraient les deux procédés qui présideraient à l'établissement des rapports intercellulaires multiples.

Chaque cellule serait d'ailleurs tour à tour active et passive dans ce processus chimiotactique ; elle attirerait des expansions et, quand le moment en serait venu, elle serait attirée par d'autres cellules et leur adresserait alors ses appendices amiboïdes.

On peut donc considérer, d'après la théorie de Cajal, la quantité immense des expansions et connexions intercellulaires qui existent dans le système nerveux adulte comme l'expression matérialisée des innombrables courants de substances chimiotropiques positives qui ont agi dans le névraxe pendant toute la période du développement. La ramure entière d'un neurone raconterait donc, en traits visibles, l'histoire des luttes qu'il a soutenues pendant sa vie embryonnaire. Les expansions des neurones ne représenteraient pas, vraisemblablement, la totalité des attractions éprouvées. Elles ne répondraient qu'aux forces les plus intenses, à celles qui, à chaque phase de l'évolution embryonnaire, auraient été prédominantes. Dans cette sorte de lutte pour l'existence seuls persisteraient les appendices des cellules qui parviendraient à établir des connexions utiles.

Cette théorie suppose l'existence de substances chimiques dont on n'a pas, jusqu'ici, démontré l'existence ; mais cela n'est certes pas une preuve qu'elles n'existent pas. Elle suppose aussi que ces substances ne s'inhibent pas l'une l'autre, et que les expansions nerveuses ont une sensibilité chimique si délicate qu'elle leur permet de reconnaître la substance attractive au milieu de toutes les nombreuses autres substances présentes dans les espaces intercellulaires, et de se diriger vers elle. Ce sont là des problèmes de chimie cellulaire qui ne semblent pas à la veille d'être résolus ; mais la théorie n'en reste pas moins une des plus fécondes qui aient été imaginées jusqu'ici.

Strasser le premier, à la fin du siècle dernier, a énoncé une théorie électrique pour expliquer la croissance des fibres motrices vers les myotomes, ébauches des muscles embryonnaires. D'après ce savant, le pôle extérieur du neurone se chargerait d'électricité positive ; le myotome dégagerait, au contraire, de l'électricité négative. Par suite de cette différence de potentiel, le cône de croissance du cylindre-axe, entraîné par le courant électrique, se porterait à la rencontre des cellules musculaires.

Cette hypothèse, qui n'explique pas pourquoi chaque fibre musculaire se met en rapport avec une seule et unique fibre nerveuse, ni les rapports entre neurones dans le névraxe, a suscité d'autres théories électriques semblables, dont les plus marquantes sont celle de Kappers et celle de Child.

Kappers a décrit certains processus de croissance et de migration des neurones, à la fois dans leur développement et leur évolution, sous le nom de neurobiotaxie. La neurobiotaxie consiste, d'après Kappers, dans les phénomènes suivants : la croissance de la dendrite principale et le mouvement du corps cellulaire éventuel ont lieu dans la direction d'où procède la majorité d'excitations au neurone. Cette croissance ou migration cellulaire n'a lieu qu'entre centres qui sont en corrélation. De même une stimulation synchrone ou successive joue un rôle dans la croissance de l'axone.

C'est le champ électrique dans lequel un neurone se forme qui serait le facteur déterminant de la polarité des dendrites et de l'axone. L'axone naîtrait du côté du neuroblaste qui se trouverait vers le pôle positif ou anode de ce champ, et pousserait donc vers l'anode ; les dendrites naîtraient du côté opposé du neuroblaste, vers le pôle négatif ou cathode, et pousseraient vers la cathode. Kappers explique la présence d'un champ électrique autour du neuroblaste par le fait qu'une région d'excitation devient

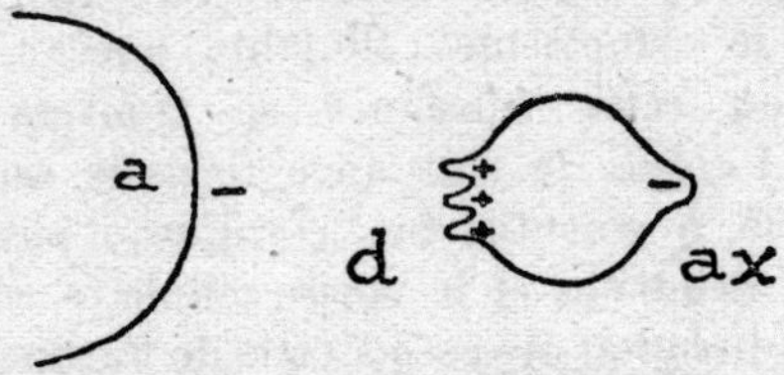

Fig. 44. — *Schéma illustrant la théorie de Kappers concernant l'action du courant bioélectrique sur le neuroblaste.* a, *source stimulante, électronégative extérieurement* ; d, ax, *neuroblaste entouré d'un milieu liquide contenant des électrolytes* (*C. M. Child*).

électronégative au milieu environnant ; le champ électrique auquel réagit chaque neuroblaste résulterait donc de la stimulation d'un ou de neurones ou axones voisins du neuroblaste en question. Celui-ci serait plongé dans un milieu liquide, la lymphe, qui contient des électrolytes, et qui serait donc conducteur du courant. La croissance formative des dendrites (d) et du corps du neurone seraient ainsi stimulopètes, s'accroissant vers le centre stimulateur, tandis que l'axone (ax) stimulofuge pousserait dans la direction opposée (fig. 44).

Le courant stimulant traverserait le neuroblaste et l'axon pousserait dans sa direction de sortie ; l'axone serait donc stimulo-concourant, partant du côté du neuroblaste opposé à la surface réceptrice. Bok a ainsi montré que les neuroblastes moteurs de l'embryon de Poulet forment leurs axones en s'éloignant d'un faisceau de fibres nerveuses en croissance et qui constituerait un centre stimulateur (fig. 45). Ce faisceau semble agir comme influence activante, car seuls dans cette région les neuroblastes près de lui émettent un axone.

Ce n'est que plus tard dans le développement du neuroblaste, lorsqu'apparaît la substance tigroïde, ou corps de Nissl, dans le cytoplasme cellulaire, que se forment les dendrites, où cette substance se trouvera également. Absente de l'axone, la substance tigroïde serait acide et électropositive, à potentiel bioélectrique opposé à celui de l'axone. Les dendrites et le corps cellulaire réagiraient en croissant en direction opposée à celle de l'axone, c'est-à-dire vers la source du courant activant.

Kappers explique par sa théorie bioélectrique, non seulement la croissance des neuroblastes, mais encore la synapse, avec la loi de la polarisation du neurone dont nous avons parlé p. 47. A la synapse une couche double semiperméable se formerait et, à travers cette couche, ne serait possible que la transmission d'un courant en accord avec le caractère stimulofuge ou stimulo-concourant de l'axone et la nature bioélectrique stimulopète du corps cellulaire et des dendrites.

L'homogénéité des axones et des dendrites permet théoriquement la conduction dans les deux directions, s'ils sont stimulés vers leur centre. Mais il est concevable que, là où se touchent leurs surfaces polarisées de façon hétérogène, la transmission ne soit possible que dans une seule direction, celle compatible avec leur polarisation opposée.

Enfin Kappers fait entrer dans la théorie de la neurobiotaxie les migrations de noyaux ou de centres nerveux et de leurs expansions à l'intérieur du système nerveux central, dans la série animale. D'après lui, des groupes de neurones qui subissent des stimulations simultanées ont

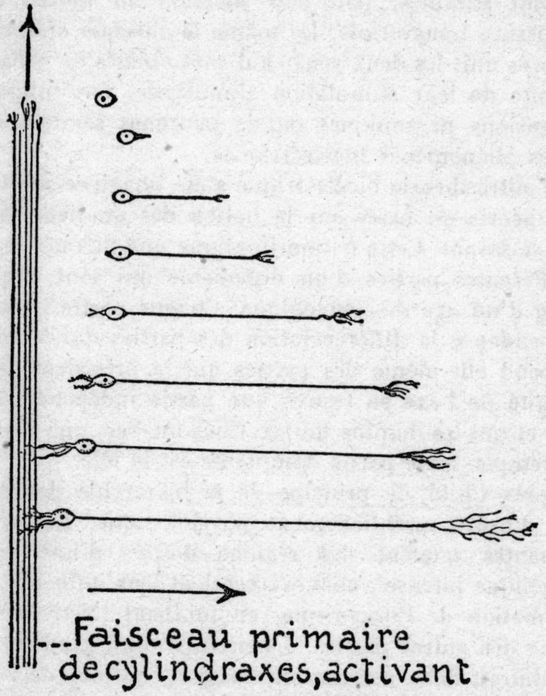

Fig. 45. — *Activation de neuroblastes par un faisceau de fibres amyéliniques en croissance. La flèche verticale indique la direction de la croissance et du courant stimulant dans le faisceau primaire activant. La flèche horizontale indique la direction des impulsions radiantes* (*Bok*).

tendance à se rapprocher et à s'unir. Des exemples de ce fait sont la formation de commissures transversales entre les nœuds ganglionnaires des Annélides à système nerveux en échelle de corde, dont nous avons parlé p. 43. Les deux ganglions, un de chaque côté des segments, étant simultanément stimulés, font leur jonction au moyen d'une commissure transversale. De même le chiasma optique des Vertébrés unit les deux yeux, qui sont obligés de collaborer par suite de leur stimulation simultanée. Ces migrations d'expansions neuroniques ou de neurones seraient régies par des phénomènes bioélectriques.

Une autre théorie bioélectrique a été imaginée par Child. Cette théorie est basée sur la notion des gradients axiaux due à ce savant. Cette notion implique une hiérarchie entre les différentes parties d'un organisme qui sont disposées le long d'un axe morphologique. Chaque partie tient sous sa dépendance la différenciation des parties qui la suivent et dépend elle-même des parties qui la précèdent. A une extrémité de l'axe se trouve une partie indépendante des autres et qui les domine toutes. Chez un Ver, une Planaire, par exemple, cette partie dominante est la tête.

D'après Child, le principe de la hiérarchie des parties serait d'ordre essentiellement physiologique. Les régions dominantes seraient des régions douées d'une activité métabolique intense ; elles exerceraient leur influence, dans la formation de l'organisme, en inhibant l'activité métabolique des autres parties. L'existence d'un gradient axial se traduirait donc par une diminution continue de l'intensité du métabolisme le long de l'axe, de la région dominante vers l'extrémité opposée.

Pour Child, le système nerveux représenterait l'expression morphologique la plus parfaite de l'établissement d'un gradient axial. Selon lui, le neurone lui-même présenterait un gradient métabolique typique, et l'influx nerveux serait caractérisé par une élévation locale du métabolisme, se propageant dans un sens déterminé avec une intensité graduellement décroissante.

La région d'origine de l'axone dans le neuroblaste représenterait la région dominante d'un gradient physiologique, déterminée électriquement dans chaque cellule par les courants électriques du milieu environnant. Le sens de croissance de l'axone serait aussi déterminé électriquement, mais sous forme d'une polarisation électrique, donc physiologique, plutôt que d'une simple attraction électrique, comme dans la théorie de Kappers.

Les dendrites ne se forment que plus tard, lorsque les jeunes axones sont plus ou moins isolés les uns des autres par la névroglie et une substance colloïdale intercellulaire contenant de l'eau et des sels. Les axones ou groupes d'axones seraient maintenant des régions de haute activité, et les dendrites pousseraient vers leur surface électronégative. Les dendrites semblent être des expansions moins hautement spécialisées que l'axone, et leurs fréquentes ramifications indiqueraient un faible degré de dominance pendant la croissance. Les dendrites réagiraient ainsi plutôt à des conditions locales qu'aux gradients généraux, plus complexes au moment de leur formation qu'à celle des axones.

Child étend cette théorie bioélectrique, basée, comme on le voit, sur des gradients physiologiques, à d'autres aspects de la neurogénèse. Ce que nous en avons dit suffira pour en faire concevoir le sens et l'orientation.

Nous avons encore à parler des théories mécaniques de la neurogénèse. Mais comme elles sont essentiellement le résultat d'études expérimentales, elles seront plus à leur place au chapitre suivant.

VII

LA GENÈSE EXPÉRIMENTALE DE LA CELLULE NERVEUSE

La connaissance de la structure de la cellule nerveuse et de son développement a dépendu, comme c'est souvent le cas pour les problèmes scientifiques, de la découverte de techniques adéquates. Le grand nombre de cellules dans les centres nerveux, l'enchevêtrement de leurs expansions, rendaient leur analyse impossible pour les anciens observateurs, qui ne disposaient que de techniques relativement grossières.

La première grande étape fut ici la découverte par Golgi, en 1873, de sa méthode d'imprégnation métallique. Celle-ci fait apparaître, sur un fond jaune parfaitement translucide, quelques cellules nerveuses et leurs expansions, colorées en brun foncé ou en noir, au milieu de tous les autres éléments restés invisibles. L'imprégnation de Golgi a réalisé le rêve technique d'une dissection complète d'un petit nombre d'éléments nerveux ; ceux-ci se voient isolés, sous forme de silhouettes opaques, sans structure interne, mais entiers, alors que les milliers de cellules nerveuses qui les entourent ne sont pas imprégnés. Ces résultats furent tous confirmés et étendus par une méthode totalement différente, celle au bleu de méthylène, découverte par Ehrlich en 1886.

La deuxième étape fut franchie par Ramón y Cajal, en 1903. Ce savant, ayant appliqué la méthode de Golgi à de très nombreuses variétés de neurones, et obtenu des résultats d'une extraordinaire richesse, inventa alors sa méthode à l'argent réduit. Cette technique montre les cellules nerveuses de façon intense, mais en les laissant transparentes.

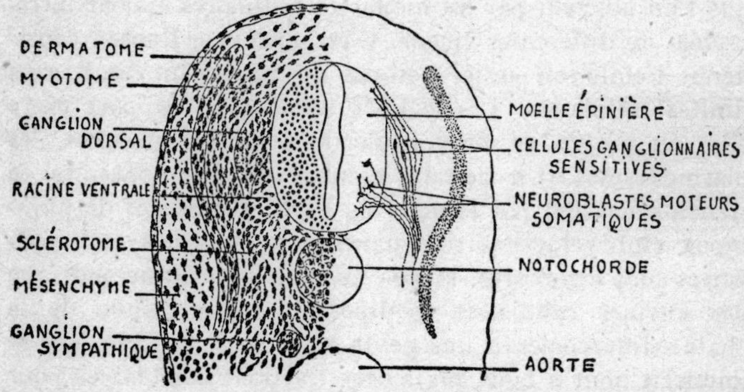

Fig. 46. — *Partie d'une coupe d'un embryon de Poulet montrant, à gauche, le résultat obtenu par les méthodes embryologiques ordinaires de fixation et de coloration, et, à droite, celui que donne une tech ique neurologique spéciale, telle que celle de Cajal. Il est facile de comprendre comment les méthodes embryologiques ordinaires ont donné naissance à la théorie caténaire ou de discontinuité de la neurogénèse* (*B. Patten*).

De cette façon on peut observer leur structure interne, et notamment les neurofibrilles, fines fibrilles qui y édifient une sorte de charpente et qui se rencontrent jusqu'aux extrémités de leurs dernières ramifications ; on peut également observer, avec cette méthode, certaines des expansions neurocytaires. La méthode de Cajal est donc une technique cytologique au moyen de laquelle est possible l'observation de fins détails structuraux (fig. 46).

Jusqu'à la découverte de ces deux techniques fondamentales on ne pouvait connaître le mode de formation des expansions nerveuses à partir de leur cellule d'origine. Kupffer, le premier, avait suggéré que la fibre nerveuse croît sous forme d'excroissance protoplasmique à partir de son neuroblaste d'origine. Mais comme il n'existait pas de technique spécifique du système nerveux, les images que l'on obtenait par les méthodes ordinaires étaient interprétées de différentes façons. C'est ainsi que Hensen considérait l'embryon entier comme un vaste syncytium sans limites cellulaires. Les cellules seraient en rapport entre elles au moyen de fines connexions protoplasmiques, les plasmodesmes. Un certain nombre de plasmodesmes se transformeraient par la suite en nerfs. Balfour et de nombreux embryologistes soutenaient que les nerfs embryonnaires sont cellulaires, et que les nerfs adultes ne sont que des chaînes cellulaires modifiées. Chaque cellule de la chaîne différencierait une petite fraction de la fibre, qui se joindrait bout à bout aux autres fractions semblables pour former une fibre entière qui entrerait en rapport avec la cellule nerveuse. C'est là l'ancienne théorie caténaire, polygéniste, ou de discontinuité, par opposition à la théorie monogéniste ou de continuité, universellement admise à la suite de l'expérience de Harrison.

Une troisième étape dans la connaissance de la neurogénèse fut en effet la mémorable expérience de Harrison en 1907. Nous avons décrit ailleurs [1] cette expérience fondamentale qui a non seulement tranché définitivement la question du mode de formation des fibres nerveuses, mais a,

1. May, R. M., *Les cellules embryonnaires.*

Fig. 48. — *Fibres nerveuses en croissance, 48 heures après la mise en culture de fragments du cerveau d'un embryon de Rat. Méthode de Borrel, imprégnation de Cajal (R. M. May, figure originale).*

0
30µ

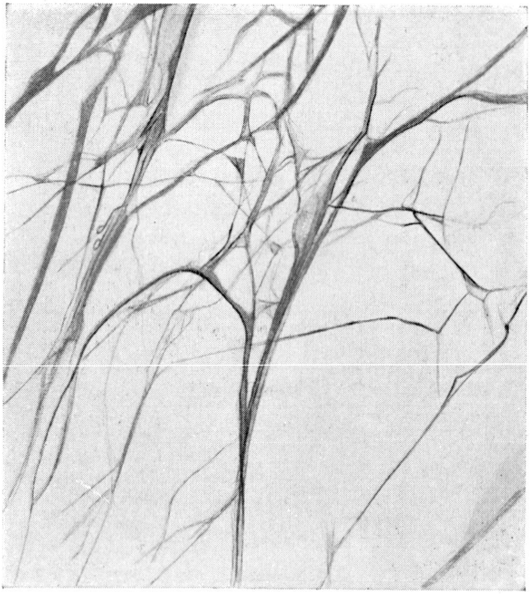

en plus, fondé la technique de culture des tissus qui constitue actuellement, à elle seule, une véritable discipline biologique avec ses spécialistes et ses adeptes.

Harrison eut l'idée géniale de cultiver des cellules nerveuses embryonnaires, avant la formation de leurs prolongements, dans un milieu de culture en dehors de l'organisme, entre lame et lamelle de verre. On ne pourrait alors incriminer, dans la formation des fibres, l'activité de facteurs provenant de l'embryon chez lequel elles prennent normalement naissance. De petits morceaux de moelle ont été prélevés chez des embryons de Grenouille au premier stade de la formation du bourgeon de la queue, stade auquel les cellules nerveuses ne présentent encore aucun prolongement. Plongées de façon aseptique dans de la lymphe coagulée provenant de Grenouilles adultes, ces cellules ont formé des fibres, indépendamment du milieu, qui ne leur servait que de support et pour leur nutrition. Ces fibres, que Harrison a pu observer de minute en minute, poussent à partir du tube neural ou des ganglions nerveux sous forme de processus finement arborescents. Ces processus s'allongent plus tard et forment des fibres. Au bout de chaque fibre on peut observer une structure ressemblant à une Amibe avec ses pseudopodes, véritables cônes de croissance semblables à ceux décrits par Ramón y Cajal au bout des fibres nerveuses embryonnaires (fig. 47).

L'expérience fondamentale de Harrison a donc démontré que la fibre nerveuse n'est qu'une extension de la cellule nerveuse, même si elle atteint une très grande longueur, comme chez certains grands Mammifères.

Par la suite, Burrows a étendu la méthode de culture aux tissus des animaux à sang chaud, et a substitué le plasma

Fig. 49. — *Réseaux nerveux à mailles serrées dans la zone d'accroissement d'une culture de ganglion spinal d'embryon de Poulet* (*G. Levi et H. Meyer*).

à la lymphe, beaucoup plus difficile à manier. Carrel a ajouté à ces éléments le suc embryonnaire qui a permis les repiquages et les cultures en série.

D'autres biologistes que Harrison ont cultivé le tissu nerveux embryonnaire (fig. 48) ; aucun n'a observé des faits, ni tiré des conclusions d'une importance aussi grande

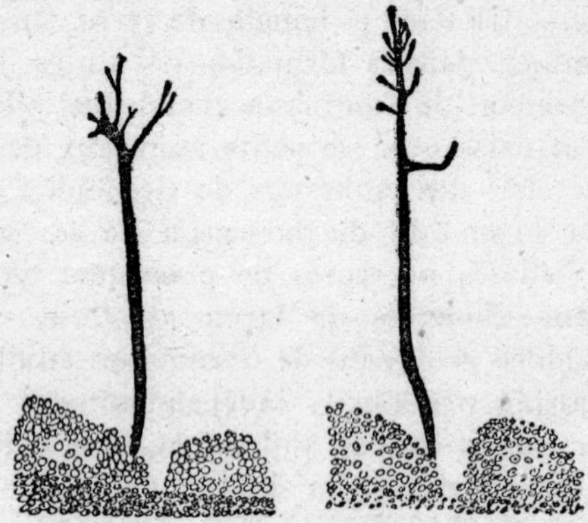

Fig. 47. — *Deux aspects, à 50 minutes d'intervalle, de la même fibre nerveuse croissant, à partir d'un groupe de neuroblastes spinaux d'un embryon de Grenouille, dans la lymphe d'une culture* (*R. G. Harrison*).

que ceux mis en valeur par le fondateur de la culture des tissus. Certaines des expériences ont pourtant établi quelques-uns des caractères fondamentaux de la neurogénèse.

C'est ainsi que Burrows a cultivé des neuroblastes d'embryon de Poulet et vu que la vitesse de croissance de leurs fibres peut atteindre 90 microns par heure, tandis que les fibres semblables d'embryons de Grenouille cultivées par Harrison ont une croissance qui ne se poursuit qu'à raison de 60 microns par heure.

Lewis et Lewis ont cultivé des fibres sympathiques d'embryon de Poulet à partir de ganglions sympathiques de l'intestin, du cœur, du foie, des reins et des surrénales. Ces fibres sont relativement très actives, et forment de nombreux et fins prolongements. G. Levi a cultivé de la même façon des ganglions spinaux d'embryons de Poulet. Fait curieux, dans plusieurs cas il a vu des anastomoses entre des branches de neurones différents ; dans ces cas (fig. 49) il ne peut être question de simple contact entre les fines branches du réseau, mais bien de continuité matérielle entre elles.

Les neurofibrilles, dont nous avons parlé plus haut, peuvent se différencier *in vitro*, d'après Burrows, Lewis et Lewis, Isaki, G. Levi. Pourtant, même à l'éclairage sur fond noir, Matsumoto n'a pu en observer sur les fibres à l'état vivant. Mais Burrows avait montré qu'après fixation on peut les mettre facilement en évidence à l'aide de l'imprégnation argentique. Par ailleurs, dans les préparations faites chez des embryons, par la méthode de l'argent réduit de Cajal, on observe que les neurofibrilles apparaissent, au cours du développement, à l'époque où le neuroblaste achève sa phase germinative et entreprend celle de la différenciation fonctionnelle. Quoique l'opinion la plus répandue envisage les neurofibrilles comme les éléments conducteurs de l'onde nerveuse, certains biologistes, et parmi eux Cajal, admettent plutôt qu'elles représentent des éléments de soutien, et que l'influx nerveux emprunte la voie du neuroplasme, cytoplasme nerveux non fibrillaire.

A première vue la méthode de culture des cellules nerveuses semble bien se prêter à la solution du problème de leur orientation et de leurs connexions. Il semble qu'on soit à même de leur faire subir, entre lame et lamelle, tous les facteurs à expérimenter, puis d'observer directement les résultats. En pratique cette méthode s'avère d'une médiocre valeur. Comme il n'y a pas d'élimination des substances qui entourent les neuroblastes ni de leurs déchets, les facteurs chimiques ne peuvent être localisés et semblent rapidement diffuser dans la culture entière. Les facteurs chimiques ne peuvent donc être étudiés de cette façon.

En ce qui concerne les facteurs électriques, les résultats sont contradictoires. Ingvar a soumis *in vitro* de petits fragments de tissu nerveux d'embryon de Poulet à de très faibles courants électriques ; les prolongements cellulaires se seraient orientés, en croissant dans la direction des lignes de force du champ galvanique. Il y aurait une différence entre ceux qui s'orientent vers l'anode et ceux qui se dirigent vers la cathode. Lorsqu'un faible courant passe à travers la culture au moyen d'un conducteur unique, les fibres et les cellules pousseraient perpendiculairement au conducteur. Ces observations ont été interprétées par Ingvar et par Kappers comme une confirmation expérimentale de la théorie de la neurobiotaxie de ce dernier.

Mais d'autres biologistes (Weiss, Karssen et Sager, G. Levi, S. C. Williams), répétant ces expériences d'une façon critique et avec beaucoup de précautions, n'ont pu observer trace d'orientation des fibres par rapport au courant électrique. Les fibres, lorsqu'elles croissent, le font sans orientation particulière, et ne sont pas influencées par la présence du champ électrique.

Fig. 50. — *Effet de « l'ultrastructure » du milieu sur l'orientation de la croissance nerveuse en culture. Le sens de croissance, en* A *et* B, *va de gauche à droite.*

A. *Zone de croissance d'une culture mixte ordinaire de cellules nerveuses et de mésenchyme d'un ganglion rachidien ou spinal d'embryon de Poulet. Les fibres nerveuses poussent au hasard.*

B. *Croissance orientée de fibres nerveuses dans un caillot qui avait subi une tension mécanique dans le sens horizontal* (P. *Weiss*).

A

B

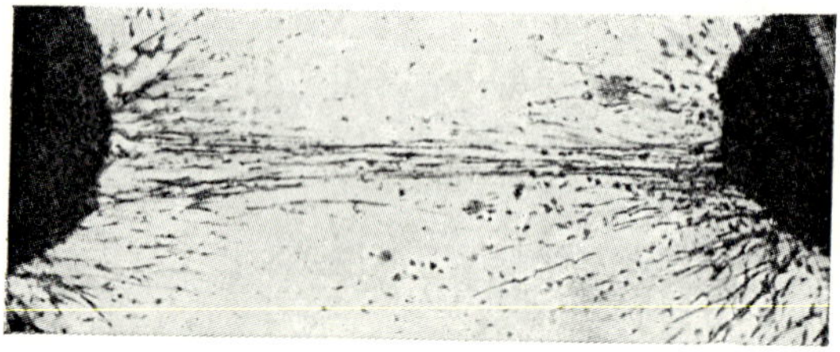

Nous en arrivons aux théories mécaniques de la neurogénèse. His, en 1887, avait insisté sur le rôle, dans la neurogénèse, de structures mécaniques solides, telles que des membranes, des structures fibreuses mésodermiques, des interstices entre les cellules conjonctives. Dustin a vu plus tard que, dans la régénération nerveuse, les cônes de crois-

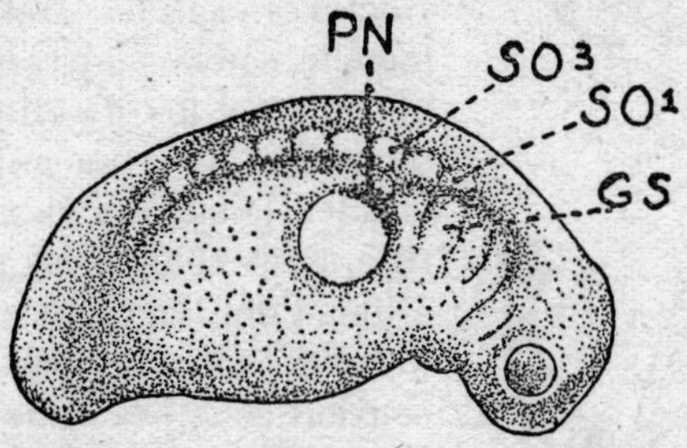

Fig. 52. — *Embryon d'*Amblystoma *au stade du bourgeon caudal. Le cercle ventral au pronéphros* (P N) *désigne l'ébauche de la patte antérieure.* S O_1, *premier somite;* S O_3, *troisième somite;* G S, *ébauche des branchies* (*S. R. Detwiler*).

sance des axones s'insinuent dans les interstices entre les cellules conjonctives embryonnaires ; leur orientation aurait donc, d'après lui, très largement, sinon exclusivement, un caractère mécanique, et serait simplement le résultat de la croissance de l'axone dans la voie de moindre résistance.

Fig. 51. — *Deux ganglions spinaux d'un embryon de Poulet, qui ont ici l'aspect de corps foncés, ont été cultivés dans une couche de plasma sanguin à une distance d'environ 4 mm. l'un de l'autre. Un faisceau droit de cellules fusiformes et de fibres nerveuses s'est formé le long de la ligne de jonction dans les 3 jours de culture* (*P. Weiss*).

Ces théories ont été mises à l'épreuve par Harrison, qui a cultivé des cellules conjonctives embryonnaires (fibroblastes) et des cellules épithéliales, et vu que leur croissance et leur migration n'ont lieu que lorsqu'elles sont en contact avec des stuctures solides, telles que la lamelle couvre-objet, un réseau de fibrine, des fils de toile d'araignée immergés dans un milieu liquide, ou bien la surface du milieu de culture. Dans chaque cas la croissance a lieu d'une façon particulière ; les fils d'araignée, en particulier, sont souvent engainés comme le sont les fibres nerveuses par leurs cellules engainantes. D'après les recherches de Harrison il semble que les fibres nerveuses réagissent de même dans leur croissance normale, et montrent également un stéréotropsime positif, nom donné à cette attraction par les structures solides.

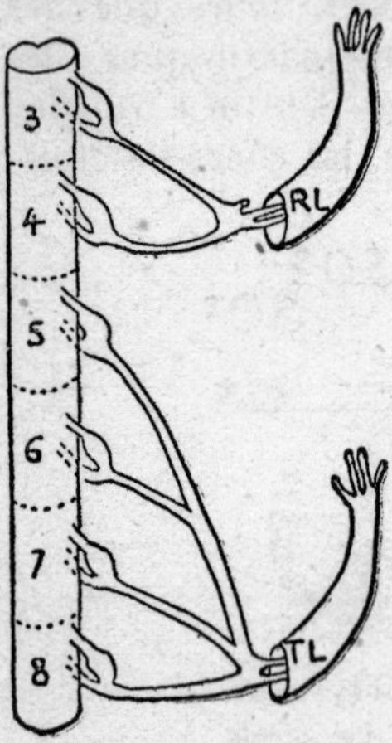

Fig. 53. — *Schéma de la contribution segmentaire nerveuse à la patte greffée* (T L) *et à la patte régénérée* (R L) *chez une larve d'*Amblystoma *41 jours après la transplantation d'une ébauche de patte plus de 3 segments en arrière de sa position normale. Les chiffres indiquent les segments* (*S. R. Detwiler*).

Paul Weiss a poursuivi ces recherches sur des cellules nerveuses en culture. On sait que dans ce cas les fibres nerveuses, dans un milieu de culture ordinaire, poussent de façon irrégulière, non orientée. Si, par contre, avant que le milieu de culture ne soit coagulé, on le tend en direction longitudinale en le brossant avec un petit pinceau, toujours dans la même direction, les fibres nerveuses poussent par la suite toutes parallèles, dans la direction de cette tension mécanique. Weiss pense qu'en ten-

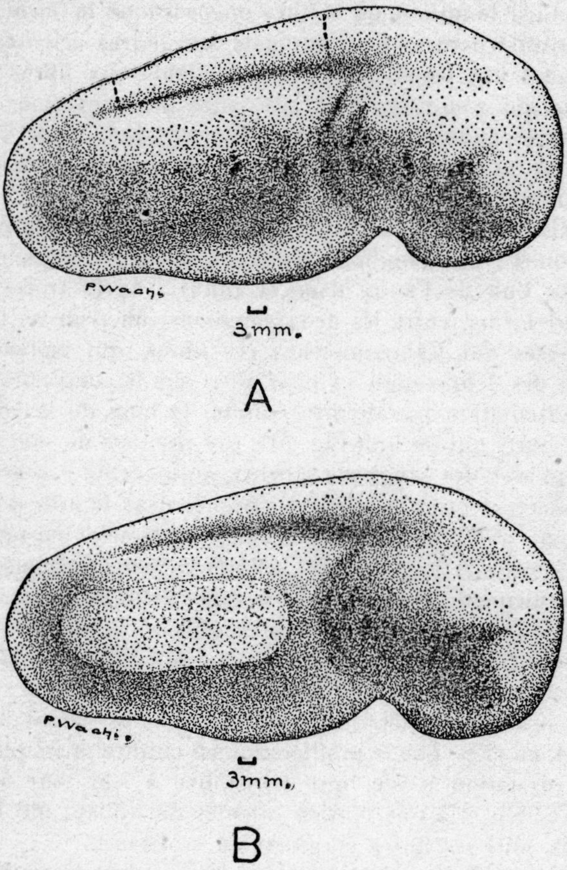

Fig. 54. — *Stade opératoire, du bourgeon caudal, chez l'embryon de la Grenouille* Discoglossus.

A. *La ligne pointillée indique la région bilatérale de la moelle qui a été excisée, puis greffée sur un second embryon.*

B. *La région dénudée est celle où, après ablation de la peau, la moelle a été greffée* (*R. M. May*).

dant ainsi le milieu de culture on provoque la formation d' « ultrastructures » ou agrégats micellaires orientés qui imposent une orientation correspondante aux fibres nerveuses qui y croissent. La croissance des expansions nerveuses dépendrait donc, dans son orientation, de la direction qui lui serait imprimée par l'organisation mécanique du milieu (fig. 50).

Weiss a aussi explanté deux ganglions spinaux d'embryon de Poulet ; ces ganglions se trouvaient à plusieurs millimètres l'un de l'autre dans la culture. Après trois jours il s'est formé, entre les deux ganglions, un pont de fibres nerveuses qui les réunissent ; ces fibres, qui poussent à partir des deux ganglions pour aller vers le congénère, ont une orientation parfaitement droite, le long de la voie la plus courte qui les unit (fig. 51). Ces résultats ne sont obtenus qu'avec des ganglions spinaux, où les cellules nerveuses se différencient et envoient des axones dans le milieu environnant, et où, de plus, des cellules accessoires non nerveuses — cellules engainantes, cellules mésenchymateuses — non seulement émigrent, mais se multiplient activement par divisions mitotiques. Dans des expériences semblables avec du tissu cérébral pur il n'y a pas eu de croissance orientée des expansions des deux fragments. Weiss attribue cela à l'absence de prolifération dans ces cultures cérébrales. Il pense, en effet, que la prolifération en culture provoque une déshydratation locale, qui donne lieu à son tour à une contraction et à une tension orientée du milieu, qui guide par la suite les fibres nerveuses en croissance.

D'après Weiss, chez l'embryon les orientations micellaires, ainsi provoquées par la prolifération des groupes cellulaires, seraient le mécanisme de base pour l'orienta-

---

Fig. 55. — *Moelle greffée* (G) *en rapport, par un nerf* (Ne) *émis par elle, avec la patte postérieure du même côté. La moelle autochtone* (N) *est bordée par les 11es ganglions* (*R. M. May*).

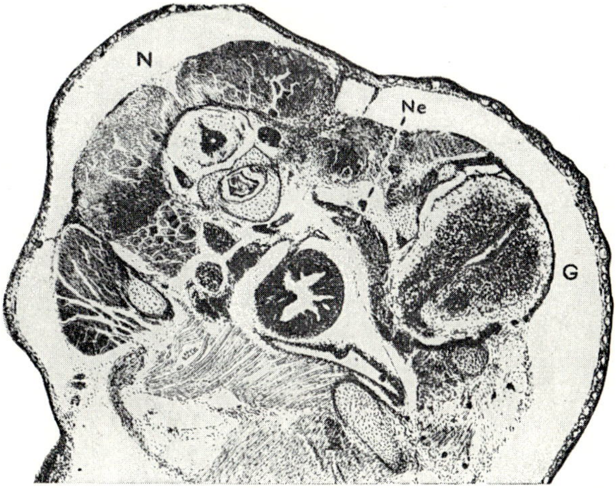
N
Ne
G

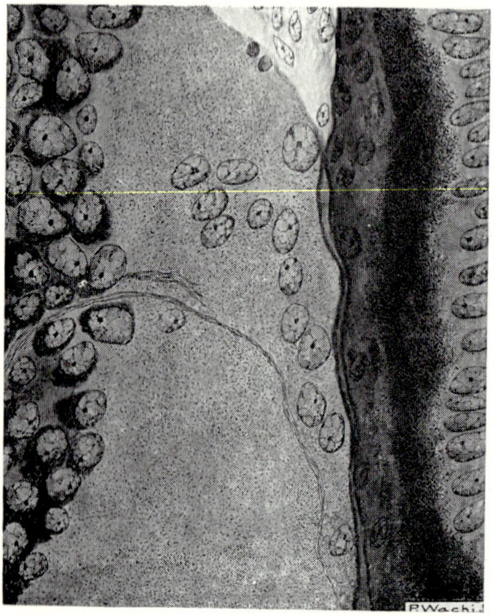

tion des fibres nerveuses. Il pense que les facteurs chimiques, électriques, ou autres, s'ils ont une action, n'influencent pas les fibres nerveuses directement, mais bien en créant ou en changeant les plans d'orientation « ultrastructuraux », qui guideraient secondairement les fibres nerveuses.

Nous voyons que si les théories chimiques, électriques, mécaniques, de la neurogénèse, paraissent actuellement comme des lueurs, la lumière entière est loin d'être faite sur le problème extrêmement complexe de la formation, de la croissance orientée, et des connexions des expansions nerveuses. Aux faits du développement normal viennent d'ailleurs s'ajouter ceux, de plus en plus nombreux, fournis par les résultats de la régénération et de la greffe, qui montrent tous que les fibres nerveuses croissent sous la dépendance de facteurs particuliers dont les résultats globaux sont évidents, mais jusqu'ici peu accessibles à l'analyse. Nous allons en donner quelques exemples.

Braus a montré, dès 1903, qu'une ébauche de membre d'une larve de Batracien, transplantée dans n'importe quelle région d'un autre têtard de la même espèce, se développe tout à fait normalement quant à la structure et position du squelette du membre, ainsi que de ses muscles, vaisseaux et nerfs. Ces derniers ont des rapports avec les nerfs de la région de l'hôte où la patte a été transplantée, par exemple avec le nerf facial quand la patte est implantée sur le côté de la tête, ou avec les nerfs du plexus lombo-sacré, quand

---

Fig. 56. — *Photographie d'une Grenouille rousse métamorphosée 93 jours après la greffe chez son embryon d'une ébauche d'œil surnuméraire à la place de l'ébauche de son oreille gauche. On voit l'œil greffé en arrière de l'œil gauche normal* (*R. M. May*).

Fig. 57. — *Œil greffé accolé au bulbe, 7 jours après son implantation chez un embryon de Grenouille rousse. Migration des cellules bulbaires autour du nerf optique de l'œil transplanté* (*R. M. May*), on implante une patte antérieure dans la région de la patte postérieure. Les nerfs qui se trouvent ainsi dans ces membres transplantés, malgré leur origine anormale, se ramifient exactement comme les nerfs d'une patte normale. De plus, ces nerfs sont fonctionnels, puisqu'on observe des mouvements des pattes transplantées, mouvements spontanés ou bien provoqués par une excitation électrique. Pourtant, au moment de la greffe il n'y avait pas de nerfs différenciés dans le transplant.

Gemelli a observé les stades successifs de la pénétration des nerfs dans le membre greffé. Après le quatrième jour, des filaments nerveux, partant des nerfs du porte-greffe, se dirigent vers le membre implanté, et y pénètrent, tout en gardant leur continuité avec les nerfs d'origine. Harrison, de plus, a montré qu'il est possible de conserver pendant un mois une larve dont on a réséqué la moelle peu après la fermeture de la gouttière médullaire, et qui n'a par conséquent pas de nerfs rachidiens, en la greffant sur une larve normale. Si l'on transplante un bourgeon de membre à une telle larve sans nerfs, les petites branches nerveuses du bourgeon dégénèrent rapidement, il ne se forme pas de nerfs à partir du porte-greffe, et le membre greffé reste sans innervation. Ainsi, de toutes ces expériences de Gemelli et Harrison il s'ensuit que les nerfs ne se forment pas en place dans les pattes greffées, mais y poussent à partir des nerfs de l'hôte. Les nerfs atteignent les membres normaux ou transplantés alors que ceux-ci sont aux premiers stades de leur développement ; la distribution intrinsèque des nerfs est déterminée ultérieurement par les différentes structures du membre.

Nous voyons donc que les nerfs sont attirés dans leur développement par des organes qui exercent sur eux une attraction particulière. Cette attraction continue à se faire sentir lorsque les membres sont greffés en un lieu autre que leur place normale dans l'organisme.

Detwiler a transplanté, chez l'embryon de la Salamandre *Amblystoma punctatum*, l'ébauche de la patte antérieure un nombre donné de segments, déterminés par les somites, en arrière de sa position normale dans le corps (fig. 52). Les pattes transplantées un à trois segments en arrière reçoivent toujours leurs nerfs du niveau de la moelle qui ordinairement innerve ces pattes. Mais les pattes transplantées plus de trois segments en arrière sont innervées à partir des segments de la moelle immédiatement en arrière du niveau normal (fig. 53). Ordinairement les nerfs qui innervent maintenant la patte greffée reçoivent des fibres qui viennent du tégument et fournissent des fibres aux muscles latéraux de la paroi du corps.

Ces nerfs forment, dans ces cas, un plexus brachial nouveau ; de ce plexus partent des nerfs dont la distribution intrinsèque dans la patte greffée est tout à fait normale. Les pattes ainsi greffées sont d'ailleurs fonctionnelles, et les nerfs qui forment le nouveau plexus sont plus gros que les nerfs symétriques de l'autre côté du corps qui, eux, ne sont pas en rapport avec une patte.

Chez l'embryon de la Grenouille *Discoglossus* nous avons transplanté l'ébauche du territoire d'une patte postérieure sur le côté d'un second embryon, sous la moelle. La patte greffée se développe en même temps que les pattes postérieures normales du porte-greffe ; elle contracte des rapports nerveux avec la moelle. Mais l'innervation de la patte greffée dépend du lieu de son implantation. Dans certains cas elle est innervée par des nerfs du plexus lombo-sacré, dans d'autres par des nerfs du plexus brachial, dans d'autres par des nerfs ne faisant pas partie d'un plexus.

Dans d'autres cas, au lieu de greffer des ébauches de pattes, nous avons transplanté une partie de moelle embryonnaire (fig. 54, A), avec les tissus environnants, dans le territoire de la patte postérieure (fig. 54, B). C'est, somme toute, l'expérience inverse de la précédente. Or, dans certains cas, la moelle implantée émet un gros nerf bien conformé (fig. 55) qui, attiré par la patte postérieure en croissance, usurpe les fonctions du plexus lombo-sacré normal, et innerve la patte postérieure de son côté.

Toutes ces expériences montrent que les pattes normales ou greffées agissent comme de véritables aimants vis-à-vis des nerfs. Si les nerfs qui les innervent normalement se trouvent trop loin, l'attraction se fait sentir sur des nerfs plus proches. Si, par contre, un centre nerveux autre que le centre normal se trouve en bonne position, c'est lui qui sera sollicité, et qui usurpera les fonctions du centre autochtone.

Les organes sensoriels présentent des phénomènes tout aussi intéressants dans ce domaine.

Burr a montré que si l'on greffe un organe olfactif surnuméraire près de cet organe normal chez des embryons de la Salamandre *Amblystoma*, trois cas peuvent se présenter. Le nerf olfactif surnuméraire peut se fusionner avec le nerf olfactif normal et pousser vers le lobe olfactif du cerveau. Dans d'autres cas il se met en rapport avec la branche ophtalmique du nerf trijumeau, et se termine dans le ganglion ophtalmique. Dans d'autres cas, enfin, il se met en rapport avec la partie latérale du diencéphale, dans la région dorsale du thalamus. Dans les trois cas il y a une augmentation du nombre de cellules dans le centre nerveux où pénètre le nerf olfactif surnuméraire. Cette hyperplasie a lieu dans le lobe olfactif, où elle atteint 30 pour 100, dans le premier cas, dans le ganglion ophtalmique, dans le deuxième cas, et dans une région restreinte de la

---

Fig. 58. — *Greffon de tissu cérébral, provenant d'un Raton nouveau-né, dans la chambre antérieure de l'œil d'un Rat adulte. L'implant est accolé à l'iris, et partiellement à la cornée; à remarquer les vaisseaux sanguins. 167 jours après la greffe. Imprégnation de Cajal* (*R. M. May*).

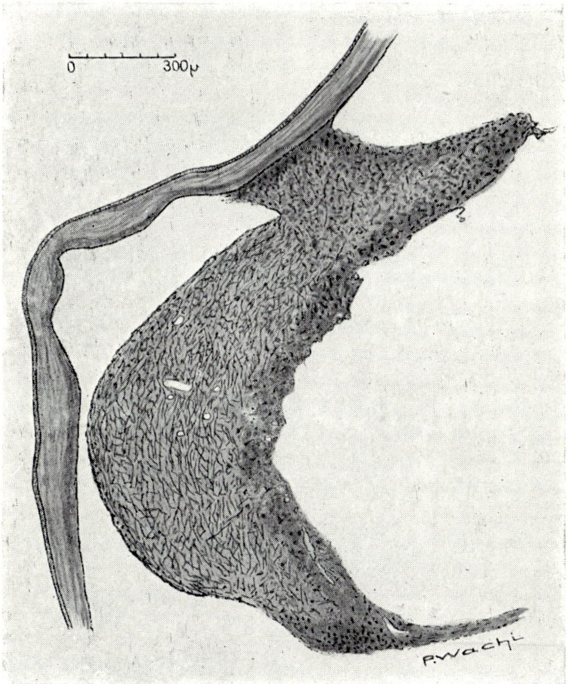
0
300μ
P. Wachi

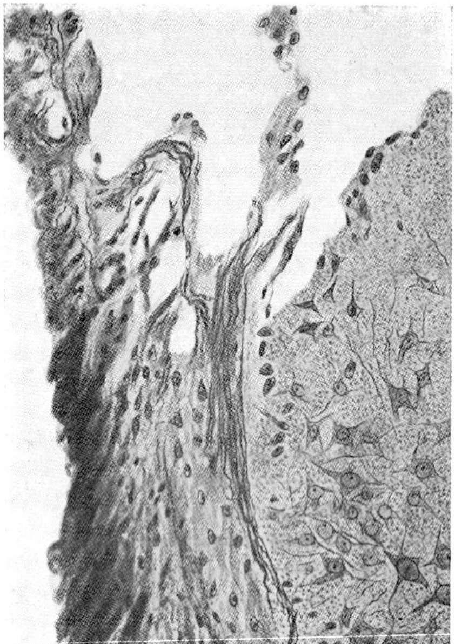
0
50μ

substance grise de la région dorsale du thalamus, dans le troisième cas.

Dans nos greffes de moelle embryonnaire, citées plus haut, nous avons eu un cas où une ébauche d'organe olfactif avait été transplantée en avant de la moelle implantée ; l'organe olfactif émettait son nerf qui allait se jeter dans une petite masse de tissu cérébral greffé avec lui. Mais la moelle implantée envoyait un nerf qui, comme attiré par l'organe olfactif surnuméraire, allait se souder à lui.

Il semble donc qu'entre organe olfactif et centres nerveux existe la même force d'attraction qu'entre les membres et la moelle. Les fibres nerveuses, ici sensorielles, montrent, comme les fibres motrices des pattes, qu'elles subissent une influence directrice dans leur développement.

La question des rapports des yeux transplantés avec le système nerveux et, partant, de leur utilité fonctionnelle, nous poussa, en collaboration avec S. R. Detwiler, à faire des expériences sur ce sujet. Nous avons transplanté la vésicule optique et l'ectoderme sus-jacent à la place de la vésicule otique, future oreille, que nous avions réséquée, chez des embryons d'*Amblystoma.*

Cette greffe est souvent suivie de la pénétration du nerf optique de l'œil transplanté dans un centre nerveux. Ici encore la connexion détermine une augmentation du nombre de cellules dans ce centre et une migration, soit du ganglion entier où pénètre le nerf, soit des cellules de la substance grise vers la substance blanche du bulbe, quand la pénétration a lieu dans cette partie du névraxe.

De plus nous avons montré, dans des recherches ulté-

Fig. 59. — *Greffon cérébral semblable à celui de la figure 58. Les fibres nerveuses iridiennes longent le greffon cérébral mais n'y pénètrent pas. A remarquer la différence de diamètre entre les fibres nerveuses de l'iris, à gauche, et celles de l'implant. 9 jours après la greffe. Imprégnation de Cajal (R. M. May).*

rieures sur des embryons de Grenouilles (fig. 56) et de Crapauds, qu'il y a une affinité marquée des neuroblastes optiques pour les neuroblastes du système nerveux central (fig. 57). L'hyperplasie d'un ganglion, due à une connexion avec une organe des sens, par l'intermédiaire de son nerf, est fonction du nombre de fibres de ce dernier qui s'y arrêtent.

Dans beaucoup de cas nous avons transplanté avec l'œil un morceau de cerveau embryonnaire (télencéphale) avec lequel l'œil n'a normalement aucun rapport. Or, dans 14 cas sur 18, l'œil transplanté lui était relié par son nerf optique. Cette connexion a lieu dans beaucoup de cas où des obstacles, tels que du tissu conjonctif, ou une position peu favorable de l'œil implanté, s'interposent entre celui-ci et le télencéphale greffé ; elle n'est donc pas fortuite.

D'ailleurs, ce n'est pas seulement le nerf optique d'un œil transplanté qui est attiré par le télencéphale greffé. Les cellules ganglionnaires subissent aussi cette attraction. Attirées par le télencéphale greffé, elles pénètrent dans ce dernier, où l'on peut aisément les différencier des cellules cérébrales.

Ainsi, il existe indubitablement des forces attractives, non seulement entre l'œil et les centres nerveux, comme nous l'avons déjà vu pour l'organe olfactif, mais encore entre cellules ganglionnaires et cellules cérébrales. De plus, ces attractions se traduisent par des augmentations du nombre des cellules du centre nerveux qui agit comme force attractive. Il subit donc lui-même une influence réciproque de l'organe qu'il attire.

Il semble pourtant que lorsque les fibres nerveuses sont adultes et qu'elles occupent leur place définitive dans l'organisme, la présence d'un centre stimulateur constitué par des cellules nerveuses encore très jeunes ne puisse les attirer. C'est ainsi que nous avons introduit, au moyen d'une pipette en verre, du tissu cérébral provenant de

Ratons blancs nouveau-nés dans la chambre antérieure de l'œil de Rats blancs adultes. Les fragments de tissu cérébral ont résisté à l'asphyxie, se sont greffés sur l'iris (fig. 58), ont été vascularisés, et se sont maintenus de façon permanente.

L'arrangement typique des cellules cérébrales ne paraît pas exister dans les greffons ; elles sont dispersées dans toute leur masse. Mais les neurocytes ont une structure qui est essentiellement celle de cellules nerveuses normales ; il existe aussi, dans les transplants, des cellules de la nevroglie.

On sait que l'iris contient un riche réseau de fibres nerveuses. Alors qu'il y a pénétration des vaisseaux sanguins de l'iris dans le transplant, il n'en est pas de même de ses fibres nerveuses qui ne s'aventurent pas en dehors de leur territoire normal. De même, les fibres nerveuses du greffon ne paraissent pas attirées par le territoire iridien, mais restent cantonnées dans le transplant même (fig. 59). Dans les cas où le greffon s'est accolé à la cornée il n'y a pas non plus d'interpénétration nerveuse.

Mais si, avec le greffon cérébral, on implante, comme nous l'avons fait plus récemment, un petit bout de nerf sciatique provenant d'un animal adulte, le nerf dégénère dans la chambre antérieure de l'œil, et ses produits de dégénérescence, agissant comme centres chimiotropiques, attirent les fibres des cellules nerveuses du nouveau-né. On voit celles-ci qui se dirigent vers les boules et grumeaux de dégénérescence et qui s'appliquent intimement à eux (fig. 59 *bis*). Par la suite elles réhabitent le nerf dégénéré (fig. 59 *ter*).

Tous les résultats expérimentaux s'accordent donc avec l'observation de la neurogénèse normale pour montrer que, dans le développement nerveux, les expansions des neuroblastes et des neurocytes ne poussent pas vers leurs points périphériques de connexion de façon fortuite, mais que des forces particulières les y attirent. Si les théories émises jusqu'ici pour expliquer ce phénomène ne semblent pas encore être des explications pleinement satisfaisantes, nous pouvons espérer qu'une expérimentation plus poussée et plus variée nous conduira graduellement à l'élucidation de cet intéressant problème.

Fig. 59 bis. — *Résultat de la greffe simultanée de cellules cérébrales de Souriceau nouveau-né et de nerf sciatique adulte, dans la chambre antérieure de l'œil d'une Souris adulte. Imprégné par la méthode de Cajal, le greffon, 12 jours après son implantation, montre que le nerf dégénéré (en haut, à droite) a émis des produits de dégénérescence (au centre). Ceux-ci attirent des fibres nerveuses qui possèdent des cônes de croissance à leurs bouts et qui proviennent des cellules cérébrales. On voit la cornée à gauche (R. M. May, figure originale).*

(Verso de la Planche ci-contre).

Fig. 59 ter. — *Résultat de la greffe simultanée de cellules cérébrales de Souriceau nouveau-né et de nerf sciatique d'adulte, dans la chambre antérieure de l'œil d'une Souris adulte. Imprégné par la méthode de Cajal, le greffon, 133 jours après son implantation, montre du tissu cérébral (en haut) qui a émis des fibres dont les prolongements ont réhabité le nerf sciatique dégénéré (en bas). On voit la cornée à droite. (R. M. May, figure originale).*

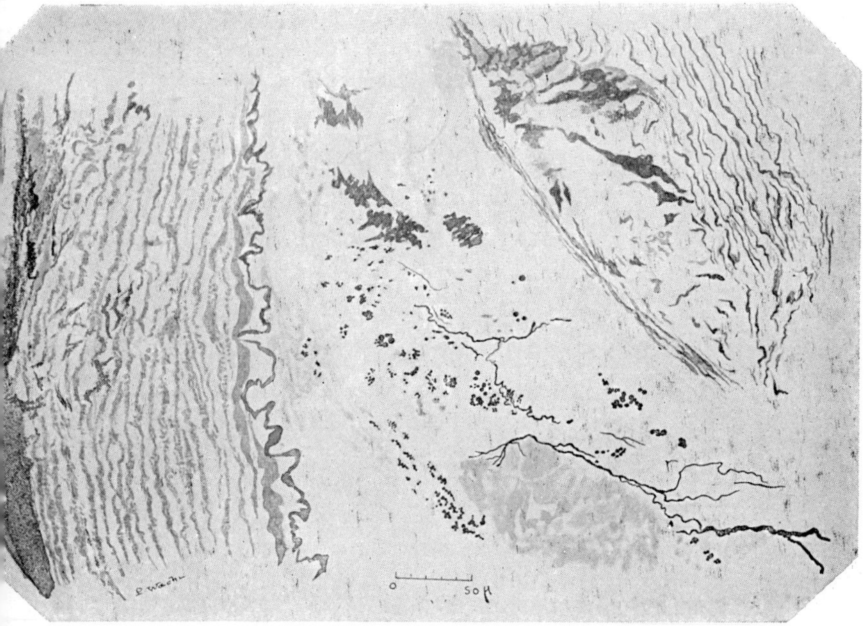
0
50 M

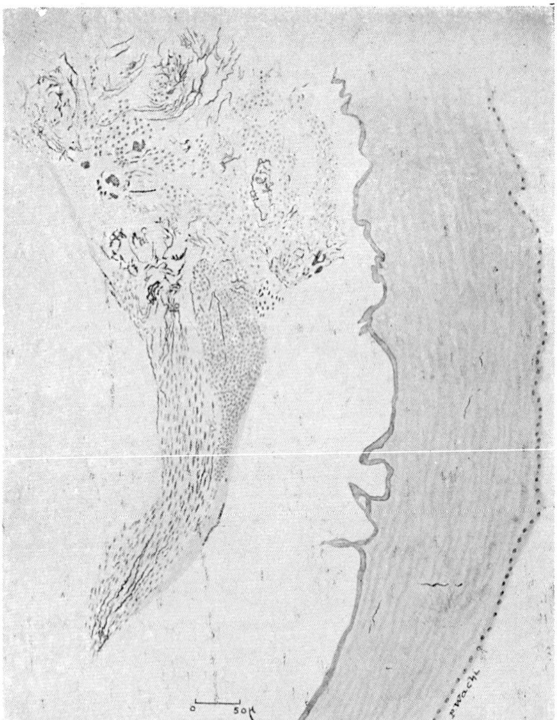
0 50μ

VIII

LA FORMATION DES FAISCEAUX

Nous avons vu les neuroblastes émettre leurs expansions, et nous avons vu ces expansions se mettre en contact, soit avec d'autres expansions semblables, soit avec les tissus périphériques. Dans ce dernier cas les fibres de nombreux neuroblastes se rassemblent pour former des nerfs. C'est au moyen de ces nerfs, groupes de fibres agglomérées, que les centres nerveux se mettent en rapport avec la périphérie. De façon semblable, les centres nerveux sont en rapport les uns avec les autres au moyen de faisceaux, également constitués par de nombreuses fibres et qui ne sont ainsi, somme toute, que des nerfs à l'intérieur du névraxe.

La recherche de la voie suivie par les faisceaux intracentraux a constitué un des aspects les plus importants de la neuro-histologie. Dans des coupes du système nerveux central les faisceaux se confondent, se croisent, s'entremêlent ; il est ainsi extrêmement difficile de les suivre individuellement, puisque leurs fibres constituantes ne diffèrent en rien des fibres qui forment d'autres faisceaux semblables. Aussi a-t-il fallu avoir recours à des techniques spéciales pour les analyser.

Ehrenberg a découvert en 1833, par dissociation, et vu au microscope, la fibre nerveuse à myéline. Pendant longtemps on n'a employé comme colorant que le carmin, qui ne permet nullement de différencier les divers faisceaux dans l'extrême complexité et l'extraordinaire enchevêtrement des fibres et faisceaux du névraxe. Aussi les faisceaux n'ont-ils pu être analysés que grâce à trois méthodes :

1. La méthode anatomo-pathologique des dégénérescences.

On peut dire sans exagération que la découverte, publiée le 1er décembre 1851, par Waller, élève de Claude Bernard, de la dégénérescence nerveuse, marque le début de l'étude moderne du système nerveux. Waller a montré que toute fibre séparée de son centre trophique, c'est-à-dire de sa cellule d'origine, se désorganise et meurt. On peut donc causer une dégénérescence différentielle de quelques fibres ou d'un seul faisceau, et, au moyen de techniques appropriées, suivre, après l'autopsie, ces fibres ou ce faisceau qui se détachent nettement des éléments sains qui les entourent.

Türck, en 1850, avait déjà observé que les lésions de la moelle produisent des altérations de la substance blanche. Gudden, en 1870, coupe des nerfs ou des faisceaux près des cellules d'origine chez des animaux nouveau-nés. Il constate par la suite, chez l'adolescent, des atrophies des centres d'origine, et peut ainsi déterminer les foyers qui correspondent à tel tractus blanc, périphérique ou central.

C'est au moyen de techniques inventées par Weigert, par Marchi et Alghieri, qu'on a pu différencier les fibres normales des fibres dégénérées. De plus, on a pu différencier le corps cellulaire, le neurocyte lui-même (péricaryone de Sherrington) normal et dégénéré, grâce à la méthode de Nissl. La substance qui porte le nom de ce savant, substance de Nissl, encore appelée substance tigroïde, ou corps chromatophiles, semble être un colloïde semi-fluide présent dans les neurocytes, coagulé par la fixation sous forme de blocs ou de corps. Mais ces corps ont toujours le même aspect dans des cellules nerveuses normales, dont ils sont donc les équivalents dans les mêmes conditions de fixation et de coloration. Or, les cellules d'origine d'un faisceau lésé montrent un gonflement de leur corps, un rejet de leur noyau à la périphérie, où il fait saillie sous la membrane, enfin une désagrégation et une dissolution partielle des corps chromatophiles, ou chromatolyse.

La méthode des dégénérescences permet donc de localiser non seulement les faisceaux dégénérés mêmes, mais encore leurs cellules d'origine.

2. La méthode de l'anatomie et de l'histologie comparées.

C'est la méthode des analogies, que l'on comprendra d'après un exemple. Prenons celui de la Taupe, donné par Cajal. La Taupe a des yeux rudimentaires. Or, elle n'a pas de nerfs optiques, les foyers bulbaires des nerfs moteurs de l'œil n'existent pas, et les tubercules quadrijumeaux antérieurs sont atrophiés. On en déduit que, chez les Vertébrés ayant des yeux, l'Homme inclus, ces foyers bulbaires sont la source des mouvements de l'œil, et les tubercules quadrijumeaux sont le centre nerveux du nerf optique et de l'œil.

Chez la Taupe, par contre, la partie postérieure ou commissurale du chiasma des bandelettes optiques reste intacte, normale. Il s'ensuit que cette commissure n'a rien à voir avec les centres optiques, ni avec la rétine.

3. La méthode de l'embryologie.

Flechsig, en 1878, a étudié la myélinisation à époques successives des faisceaux. Toutes les voies ne sont, en effet, pas myélinisées en même temps. Ceci dépend de l'âge, ou plus exactement du stade de développement ; avant ou après la naissance, chaque faisceau prend sa myéline au moment où il commence à fonctionner. C'est ainsi que les faisceaux pyramidaux, faisceaux moteurs allant du cortex cérébral à la moelle, sont les derniers, chez l'enfant, à acquérir leur myéline et à devenir fonctionnels, vers la naissance ou après celle-ci.

On peut facilement différencier, au moyen de techniques adéquates, les fibres et les faisceaux myélinisés de ceux qui ne le sont pas, et l'on peut ainsi tracer et délimiter différents faisceaux aux divers stades du développement.

Au moyen de ces trois méthodes, combinées aux techniques usuelles et aux résultats de lésions pathologiques du système nerveux, de nombreux chercheurs ont pu graduellement élucider les voies nerveuses, les faisceaux intracentraux, et dresser de véritables plans des centres nerveux. Chez l'Homme notamment, ces recherches ont donné des résultats d'une grande richesse et transformé la neurologie clinique en une des parties les plus scientifiques de la médecine, mais où, hélas ! la thérapeutique n'est pas encore à la hauteur du diagnostic.

Nous ne saurions, dans ce petit livre, faire une étude comparative des nombreux faisceaux qui ont été découverts dans la série des Vertébrés et chez l'Homme. C'est plutôt leur disposition générale et le mécanisme de leur formation que nous tenterons d'éclairer tant soit peu.

Nous avons vu au chapitre IV que chez les Vers la plupart des neurones sont courts, et que seules les fibres géantes unissent toute la chaîne ganglionnaire. Chez les Vertébrés, par contre, des faisceaux de très longues fibres mettent en communication les nombreux centres nerveux les uns avec les autres.

Une excitation chez un Vertébré donne lieu à toute une série de sensations et de réactions qui mettent en branle des centres nerveux éloignés les uns des autres. Un réflexe n'est pas, dans l'immense majorité des cas, un mécanisme où n'entrent en jeu qu'un neurone sensitif et un neurone moteur, mais bien toute une série de neurones. Nous avons affaire, à la suite de la moindre excitation, à une chaîne entière de réflexes comportant de nombreux neurones, dont certains vont agir pour renforcer la réaction, d'autres pour l'inhiber, d'autres pour l'enregistrer. En plus, le sujet excité va, d'après des conditions encore mal déterminées, réagir d'une façon ou d'une autre lorsque deux neurones moteurs, ou plus, vont être simultanément mis en branle par une excitation unique leur venant d'un neurone sensitif. Les neurones ont des branches ascendantes et descendantes le long de l'axe nerveux. Ce sont ces branches qui vont mettre un neurone en rapport avec des centres non

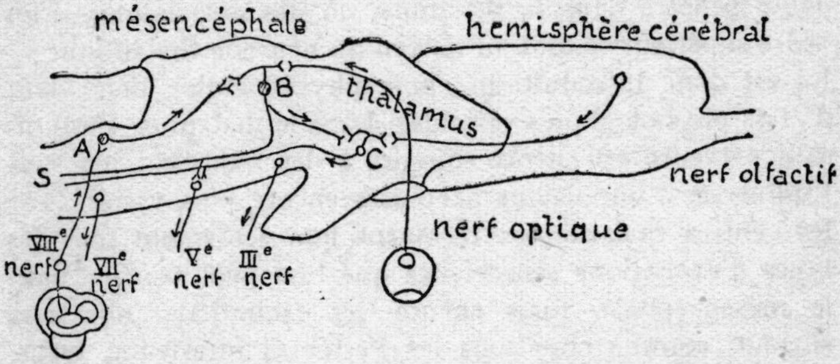

Fig. 60. — *Schéma de quelques voies de conduction nerveuse dans le cerveau du Batracien* Necturus, *en coupe longitudinale (C. J. Herrick).*

seulement éloignés, mais encore à fonctions diverses. Donnons-en un exemple que nous empruntons à Herrick :

Un Batracien inférieur, l'Urodèle *Necturus*, reçoit une excitation acoustique par voie d'un neurone du nerf acoustique qui se termine dans le bulbe. De là (fig. 60) un neurone A peut transmettre cette excitation au mésencéphale dont les neurones, du type B, ont des dendrites qui reçoivent les unes des excitations acoustiques, d'autres des excitations optiques. Un neurone du type B peut transmettre la stimulation par le faisceau S aux centres moteurs des nerfs craniens III (oculomoteur commun), V (trijumeau), VII (facial). Mais il peut également transmettre l'excitation vers la partie antérieure, à un neurone thalamique du diencéphale C. Ce neurone C reçoit également des stimulations descendantes, surtout olfactives chez *Necturus*, de l'émisphère cérébral, par le neurone D, et transmet lui-même l'excitation au faisceau moteur S, puis aux centres moteurs des nerfs craniens.

Ainsi, la branche descendante du neurone B se met en rapport direct avec les centres moteurs, oculomoteurs, bulbaires, spinaux (S, fig. 60) tandis qu'une branche ascendante pénètre dans le thalamus, où des associations d'un ordre supérieur se font au moyen du neurone thalamique C. Ici est donc introduit un choix physiologique, dépendant d'états physiologiques variables. Dans le thalamus, l'impulsion nerveuse est encore soumise à des modifications sous l'influence d'impulsions nerveuses encore plus variées, car les centres thalamiques reçoivent non seulement tous les types d'excitations sensorielles que l'on peut trouver dans le mésencéphale, mais encore des excitations, olfactives surtout, comme chez tous les Vertébrés inférieurs, transmises par des faisceaux importants provenant des hémisphères cérébraux.

Nous voyons par cet exemple le rôle de liaison que jouent les différents faisceaux, ici représentés par des neurones uniques. Nous voyons également que des neurones de centres différents concourent à la formation de faisceaux particuliers. Nous voyons enfin jusqu'à quel point la formation d'un faisceau dépend des sensations et des réactions à laquelle elles donnent lieu, réaction qui, d'après les connexions synaptiques, seront de simples réflexes ou des actes conscients plus complexes.

Donnons maintenant un autre exemple, également emprunté à Herrick, pour exposer, de façon très générale, l'aspect des principaux faisceaux qui relient la moelle au cortex cérébral chez l'Homme.

Les fibres extéroceptives des nerfs spinaux transmettent

les sensations provenant de la peau ; ce sont les fibres de la sensiblité tactile, thermique, et douloureuse. Leurs corps cellulaires se trouvent, comme pour toutes les fibres afférentes, dans les ganglions spinaux. Presque immédiatement après leur pénétration dans la moelle, les fibres extéro-

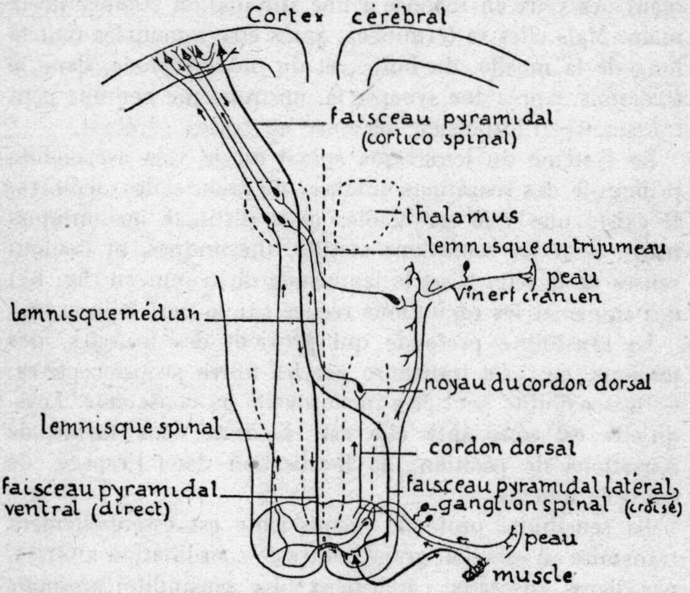

Fig. 61. — *Schéma des connexions principales entre la moelle et le cerveau chez l'Homme* (*C. J. Herrick*).

ceptives se terminent parmi les neurones de la colonne dorsale de la substance grise. Après une synapse en cet endroit les neurones secondaires envoient leurs fibres de l'autre côté de la moelle. Là elles deviennent ascendantes, formant le lemnisque spinal, constitué par le faisceau spino-thalamique latéral, dans le cordon latéral, qui transmet les sensations thermiques (chaud, froid) et douloureuses, et le faisceau spino-thalamique ventral, dans le cordon ventral, qui conduit les sensations tactiles. Des connexions collatérales ont lieu entre les fibres ascendantes du lemnisque spinal et les divers centres ou noyaux moteurs du cerveau, pour divers réflexes craniens, tel qu'un mouvement des yeux en réponse à une stimulation cutanée de la main. Mais elles se terminent, après être remontées tout le long de la moelle, du bulbe, et du mésencéphale, dans le thalamus. Après une synapse là, un troisième neurone peut transmettre l'impulsion nerveuse au cortex cérébral.

Le système du lemnisque spinal est la voie ascendante principale des sensations cutanées du tronc et des membres. Il existe une voie semblable, mais distincte anatomiquement, pour les sensations tactiles, thermiques, et douloureuses de la tête. C'est le lemnisque du trijumeau (fig. 61) qui transmet les excitations reçues par le nerf trijumeau.

La sensibilité profonde qui provient des muscles, des tendons, etc., est transmise par les fibres proprioceptives. Cette sensibilité peut être inconsciente ou consciente. Lorsqu'elle est consciente elle est reconnue sous forme de sensations de position, de localisation dans l'espace, de contrôle moteur.

La sensibilité profonde inconsciente est essentiellement transmise au cervelet, grand centre de coordination motrice, par deux faisceaux cérébelleux. La sensibilité profonde consciente est transmise par des fibres qui remontent le long du cordon dorsal de la moelle, du côté où elles y ont pénétré, en formant deux faisceaux, dits de Burdach ou cunéiforme, et de Goll ou grêle. Mais, arrivées à l'endroit où la moelle se confond avec le bulbe, elles se terminent et forment une synapse avec des neurones secondaires. Ceux-ci croisent alors et transmettent l'impulsion de l'autre côté du cerveau, en remontant vers le thalamus et en formant un faisceau connu sous le nom de lemnisque médian. Dans le thalamus, après une autre synapse, un troisième neurone peut transmettre l'excitation au cortex cérébral.

Les axones sensitifs, lorsqu'ils pénètrent dans la moelle, bifurquent dans le plan longitudinal, se divisant en deux branches qui font partie des faisceaux sensitifs ascendants, une antérieure, volumineuse et très ramifiée, l'autre postérieure plus grêle, moins ramifiée. Ces branches, qui émettent ainsi de place en place des ramifications perpendiculaires qui pénètrent dans la substance grise, ont l'aspect de longs râteaux. C'est là le mécanisme des connexions collatérales dont nous avons parlé plus haut.

Si l'on coupe les faisceaux ascendants, extéroceptifs ou proprioceptifs, à corps cellulaires dans les ganglions cérébro-spinaux, ils dégénèrent vers la tête ou partie antérieure. Les faisceaux moteurs, dont nous allons maintenant dire un mot, ont leurs corps cellulaires dans le cortex cérébral ; lorsqu'ils sont lésés ou coupés ces faisceaux dégénèrent vers la partie postérieure du corps.

Avec le développement du cortex cérébral va le développement des faisceaux moteurs, pyramidaux ou cortico-spinaux.

Chez les Ongulés ils n'atteignent que la région cervicale. Ils deviennent plus importants chez les Rongeurs, Carnivores et Primates, où ils descendent plus bas dans la moelle, presque dans toute sa longueur. Chez l'Homme ces faisceaux atteignent la région sacrée inférieure. Sur une coupe transversale de la moelle ils occupent 7 % de la surface chez le Chien, 20 % chez le Singe *Cebus*, 30 % chez l'Homme.

Nous avons déjà dit que les faisceaux pyramidaux sont les derniers à acquérir leur myéline chez l'enfant et à devenir fonctionnels. Ils contrôlent tous les mouvements volontaires du corps. Chez les espèces où ils ne sont pas bien développés leur place est prise par des fibres isolées.

En dernière analyse toutes les fibres des faiceaux pyramidaux croisent (fig. 61). Mais les unes croisent aux pyramides du bulbe, d'où leur nom. Elles forment les faisceaux croisés latéraux, puis, se terminant aux différents étages de la moelle, transmettent leur impulsion, à travers une synapse, à des neurones secondaires de sa corne ventrale ; ces neurones secondaires conduisent alors l'impulsion aux plaques motrices des muscles.

D'autres fibres cortico-spinales, qui ne se trouvent que chez les Singes supérieurs et chez l'Homme, ne croisent pas aux pyramides bulbaires, mais bien tout le long de la moelle. Ce sont les faisceaux directs ventraux, qui se terminent de chaque côté vers le milieu de la moelle et ne vont pas aussi loin en arrière que les faisceaux croisés. Arrivées aux différents étages médullaires, leurs fibres croisent et donnent naissance dans la corne ventrale opposée à une synapse par où est transmise leur impulsion à des neurones secondaires, puis aux muscles.

Ce qui nous frappe lorsque nous résumons cette disposition générale des faisceaux qui relient la moelle au cortex cérébral, c'est, d'une part, qu'ils sont constitués par des relais de neurones, et, d'autre part, qu'ils sont croisés. Nous verrons plus bas quelle explication a été donnée de ce dernier phénomène. Mais, pour le moment, essayons d'élucider leur formation corrélativement avec la genèse et l'évolution du comportement.

Cette question a fait l'objet d'études patientes et approfondies de G. E. Coghill, qu'il a commencées au début du siècle, et qu'il a poursuivies près de quarante ans. Nous allons donner une analyse des points essentiels soulevés par ce biologiste.

Coghill a étudié les réactions d'une part, la structure nerveuse de l'autre, de la Salamandre *Amblystoma* aux premiers stades de son développement.

Le premier mouvement qui soit exécuté par l'embryon d'*Amblystoma* est une lente flexion de la tête vers un côté, due à la contraction des segments musculaires qui se trouvent immédiatement en arrière de la tête (fig. 62). Puis, avec la croissance, la contraction musculaire s'étend plus loin en arrière le long du tronc ; après environ 36 heures tout le tronc est impliqué, et la larve peut se courber rapidement en un étroit rouleau, de l'un ou de l'autre côté (fig. 63). Cette courbure ne permet pas à la larve de progresser, mais possède pourtant le facteur essentiel de la locomotion : une progression de la contraction musculaire allant de l'avant vers l'arrière. Le problème de la locomotion est d'ailleurs bientôt résolu. Une flexion commence dans la région de la tête et progresse vers l'arrière, mais, au lieu de se courber en rouleau, la larve renverse la flexion céphalique avant qu'elle n'ait parcouru toute la longueur de son corps. Il s'ensuit deux flexions simultanées (fig. 64), l'une vers la droite, l'autre vers la gauche, progressant toutes deux de la tête vers la queue, et donnant à la larve l'aspect d'une lettre S. Ces mouvements deviennent rapides et en série, exercent une pression sur l'eau et provoquent la propulsion de la larve.

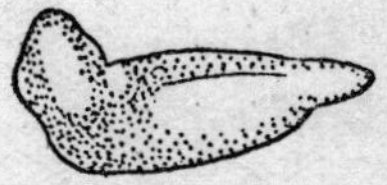

Fig. 62. — *Premier mouvement exécuté par l'embryon d'*Amblystoma : *lente flexion de la tête vers un côté (G. E. Coghill).*

Fig. 63. — *Rapide courbure de la larve d'*Amblystoma *en un étroit rouleau (G. E. Coghill).*

On peut classer en cinq stades les phases du développement que nous venons de décrire : 1. Stade sans motilité ;

les muscles peuvent alors se contracter s'ils sont excités directement par une piqûre, un coup, ou électriquement, mais non à la suite d'une excitation tactile de la peau. 2. Stade de flexion au cours duquel l'embryon réagit à une légère excitation tactile cutanée. 3. Stade de la courbure en rouleau. 4. Stade de la réaction en S. 5. Stade où la réaction en S est faite en serie et provoque la propulsion de la larve.

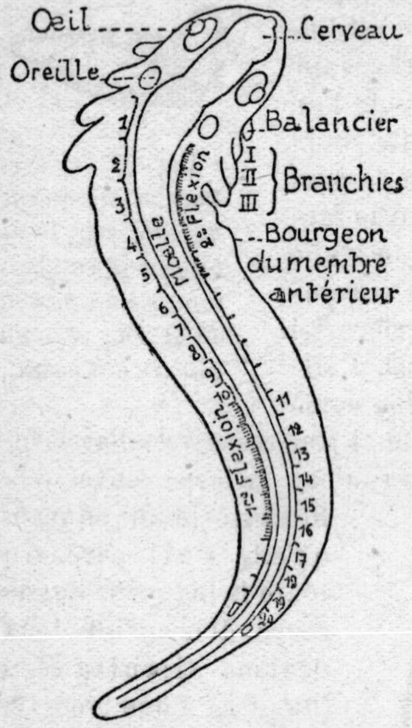

Fig. 64. — *Schéma montrant le mouvement de propulsion dans l'eau de la larve d'*Amblystoma. *La première flexion a progressé vers la queue, une deuxième flexion commence dans la région antérieure, due à la contraction des muscles hachurés. Les numéros indiquent les segments musculaires (G. E. Coghill).*

Voyons maintenant quelles sont les phases correspondantes de la neurogénèse.

Au stade 1, sans motilité, il existe déjà dans la partie ventrale de la moelle une voie motrice, conduisant les impulsions d'avant en arrière, formée par des cellules qui donnent naissance à des filets protoplasmiques nus. Ceux-ci constituent les racines motrices, innervant environ douze segments musculaires, les plus antérieurs, vers leur centre. Il existe également, chez l'embryon d'*Amblystoma*, à ce stade, d'après Coghill, une voie sensitive dans la partie dorsale de la moelle, conduisant les impulsions d'arrière en avant, formée par des cellules dont les expansions périphériques sont rattachées à la fois à la peau, où elles sont extéroceptives, et aux bouts des segments musculaires, où elles sont proprioceptives (fig. 65).

Ainsi, à ce stade sans motilité existent déjà des nerfs moteurs et sensitifs en rapport avec les organes périphé-

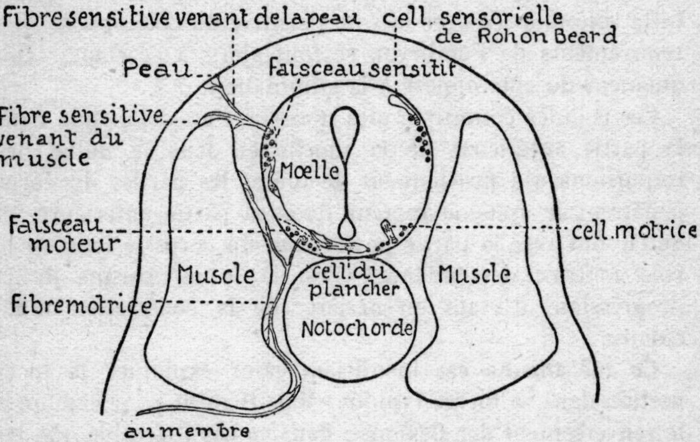

Fig 65. — *Schéma montrant en coupe transversale les rapports du système nerveux de l'embryon d'*Amblystoma *avec les muscles et la peau. Les expansions des cellules sensitives dorsales et des cellules motrices ventrales se divisent toutes deux en fibres ascendantes et descendantes, formant un faisceau sensitif afférent, d'une part, un faisceau moteur efférent de l'autre (G. E. Coghill).*

riques, muscles et peau, mais leurs rapports anatomiques sont tels qu'une excitation ne peut pas passer du système sensitif au système moteur. Une excitation tactile ou chimique cutanée ne provoque pas de réaction des muscles, quoique ceux-ci se contractent lorsqu'ils sont excités directement.

Mais bientôt apparaît une troisième série de cellules

nerveuses. Celles-ci mettent en rapport le système sensitif d'un côté et le système moteur de l'autre côté (fig. 66). Leurs corps cellulaires se trouvent dans le plancher du bulbe et de la partie antérieure de la moelle. Monopolaires pendant le stade sans motilité, elles sont alors en rapport, à droite ou à gauche, avec la voie motrice d'un seul côté. Lorsqu'elles deviennent bipolaires elles mettent en rapport cette voie motrice avec la voie sensitive du côté opposé. Les mouvements de l'embryon se font alors, à ce stade, typiquement du côté opposé à la stimulation.

Ces cellules commissurales n'existant au début que dans la partie antérieure de la moelle et dans le bulbe, les impulsions qui proviennent de toutes les parties du corps pénètrent le système moteur dans sa partie antérieure, et de là vont vers la partie postérieure du corps le long de la voie motrice descendante. C'est là le mécanisme de la progression, d'avant en arrière, de la contraction musculaire.

Ce mécanisme est insuffisant pour expliquer la locomotion dans sa forme typique. Mais il suffit pour expliquer le renversement des flexions ; dans ce cas il semble que les terminaisons nerveuses sensitives soient excitées dans les muscles du côté de la première flexion ; l'excitation est transmise à travers la cellule commissurale aux muscles de l'autre côté qui se contractent à leur tour. Mais ces flexions simultanées ne donnent pas lieu à une locomotion suffisante pour la propulsion à travers l'eau.

Cette propulsion, ou natation, dépend, comme nous l'avons vu plus haut, de réactions de flexions simultanées, ou en S, rapides et en séries. Ceci n'est possible que lorsque les voies motrices des deux côtés peuvent être en rapport l'une avec l'autre, et non pas seulement la voie sensitive d'un côté avec la voie motrice de l'autre côté. En fait, au moment où commencent les mouvements donnant lieu à la natation il y a une croissance de fibres collaté-

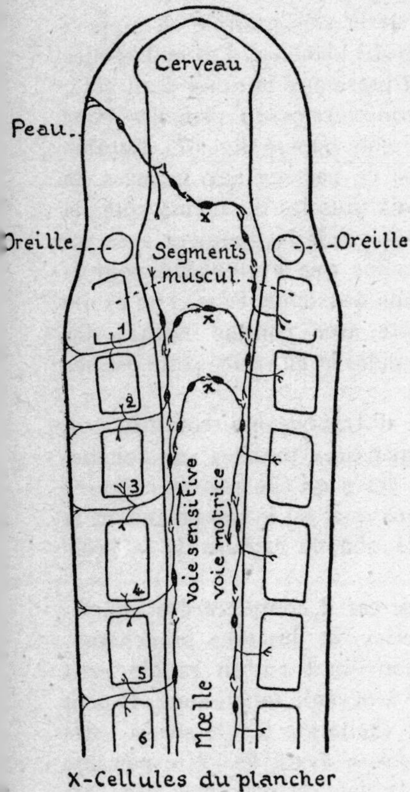

Fig. 66.

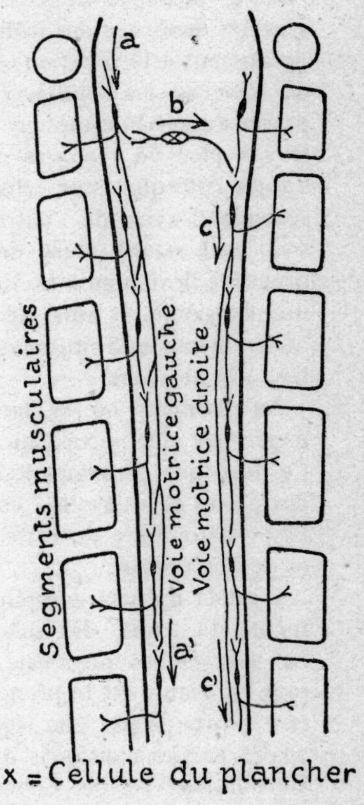

Fig. 67.

Fig. 66. — *Schéma montrant, chez l'embryon d'*Amblystoma, *le mécanisme de la courbure en rouleau, des mouvements opposés à la stimulation, et de la progression de la contraction musculaire d'avant en arrière* (*G. E. Coghill*).

Fig 67. — *Schéma du mécanisme neuromoteur de la propulsion dans l'eau de la larve d'*Amblystoma. *Le mécanisme sensitif n'est pas indiqué. Les flèches indiquent le sens de la conduction nerveuse, de* a *en* a' *et* b, *et de* b *en* c *et* c' (*G. E. Coghill*).

rales de la partie antérieure de la voie motrice en rapport avec les dendrites des cellules du plancher. Ces collatérales permettent à l'excitation, qui passe aux muscles d'un côté, de traverser les cellules commissurales du plancher pour passer au système moteur du côté opposé (fig. 67). Comme il y a plus de synapses dans ce passage aux muscles de l'autre côté que dans celui aux muscles du même côté, la seconde flexion, de l'autre côté, suit la première avec un très léger retard. Puis, de même que l'impulsion pour la première flexion en a excité une deuxième, celle-ci en excite une troisième, et ainsi de suite, avec, comme résultat, des mouvements suffisamment rapides et en séries pour donner lieu à la natation.

Au moment où la larve d'*Amblystoma* commence à nager elle n'a encore ni appendices mobiles, ni bouche. Ce n'est que plusieurs jours après qu'elle pourra capturer des proies et les avaler. Voyons quel est le mécanisme et la base anatomique de cette réaction de capture de la proie et de déglutition.

C'est là un acte compliqué, car il comporte des mouvements du tronc, des mâchoires, et des arcs branchiaux. Le mouvement du tronc, consistant en un rapide petit saut en avant, est le premier à devenir fonctionnel. Il peut être provoqué par une légère excitation tactile sur la patte ou les parties contiguës du corps, avant de l'être par une stimulation visuelle. Celle-ci a lieu un peu plus tard, par exemple lorsqu'on passe un cheveu ou un crin dans le champ visuel deux ou trois millimètres devant les yeux. La larve saute alors vers l'objet mouvant, mais sans faire agir ses mâchoires. Cette action est très rapide, puis la larve retombe immédiatement à l'état de repos. Plus tard le saut comporte un happement de l'objet qui est mû dans le champ visuel ; ce happement est très certainement une réaction visuelle, car il a lieu sans excitation tactile quelconque.

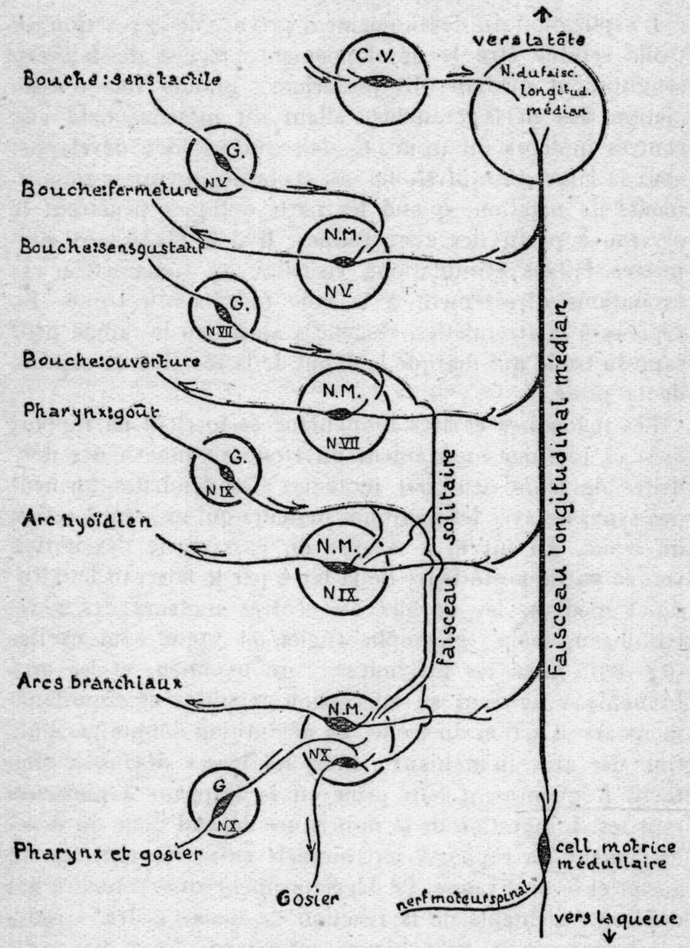

Fig. 68. — *Schéma du mécanisme de capture de la proie te de la déglutition chez la larve d'*Amblystoma. c. v., *centre visuel ;* G., *ganglion,* N. M., *neurone moteur des nerfs craniens* N V, VII, IX, X (*G. E. Coghill*).

L'explication du développement précoce de la réaction du tronc semble être le développement précoce du faisceau longitudinal médian (dit postérieur), grande voie d'association des nerfs craniens, allant du mésencéphale aux centres moteurs du tronc. Ce faisceau est bien développé, chez la larve d'*Amblystoma*, au stade des premiers mouvements de natation, quand les nerfs optiques pénètrent le cerveau à partir des deux rétines. Il doit réagir aux premières faibles stimulations visuelles, et transmettre ces excitations directement à la voie motrice du tronc. En réponse à la stimulation visuelle a ainsi lieu le rapide petit saut du tronc qui marque le début de la réaction de capture de la proie.

Les mâchoires et arcs branchiaux se mettent en rapport avec ce premier mouvement du tronc au moyen des dendrites de leurs neurones moteurs. Ces dendrites forment des synapses avec les neurones moteurs qui excitent l'action du tronc. Au fur et à mesure du passage de l'excitation vers la partie postérieure de la larve par le faisceau longitudinal médian, les noyaux ou centres moteurs des nerfs trijumeau, facial, glossopharyngien et vague sont excités (fig. 68). Ainsi les mâchoires, l'arc hyoïdien, et les arcs branchiaux agissent en succession régulière et simultanément avec l'action du tronc. La déglutition débute par l'action des arcs branchiaux ; mais les larves d'*Amblystoma* tuent fréquemment leur proie en la frappant à plusieurs reprises. L'ingestion de la nourriture dépend donc du développement de rapports fonctionnels entre les muscles du gosier et le nerf vague. Le développement embryonnaire des différents éléments de la réaction est dans l'ordre : tronc, mâchoires, arcs branchiaux, œsophage. Ceci est aussi l'ordre des actes physiologiques.

Mais comment se forment les voies de conduction primitives du névraxe, qui existent chez l'embryon avant que l'on ne puisse incriminer des excitations physiologiques dans leur genèse ? Pour Coghill, ces voies doivent être la résultante d'activités tissulaires préneurales, si l'on accepte comme « neurales » la conception classique des fonctions nerveuses. Ici Coghill adopte la théorie de Child des gradients métaboliques (voir p. 100). Pour lui, le mécanisme qui détermine le plan primitif du comportement serait organisé sous la domination de gradients métaboliques, préneuraux, de même que, d'après cette théorie, l'orientation des neurones dans leur croissance serait en corrélation avec des gradients métaboliques préexistants.

Dans le système nerveux d'*Amblystoma* la différenciation des cellules nerveuses commence dans des centres localisés. Ces centres conservent pendant un certain temps une activité plus grande que les centres contigus. Pendant cette période les cellules nerveuses qui se différencient assez près d'un tel centre poussent d'abord vers ce centre, et les cellules qui se trouvent entre deux de ces centres orientent leur croissance entre les deux. C'est ainsi que seraient établis de nombreux et importants faisceaux du cerveau, comme les voies olfactives, la commissure postérieure et sa connexion avec le faisceau longitudinal médian, la commissure post-optique, des voies fondamentales entre le thalamus et l'hypothalamus, etc.

Un autre trait important concernant les centres d'accélération dans la différenciation est la fluctuation de leurs taux relatifs d'activité. C'est ainsi que, de deux centres contigus, c'est d'abord l'un, ensuite l'autre, qui montrera un taux supérieur de différenciation. Comme les axones, d'après Coghill, semblent pousser vers les centres les plus actifs, cette fluctuation du taux relatif peut provoquer la naissance de voies de conduction réciproques. C'est ainsi que l'hémisphère cérébral possède un taux de différenciation supérieur à celui de la région olfactive dans une période, et un taux inférieur dans la période suivante. Or, on connaît des faisceaux réciproques entre ces deux parties du cerveau. Ainsi, aussi bien les faisceaux essentiels du cerveau que le mécanisme neural primitif naîtraient d'un plan dynamique préneural.

Ces conceptions physiologiques de Coghill, concernant la formation des faisceaux, ne sont encore qu'à un stade préliminaire. Mais elles orientent notre esprit en cette

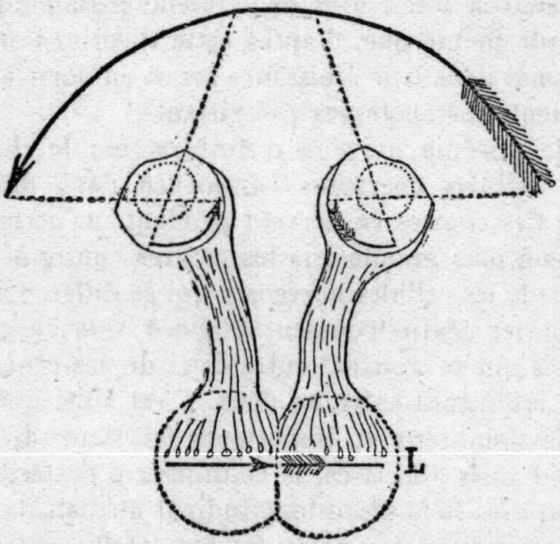

Fig. 69. — *Schéma montrant la disparite de l'image visuelle mentale par rapport à l'objet, dans le cas où le Vertébré inférieur manquerait de chiasma optique.* L, *centre visuel* (*S. R. Cajal*).

matière, et nous font entrevoir de vastes possibilités dans ce domaine qui, jusqu'ici, semblait se dérober à l'analyse.

Nous venons d'étudier la genèse des faisceaux et de voir comment s'explique leur constitution par des relais de neurones. Essayons de pénétrer maintenant le phénomène de leur croisement ou décussation dans le névraxe.

Il semble que le croisement de tous les faisceaux dépende

en dernière analyse de l'entre-croisement ou décussation des nerfs optiques. Pour que le côté du corps excité par la vision réagisse plutôt que le côté opposé, uniquement pour des raisons d'économie, les voies motrices et sensitives

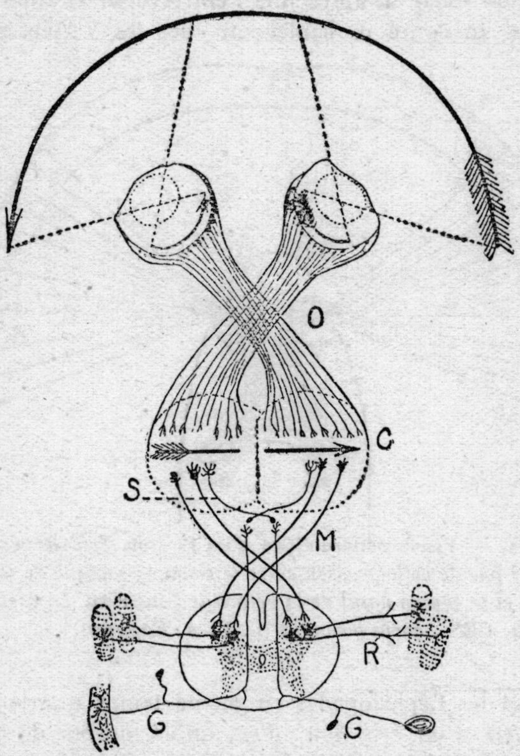

Fig. 70. — *Schéma montrant l'utilité du chiasma optique et l'entre-croisement compensateur des voies motrices et sensitives chez les Vertébrés inférieurs.* C, *centres visuels secondaires;* G, *ganglions spinaux et racines sensitives;* M, *voie motrice croisée;* O, *nerfs optiques croisés;* R, *racines motrices de la moelle;* S, *voie sensitive centrale croisée* (*S. R. Cajal*).

sont croisées comme les voies optiques, et rétablissent ainsi la correspondance avec l'œil du même côté (fig. 70).

Mais pourquoi les nerfs optiques sont-ils entrecroisés ? Cette question fondamentale a fait l'objet d'une ingénieuse théorie de Cajal. D'après lui, l'entrecroisement des nerfs optiques, inauguré probablement chez les Vertébrés infé-

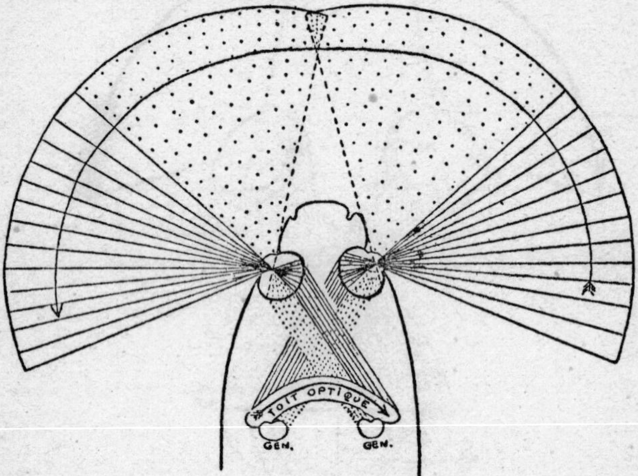

Fig. 71. — *Vision panoramique d'un Poisson Téléostéen; elle ne comporte pas de collaboration entre le champ temporal de la rétine d'un œil et le champ nasal de la rétine de l'autre œil. La décussation est totale.* GEN., *corps genouillé* (*C. U. A. Kappers*).

rieurs et les Céphalopodes en même temps que la vision au travers d'un cristallin, n'est qu'un moyen de correction ou de compensation de la vision. Son but serait de rendre continue et conforme à la réalité l'image mentale formée dans chacun des deux yeux. Ce principe suppose que la perception mentale correcte de l'espace visuel ne peut se faire sans l'existence dans le cerveau d'un centre percepteur bilatéral dont chaque moitié agit de concert avec l'autre de façon à rendre continues et de même sens les deux images que les rétines droite et gauche y projettent.

La figure 69 représente la forme de la projection visuelle en supposant qu'il n'y ait point d'entre-croisement des nerfs optiques. Les deux moitiés de l'image ayant été renversées par les deux cristallins sur les rétines, les deux moitiés de l'image mentale ne s'adaptent absolument pas.

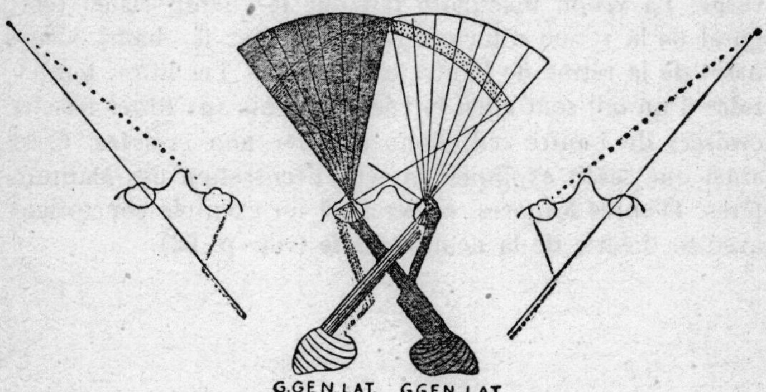

Fig. 72. — *Schéma expliquant la semi-décussation optique des Mammifères. Le champ visuel temporal de la rétine d'un œil (en pointillé) collabore avec le champ visuel nasal de la rétine de l'autre œil (en hachuré). Les fibres temporales d'un œil, ainsi forcées de s'unir aux fibres nasales croisées de l'autre œil, restent non croisées.* G. GEN. LAT., *corps genouillé externe ou latéral (C. U. A. Kappers).*

Par contre, la figure 70 révèle l'aspect de l'image mentale quand les nerfs s'entrecroisent, comme cela a lieu chez les Vertébrés dont la vision est panoramique, c'est-à-dire à champs visuels distincts pour les deux yeux. Grâce à la décussation des deux nerfs, les deux images mentales droite et gauche se font suite l'une à l'autre et constituent un tout continu, sans intervention.

Mais, ainsi que le montre la figure 71, la vision panoramique de ces Vertébrés ne comporte pas de collaboration entre le champ temporal de la rétine d'un œil et le champ nasal de la rétine de l'autre œil. La décussation est donc totale.

Chez les Mammifères, par contre, à champ visuel unique, il existe un parallélisme des axes visuels et leur direction vers un même point de l'espace lorsque le regard y converge. La vision maculaire fait que le champ visuel temporal de la rétine d'un œil collabore avec le champ visuel nasal de la rétine de l'autre œil (fig. 72). Les fibres temporales d'un œil sont ainsi forcées de s'unir aux fibres nasales croisées de l'autre œil, donc à rester non croisées. C'est ainsi que serait expliquée la semi-décussation des Mammifères. D'après Kappers, ce serait là un exemple concordant avec sa théorie de la neurobiotaxie (voir p. 96)[1].

IX

LE NÉVRAXE DE LA LAMPROIE A L'HOMME

Ayant jeté un coup d'œil sur les facteurs généraux de la formation des faisceaux, voyons maintenant les grandes lignes de l'évolution du système nerveux dans les différentes classes des Vertébrés.

Nous avons parlé p. 65 du système nerveux primitif de l'*Amphioxus*, à vésicule cérébrale unique, et où font défaut beaucoup de nerfs craniens. Ainsi, il n'y a qu'un nerf olfactif situé à gauche, et pas de nerf optique, l'organe qui représente l'œil étant placé dans la paroi même de la partie antérieure du canal médullaire ; il n'y a pas de vésicule otique et pas de nerf acoustique. Mais les traits essentiels du développement du système nerveux de l'*Amphioxus* sont ceux que l'on observe chez les Vertébrés. De plus, il semble bien qu'y existent des faisceaux de fibres dans le névraxe (fig. 73) parmi lesquelles on peut observer des fibres géantes, comme celles que nous avons vues chez les Annélides, émises chez l'Amphioxus par des cellules géantes en rapport avec les nerfs sensitifs.

Avec la Lamproie, type des Cyclostomes, nous atteignons un système nerveux qui ne montre pas de différences fondamentales avec celui des Vertébrés les plus évolués.

Les Cyclostomes se distinguent des autres Vertébrés Craniotes par l'absence de mâchoires, leur bouche étant pourvue d'un appareil suceur, par la présence d'un seul organe olfactif, et par l'absence d'appendices, nageoires ou membres, pairs.

Le névraxe des Cyclostomes est rudimentaire, en rapport avec leur vie simple de semi-parasites des Poissons. Mais il possède tous les caractères, dans son développement et dans sa forme, du névraxe de n'importe quel Vertébré. Il n'y a pas la différence fondamentale, entre le système nerveux des Vertébrés inférieurs, aquatiques, et celui des Vertébrés supérieurs, terrestres, que l'on voit entre leurs organes respiratoires, branchiaux chez les premiers, pulmonaires chez les seconds.

Nous identifions dans le névraxe d'une Lamproie, non seulement les différentes parties évoluées à partir des cinq vésicules cérébrales et du tube médullaire embryonnaires, mais encore les dix premières paires de nerfs craniens (fig. 74). Des deux paires de nerfs craniens supplémentaires des Vertébrés supérieurs l'un, le XIe, spinal ou accessoire, n'est qu'une portion détachée du dernier nerf cranien des Vertébrés inférieurs, le Xe ou vague ; l'autre, le XIIe, nerf hypoglosse, n'appartient pas en réalité à l'encéphale ; ce n'est pas un nerf cranien, mais un nerf spinal qui a été secondairement englobé dans le crâne.

Nous avons vu au chapitre V que les cinq vésicules de tous les Vertébrés (fig. 75) sont formées, chez leurs embryons, par dédoublement de la première et de la troisième d'entre elles. Les trois vésicules primitives semblent s'être développées, chez les Cyclostomes comme chez les autres Vertébrés, corrélativement avec les trois principaux sens : l'odorat, la vue et l'équilibration qui a des rapports intimes, chez les Vertébrés supérieurs aux Poissons, avec l'ouïe.

Chez la Lamproie (*Petromyzon*) le cerveau antérieur ou télencéphale est bilobé, et chaque lobe se continue avec un lobe olfactif bien développé. Les deux lobes cérébraux, creux, possèdent chacun un ventricule latéral qui communique avec la cavité du lobe olfactif correspondant. Celui-ci reçoit le premier nerf cranien, olfactif. Mais les centres olfactifs se trouvent dans le diencéphale et le mésencéphale.

Les deux ventricules latéraux du cerveau antérieur communiquent par deux trous, les trous de Monro, avec le troisième ventricule du diencéphale. Les deux lobes cérébraux sont constitués par deux parties, une partie basilaire qui forme une saillie dans la cavité du ventricule latéral correspondant — le corps strié — et une partie corticale, le manteau ou pallium. Celui-ci, chez la Lamproie, est une mince lamelle, constituée par une couche de cellules épithéliales.

Le cerveau intermédiaire ou diencéphale possède dans sa région dorsale deux ganglions habénulaires en rapport avec les réflexes olfactifs dont nous avons parlé plus haut. Creusé par le troisième ventricule, le diencéphale est clos dorsalement par un plexus choroïde, à fonction nourricière, et est en rapport avec la glande pinéale dans cette même partie dorsale. Ses parois latérales forment les deux masses ganglionnaires du thalamus, et sa paroi ventrale se prolonge en infundibulum qui a des rapports intimes avec l'hypophyse. Les fibres du chiasma optique, après avoir pénétré les parois du diencéphale, vont, par voie du thalamus, aux centres réflexes de la vision dans le toit du mésencéphale.

C'est en effet dans le mésencéphale, ou cerveau moyen, que l'on observe les lobes optiques, centre de la vision. Son plancher contient le centre moteur du troisième nerf cranien, moteur oculaire commun, qui innerve quatre muscles extrinsèques de l'œil. Chez les Cyclostomes le toit du mésencéphale possède un plexus choroïde.

Le métencéphale ou cerveau postérieur est, chez la Lamproie, constitué, dans sa voûte, par un cervelet rudimentaire mais qui possède des cellules de Purkinje, comme chez tous les Vertébrés; celles-ci ont des connexions avec des cellules motrices bulbaires et médullaires. Les parois et la base du métencéphale consistent en grande partie en faisceaux ascendants et descendants. Il n'y a pas de protubérance, absente chez tous les Vertébrés au-dessous des Mammifères. Chez les Cyclostomes seulement c'est le plancher du métencéphale qui donne naissance au quatrième nerf cranien, le pathétique ou trochléaire, qui innerve le muscle extrinsèque grand oblique, ou oblique supérieur, de l'œil. Chez les autres Vertébrés ce nerf naît du mésencéphale.

Le bulbe, ou moelle allongée, constitue à peu près la moitié de la longueur du cerveau total. L'ouverture ovalaire du quatrième ventricule est fermée par un plexus choroïde. Ses parois latérales contiennent les centres sensoriels des nerfs de la ligne latérale et d'autres nerfs craniens, de même que les centres moteurs de plusieurs nerfs craniens. Le bulbe émet ou reçoit, en effet, tous les nerfs craniens restants :

Le cinquième nerf, ou trijumeau, a, chez la Lamproie, deux branches — ophtalmique et maxillo-mandibulaire ; cette dernière se subdivise rapidement en ses deux consti-

---

Fig. 73. — *Partie du tiers postérieur de la moelle de l'Amphioxus, vue du côté dorsal. äk, limites externes de la moelle;* kf, *fibres géantes qui partent vers l'avant à partir de cellules géantes* kz; mi, *partie centrale d la moelle:* nz^1, *cellules « bipolaires » de moyenne grosseur;* nz^2 *petites cellules « bipolaires »;* s, *racines sensitives* (*G. Retzius*).

Fig. 74. — *Schéma du cerveau du Cyclostome Petromyzon, vu du côté gauche. Les nerfs et faisceaux principaux sont schématiquement projetés sur le plan médian. Les numéros indiquent les faisceaux nerveux:* 2, *olfacto-habénulaire;* 3, *olfacto-hypothalamique;* 11, *optique;* 19, *palléal;* 36, *habénulo-interpédonculaire;* 61, *octavo-mésencéphalique;* 62, *mamillo-pédonculaire;* 64, *lobo-tectal* (*Plate*).

Fig. 75. — *Schéma du cerveau d'un Vertébré, basé sur celui d'un Cyclostome. Coupe longitudinale médiane, les nerfs étant schématiquement projetés sur le plan médian* (*Plate*).

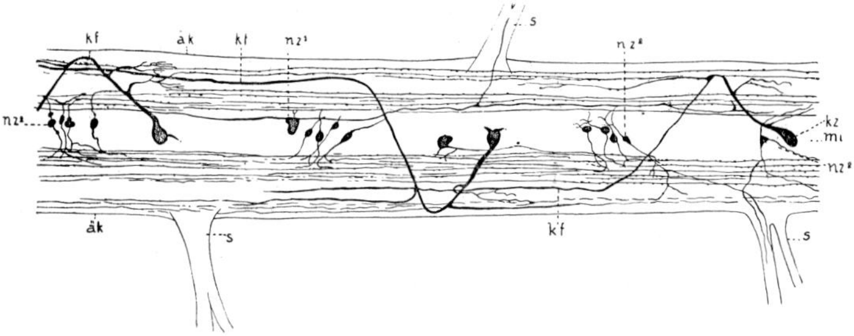
kf
äk
kf
s
nz²
kz
mi
äk
s
kf
s

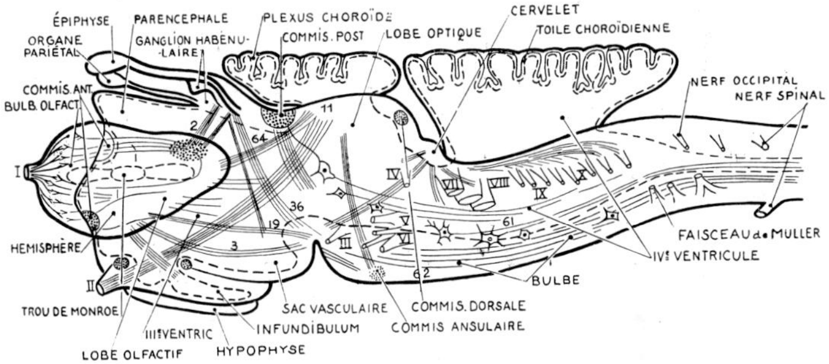
ÉPIPHYSE
PARENCEPHALE
PLEXUS CHOROÏDE
CERVELET
ORGANE PARIÉTAL
GANGLION HABENU-LAIRE
COMMIS. POST
LOBE OPTIQUE
TOILE CHOROÏDIENNE
COMMIS. ANT
BULB. OLFACT.
NERF OCCIPITAL
NERF SPINAL
FAISCEAU d. MULLER
HEMISPHÈRE
IVᵉ VENTRICULE
BULBE
TROU DE MONROE
SAC VASCULAIRE
COMMIS. DORSALE
IIIᵉ VENTRIC
INFUNDIBULUM
COMMIS ANSULAIRE
LOBE OLFACTIF
HYPOPHYSE

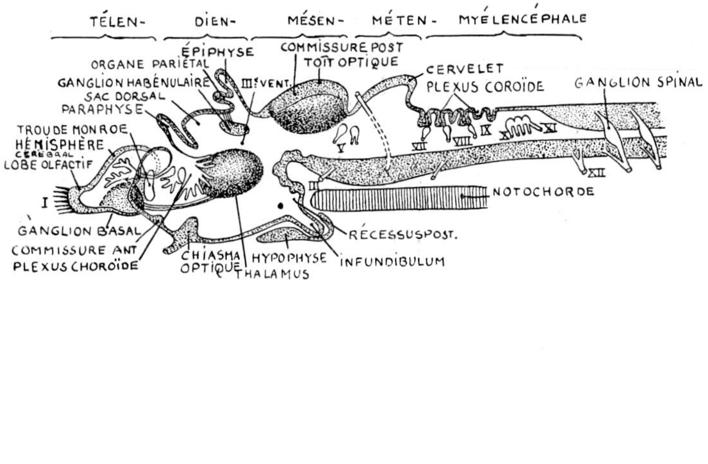
TÉLEN-
DIEN-
MÉSEN-
MÉTEN-
MYÉLENCÉPHALE
ÉPIPHYSE
COMMISSURE POST
ORGANE PARIÉTAL
TOIT OPTIQUE
GANGLION HABÉNULAIRE
IIIᵉ VENT.
CERVELET
PLEXUS COROÏDE
GANGLION SPINAL
SAC DORSAL
PARAPHYSE
TROU DE MONROE
HÉMISPHÈRE CÉRÉBRAL
LOBE OLFACTIF
NOTOCHORDE
GANGLION BASAL
RÉCESSUS POST.
COMMISSURE ANT
PLEXUS CHOROÏDE
CHIASMA OPTIQUE
HYPOPHYSE
THALAMUS
INFUNDIBULUM

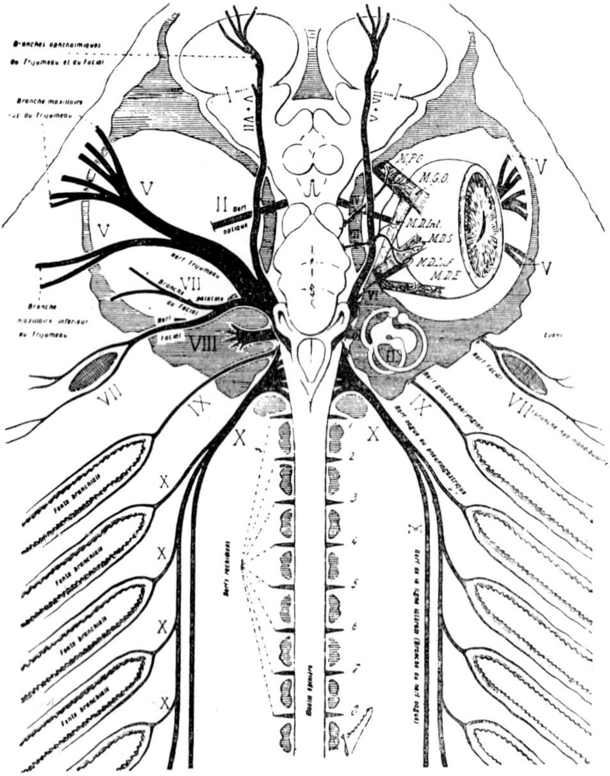
Branches ophthalmiques
du Trijumeau et du Facial
Branche maxillaire
du Trijumeau
Branche
maxillaire inférieur
du Trijumeau
V
V
II
optique
VII
VIII
IX
X
M.G.O.
M.D.S.
M.D.E.
VI
Fente branchiale

tuants maxillaire et mandibulaire. La branche ophtalmique, cutanée ou somatique sensible, naît, chez les Cyclostomes seulement parmi tous les Vertébrés, par une racine indépendante ; ceci nous porte à croire que cette branche représentait un nerf segmentaire indépendant et que son union avec le nerf trijumeau, chez les Vertébrés supérieurs aux Cyclostomes, est secondaire. La branche maxillaire est purement somatique sensible : elle innerve la peau du museau et la région qui correspond à la mâchoire supérieure des Poissons. La branche mandibulaire est mixte, somatique sensible pour la peau, mais aussi viscérale motrice, car elle innerve les muscles du premier arc viscéral ou branchial.

Le sixième nerf, moteur oculaire externe ou abducens, est, comme le troisième et le quatrième, un nerf moteur de l'œil. Il innerve le muscle droit externe ou postérieur, muscle extrinsèque de l'œil. Ces trois nerfs innervent donc les muscles qui provoquent le mouvement du globe oculaire.

Le septième nerf, facial, est un nerf mixte viscéral sensible et viscéral moteur. Il innerve les muscles d'origine branchiale ou viscérale, non dérivés de somites, de l'arc hyoïde. Mais il récolte aussi des sensations cutanées générales — tactiles, thermiques, douloureuses — et des sensations muqueuses et cutanées spéciales — bourgeons du goût, organes de la ligne latérale. Il y a quatre branches chez les Cyclostomes comme chez tous les Vertébrés aquatiques

---

Fig. 77. — *Dessin schématique indiquant la distribution des nerfs craniens chez un Poisson Sélacien, la Roussette. Les chiffres romains I à X désignent les nerfs craniens. Les chiffres arabes 1 à 8 indiquent les nerfs rachidiens.* O ; *oreille. Muscles de l'œil :* **M. P. O.**, *petit oblique* ; **M. G. O.**, *grand oblique* ; **M. D. Int.**, *droit interne* ; **M. D. S.**, *droit supérieur* ; **M. D. Inf.**, *droit inférieur* ; **M. D. E.**, *droit externe* (*L. Jammes*).

(Ichthyopsidés ou Anamniotes) : les branches ophtalmique superficielle et buccale qui innervent les organes de la ligne latérale au-dessus et au-dessous de l'œil, la branche palatine qui innerve la muqueuse de la voûte buccale et les bourgeons du goût, la branche hyomandibulaire qui innerve les muscles de l'arc hyoïde et la peau de la région mandibulaire.

Nous venons de parler d'organes de la ligne latérale. Ces organes, dont nous parlerons à nouveau au chapitre XIV, sont des formations sensorielles spéciales, quelquefois appelées neuromastes, situées, chez les Vertébrés aquatiques seulement, dans des canaux enfoncés dans la peau (fig. 76) et communiquant avec la surface par des pores. Ces organes sensoriels semblent être stimulés par les vibrations de basse fréquence, mouvements de la masse de l'eau, plus importantes que les sons pour l'orientation d'animaux aquatiques.

Chez les Cyclostomes, comme chez les Poissons, il n'existe pas d'organe de l'ouïe, mais seulement un organe d'équilibration, d'ailleurs réduit à un ou deux canaux semi-circulaires au lieu des trois que l'on trouve chez tous les autres Vertébrés. La capsule otique dont ces canaux font partie semble bien être un organe de la ligne latérale modifié. D'ailleurs le nerf latéral, présent uniquement chez les Vertébrés aquatiques où il se confond plus ou moins avec les nerfs V, VII et X, a des voies intrabulbaires aboutissant aux mêmes centres et déterminant des réactions analogues à celles de la branche vestibulaire de l'acoustique, branche ayant à faire à l'équilibration, seule présente chez les Cyclostomes et Poissons. Ainsi on pourrait appeler le huitième nerf cranien de la Lamproie non pas le nerf acoustico-latéral, mais le nerf vestibulo-latéral.

Le neuvième nerf cranien, glosso-pharyngien, nerf mixte viscéral sensible et moteur, se distribue en avant et en arrière de la première fente branchiale.

Le dixième nerf, le vague, dernier nerf cranien des Vertébrés inférieurs (fig. 77), est également viscéral sensible et moteur. Il donne une branche anastomotique avec le nerf latéral, et autant de rameaux transversaux qu'il y a de fentes franchiales postérieures à la première. En arrière de

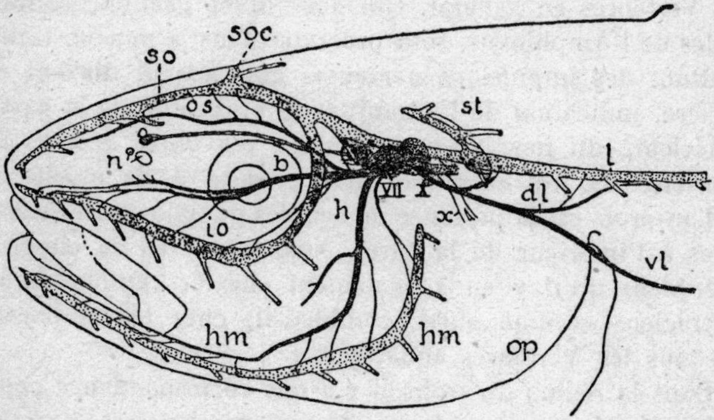

Fig. 76 — *Tête de Merlan, montrant les canaux du système de la ligne latérale et ses nerfs. Les nerfs sont en noir, les canaux et le cerveau en pointillé.* b, *branche buccale du* VIIe *nerf ;* dl, *branche dorsale du nerf latéral du* X[e] *nerf ;* h, *nerf hyomandibulaire ;* hm, *ligne hyomandibulaire de neuromastes ;* io, *ligne infraorbitaire ;* l, *canal latéral ;* n, *orifices olfactifs* ; o, *lobe olfactif ;* op, *opercule ;* os, *nerf ophtalmique superficiel;* soc, *commissure entre les lignes des deux côtés ;* so, *ligne supraorbitaire des neuromastes ;* st, *partie supratemporale de la ligne latérale :* vl, *branche ventrale du nerf latéral du* X[e] *nerf ;* x, *branche viscérale du* X[e] *nerf* (*Kingsley*).

l'appareil branchial le vague se continue sous la forme du nerf intestinal, gros nerf qui innerve le cœur, l'estomac et l'intestin, et qui contient des fibres sympathiques en rapport avec ces organes. Mais il n'existe pas de système nerveux sympathique proprement dit, difficile à distinguer d'ailleurs, car toutes les fibres nerveuses sont amyéliniques chez les Cyclostomes.

La moelle des Cyclostomes possède une substance grise centrale qui est aplatie autour du canal central et qui ne possède que deux cornes au lieu des quatres présentes chez les Vertébrés en général. Quelques fibres géantes, comme celles de l'Amphioxus, sont présentes dans la moelle, transmettant des impulsions nerveuses uniquement d'avant en arrière, indication de la domination croissante de la partie antérieure du névraxe sur le reste ; ces fibres géantes ne croisent pas. Un autre caractère primitif de la moelle de la Lamproie est la présence de cellules ganglionnaires sensitives à l'intérieur de la paroi. Nous avons vu au chapitre précédent qu'il y en a également chez les embryons de Batraciens comme aussi, semble-t-il, chez les embryons de tous les Vertébrés aquatiques.

Dans la région du tronc il y a une correspondance générale entre le nombre de myotomes, musculaires, et celui des nerfs spinaux ; pour chaque myotome existent en général un nerf sensitif et un nerf moteur. Chez la Lamproie ceux-ci sont indépendants l'un de l'autre ; mais chez *Myxine*, Cyclostome voisin, ils sont déjà unis à la périphérie comme chez les autres Vertébrés, formant un nerf spinal mixte qui comporte une racine dorsale sensitive avec son ganglion, et une racine ventrale motrice. Plus loin vers la périphérie les nerfs spinaux se divisent en une branche dorsale et une branche ventrale, et innervent la peau et les muscles (fig. 43). Il existe un plexus cervical rudimentaire, qui forme le nerf « hypoglosse », mais pas de plexus thoracique ou lombaire, en l'absence d'appendices pairs.

Voilà, brossés à grands traits, les principaux éléments du système nerveux central d'une Lamproie, type de la classe la plus inférieure des Vertébrés, les Cyclostomes. Qu'allons-nous observer dans l'évolution de ce système, depuis ce

Vertébré primitif, jusqu'à son aboutissement dans le névraxe des Mammifères et de l'Homme, où il atteint indéniablement sa plus grande complexité ?

Les différences que l'on peut discerner avec le type primitif de névraxe que nous venons de décrire sont de deux sortes. Les unes sont en rapport avec le mode de vie, avec les fonctions particulières d'une ou de plusieurs classes

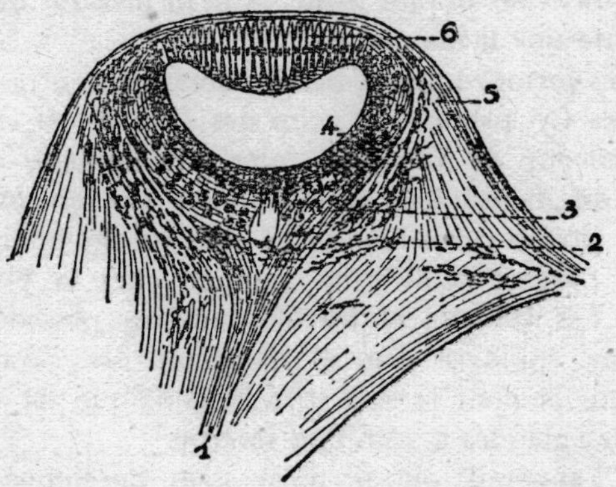

Fig. 78. — *Œil pinéal du Lézard* Lacerta ocellata. 1, *nerf pariétal* ; 2, *cellules pigmentées* (*choroïde*) ; 3, *couche de cellules à gros noyau* ; 4, *rétine* ; 5, *dure-mère* ; 6, *cristallin* (*Spencer*).

de Vertébrés. D'autres, au contraire, font partie d'une évolution progressive des Vertébrés aquatiques aux Vertébrés terrestres, des Cyclostomes aux Poissons, puis au Batraciens, Reptiles, Oiseaux, enfin aux Mammifères et à l'Homme.

Comme exemple de la première catégorie de variations nous pouvons citer la spécialisation de l'appareil pinéal en un œil dorsal et médian. Chez les Cyclostomes l'appareil pinéal est représenté par deux petites vésicules superposées l'une à l'autre sous une lacune de la paroi craniale, vis-à-vis d'une tache claire de la peau. La plus dorsale de ces deux vésicules, reliée au cerveau par un nerf, a une structure voisine de celle de l'œil pariétal des Lézards. Chez certains Lézards, en effet, l'organe pariétal a une structure oculiforme, avec une lentille, une membrane considérée comme une rétine, et un nerf (fig. 78). Il est placé dans un trou de la voûte du crâne devant lequel la peau manque de pigment et présente une tache claire.

Mais les formes intermédiaires manquent entre l'appareil pinéal des Cyclostomes et celui des Lézards. Il existe bien chez beaucoup de Vertébrés inférieurs un long appendice du toit du diencéphale se terminant par un renflement. Mais ses parties constituantes ne sont pas homologues chez tous, et l'aspect oculiforme manque chez la plupart des espèces. Les Oiseaux et les Mammifères possèdent seulement une épiphyse courte, montrant des caractères de régression, et dont la structure histologique est semblable à celle des glandes à sécrétion interne.

Ainsi l'appareil pinéal n'est bien développé en tant qu'organe sensoriel que dans un petit nombre d'espèces, quoiqu'il soit probable qu'il ait eu plus d'importance autrefois, chez les Vertébrés fossiles.

Un autre exemple du développement variable d'une partie cérébrale est celui du cervelet. Centre du contrôle harmonieux de l'activité musculaire, le cervelet est peu développé chez les Cyclostomes, les Poissons Ganoïdes, les Batraciens, tandis que chez les Reptiles il est également peu développé chez les Tortues et les Serpents, plus développé chez les Lézards, bien développé chez les Crocodiliens. Dans les autres groupes — Poissons Elasmobranches et osseux, Oiseaux, Mammifères, il constitue une partie importante du cerveau. Il est difficile de mettre ce développement variable en rapport avec le mode de vie des différents groupes. On est plutôt porté à penser que là où il est peu développé le mécanisme de corrélation et de coordination doit être reporté à un autre centre cérébral.

Le bulbe ne montre pas de variations notables dans la série des Vertébrés. Les lobes optiques, mésencéphaliques, sont également bien développés partout sauf chez certains Batraciens aveugles. Chez les Mammifères ils sont remplacés par les tubercules quadrijumeaux, dont seuls les deux tubercules antérieurs sont des centres réflexes de la vision ; recouverts et cachés par les hémisphères cérébraux, mais bien développés, leur taille relative plus réduite que dans d'autres classes de Vertébrés est compensée par un plus grand développement du thalamus et la présence des centres sensoriels de la vision dans les lobes occipitaux des hémisphères.

C'est uniquement chez les Mammifères que nous trouvons deux éléments majeurs qui se surajoutent à ceux que nous avons décrits chez les Cyclostomes : les pédoncules cérébraux, dans le mésencéphale, le pont de Varole ou protubérance, dans le métencéphale.

Dans la partie ventrale du mésencéphale, au-dessous des tubercules quadrijumeaux, les nombreux faisceaux qui passent dans cette région forment, par leur masse, les deux pédoncules cérébraux. Ce sont, chez l'Homme, deux larges colonnes qui, émergeant de l'épais rebord antérieur du pont de Varole où ils sont en contact, divergent l'une de l'autre pour se terminer dans les hémisphères cérébraux.

Le pont de Varole, ou protubérance, forme un tout avec le cervelet. Il est constitué par un épaississement du tronc cérébral, dû à ce qu'un vaste trousseau de fibres transversales est jeté d'un hémisphère cérébelleux à l'autre, en anneau, ventralement aux voies longitudinales. La protubérance est donc constituée essentiellement par ces fibres semi-circulaires qui unissent les deux hémisphères cérébelleux ventralement aux faisceaux verticaux.

Les deux éléments nouveaux, surajoutés, chez les Mammifères, à ceux du névraxe le plus primitif des Vertébrés, ne sont donc dus, en réalité, qu'à l'addition, dans le névraxe des Mammifères, de grandes quantités de faisceaux (fig. 79).

Nous en arrivons aux variations du névraxe qui se font progressivement des Vertébrés inférieurs aux Vertébrés supérieurs. Nous ne signalerons ici que les trois principales : la spécialisation des nerfs craniens, l'accroissement du télencéphale, la multiplication des faisceaux. Cette dernière découle d'ailleurs tout naturellement de l'accroissement du télencéphale.

Certains des nerfs craniens ne varient guère dans leur composition et leurs fonctions depuis les Vertébrés les plus primitifs jusqu'à l'Homme. C'est le cas notamment du premier, olfactif, du deuxième, optique, et des trois nerfs moteurs du globe oculaire, troisième, quatrième, et sixième. Le nerf olfactif est un nerf de type semblable à ceux des Invertébrés : ses cellules d'origine sont situées à la périphérie. Ceci est également le cas pour le nerf optique, mais celui-ci, étant une expansion des parois du diencéphale, n'est pas un nerf vrai, mais plutôt un faisceau isolé qui relie une partie périphérique du névraxe au reste.

Avec le passage de la vie aquatique à la vie terrestre va la disparition des fentes branchiales chez l'adulte des Vertébrés terrestres, et la disparition concomitante de l'important système de la ligne latérale. Aussi de profonds remaniements ont-ils lieu dans les nerfs craniens restants.

Comme l'arc mandibulaire ne subit pas de notables changements dans la série des Vertébrés, son nerf, le cinquième ou trijumeau, n'en subit pas de très grands non plus. Chez les Vertébrés terrestres ou Amniotes ses trois branches — ophtalmique, maxillaire, — toutes deux somatiques sensibles, — et mandibulaire, naissent du gros ganglion de Gasser. La branche mandibulaire possède seule des fibres motrices qui s'en séparent sous le nom de nerf masticateur pour innerver les muscles de la mastication ; ses autres fibres, sensibles, forment la branche dentaire qui innerve les dents, la peau du menton, la lèvre inférieure, et la branche linguale, qui recueille les excitations de la sensibilité générale de la langue.

Chez les Poissons les bourgeons gustatifs occupent non seulement les muqueuses de la bouche, du pharynx, et des branchies, mais encore la peau ; on les trouve en abondance sur les barbillons qui entourent la bouche de certaines espèces (figs. 105 et 126), sur la tête, et même sur le tronc. C'est le septième nerf, le facial, qui les innerve en grande partie, de même qu'il innerve les organes de la ligne latérale de la tête. Avec la disparition de ces nombreux organes sensoriels, du goût et de la ligne latérale, chez les Vertébrés terrestres, la portion sensible du nerf facial se réduit et forme le nerf intermédiaire de Wrisberg. Celui-ci émet deux nerfs pétreux superficiels qui représentent la branche palatine des Vertébrés aquatiques, et la corde du tympan. Celle-ci conserve sa fonction gustative car, après anastomose avec le nerf lingual du cinquième, elle innerve les bourgeons du goût placés à la partie antérieure de la langue.

Par contre, la partie motrice du facial, qui innerve les muscles de l'arc hyoïdien, se développe chez les Vertébrés terrestres, surtout chez les Mammifères, où elle innerve les muscles mimiques qui dérivent de cet arc, et auxquels nous devons, par notre physionomie, l'expression de nos sentiments.

La disparition des organes de la ligne latérale affecte également le huitième nerf, ou acoustico-latéral, qui perd alors son composant latéral. Il conserve sa partie vestibulaire, déjà présente chez les Vertébrés aquatiques sans organe de l'ouïe, et acquiert une branche auditive cochléaire chez les Vertébrés terrestres qui possèdent une lagena ou un limaçon.

La disparition de la respiration branchiale a évidemment

des répercussions sur les nerfs propres aux fentes branchiales, les neuvième et dixième. Chez les Vertébrés terrestres le neuvième, glosso-pharyngien, a une branche principale qui va à la muqueuse du pharynx et à quelques muscles de cette région ainsi qu'à la langue. Chez les Mammifères le rameau lingual, bien développé, est chargé de la sensibilité gustative de la base de la langue.

La dixième paire, nerf vague, perd son rameau anastomotique avec le nerf latéral, et la plupart de ses rameaux branchiaux, représentés chez les Vertébrés terrestres uniquement par les nerfs laryngés supérieur et inférieur qui, mixtes, se distribuent tant à la muqueuse qu'aux muscles du larynx. Le rameau intestinal, très puissant, que nous pouvons appeler maintenant pneumogastrique, fournit des branches cardiaques, pulmonaires et intestinales et se perd dans les ganglions sympathiques du plexus solaire.

Nous avons vu p. 146 que les Reptiles, Oiseaux et Mammifères possèdent deux paires de nerfs craniens de plus que les Cyclostomes, Poissons et Amphibiens. Ces nerfs sont le onzième, spinal ou accessoire, portion détachée du dixième, et le douzième (fig. 80). Le spinal, purement moteur, est un mélange de fibres craniennes et médullaires qui se réunissent pour former un tronc. Ce tronc se jette dans le vague et reste confondu avec ce nerf, chez les Reptiles et Oiseaux, dans l'innervation des viscères, tandis que chez les Mammifères une branche supplémentaire innerve deux muscles de la région du cou.

Le douzième nerf ou hypoglosse, également purement moteur, nerf secondairement englobé dans le crâne, est toujours spinal chez les Batraciens, innerve encore des muscles du tronc chez les Reptiles et Oiseaux, tandis qu'il est exclusivement limité aux muscles de la langue chez les Mammifères.

Pendant qu'a lieu cette spécialisation des nerfs craniens, en remontant l'échelle des Vertébrés, le télencéphale subit un accroissement concomitant remarquable. Nous avons vu p. 147 que la partie basilaire de chaque lobe cérébral,

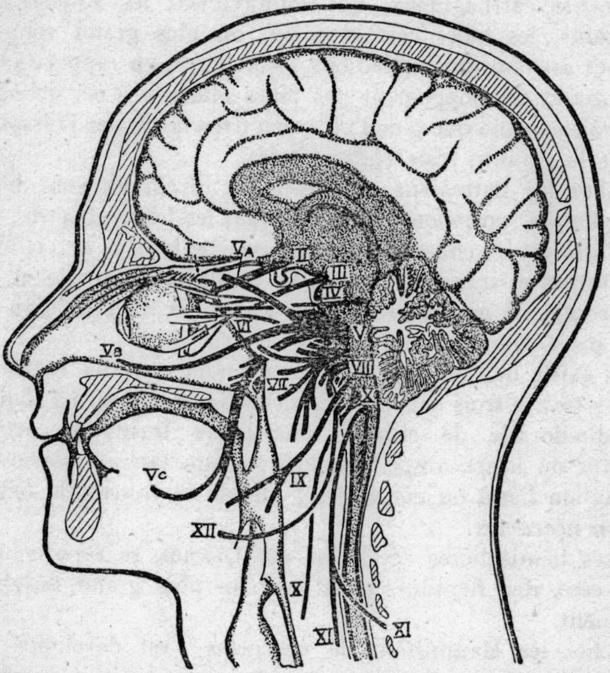

Fig. 80. — *Les douze nerfs craniens chez l'Homme, schématiquement projetés sur le plan médian de la tête.* I, *olfactif* ; II, *optique* ; III, *oculomoteur commun* ; IV, *pathétique ou trochléaire* ; V, *trijumeau* ; VI, *moteur oculaire externe ou abducens* ; VII, *facial* ; VIII, *acoustique* ; IX, *glosso pharyngien* ; X, *pneumogastrique ou vague* ; XI, *accessoire ou spinal* ; XII, *hypoglosse* (*H. V. Neal et H. W, Rand*).

chez la Lamproie, est recouverte par une partie corticale, le manteau ou pallium, qui, chez cette espèce, est une mince lamelle épithéliale. Chez les Poissons osseux les lobes cérébraux ne sont pas beaucoup plus développés que chez les Cyclostomes. Mais chez les Poissons Elasmobranches cartilagineux, qui comprennent les Squales ou Requins, les lobes cérébraux ont un plus grand volume et ont souvent des lobulations secondaires, en rapport avec un grand développement des lobes olfactifs. Ceci découle du rôle énorme que joue l'olfaction dans la vie des Poissons. Mais le pallium reste rudimentaire.

Chez les Batraciens, où les lobes cérébraux sont bien développés, un sillon sépare en avant les lobes olfactifs. Le pallium est ici constitué par une couche interne de cellules nerveuses et une couche externe de fibres nerveuses et de névroglie. Il est différencié en un archicortex médian et un paléocortex latéral, tous deux olfactifs.

Il existe une écorce cérébrale véritable chez les Reptiles. On y trouve trois couches distinctes de neurones. La région médio-dorsale de chaque hémisphère forme un archicortex ou hippocampe. Dans le pallium latéral, dorsal au ganglion basal ou corps strié, semble se trouver le début d'un néocortex.

Les hémisphères cérébraux des Oiseaux se rapprochent de ceux des Reptiles, mais avec un plus grand développement.

Chez les Mammifères le néocortex s'est développé au point de refouler le paléocortex dans une position ventrale et l'archicortex dans une position dorso-médiane. Il y a cinq couches de neurones dans l'écorce cérébrale des Mammifères en général (fig. 81). Son épaississement est en relation avec l'éloignement des neurones les uns des autres, ayant comme conséquence l'allongement et la multiplication des dendrites, donc un plus grand nombre de rapports interneuroniques.

Les cinq parties du cerveau primitif, vues d'en haut, paraissent encore distinctes, aussi bien chez de grands Reptiles comme les Crocodiles que chez des Mammifères primitifs comme les Monotrèmes, espèces qui pondent des œufs comme les Reptiles et Oiseaux. Mais, déjà chez les

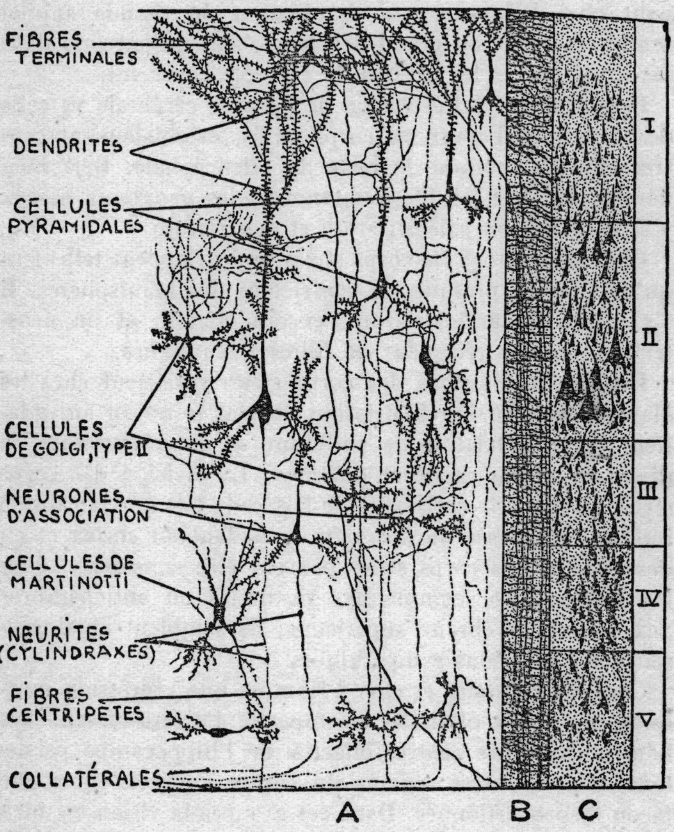

Fig. 81. — *Structure histologique de la région motrice du cortex cérébral humain, montrant les résultats obtenus au moyen de trois colorations différentes* (A, B, C.). A, *imprégnation de Golgi* ; B, *méthode de Weigert* ; C, *coloration à l'hématéine-éosine.* I à V, *les cinq couches de neurones caractéristiques des Mammifères en général* (*Berkley*).

Reptiles, les hémisphères télencéphaliques commencent à se développer plus que les autres parties du cerveau et à les recouvrir. Cet accroissement atteint son point culminant chez l'Homme ; sa domination du monde animal semble être due au grand développement qu'ont pris dans ses hémisphères les centres de contrôle conscient.

Parallèlement à l'évolution de l'écorce cérébrale va celle des ganglions basaux ou corps striés, originellement centres olfactifs, comme le reste du télencéphale. Déjà bien développés chez les Elasmobranches, les ganglions basaux y sont divisés en paléostriatum et épistriatum.

Chez les Reptiles les corps striés se développent tellement qu'ils effacent presque les ventricules des hémisphères. Il s'y ajoute un archistriatum, encore olfactif, et un néostriatum, centre récepteur de fibres thalamiques.

Les quatre divisions des corps striés persistent chez les Mammifères, où l'archistriatum devient le noyau amygdalien, le paléostriatum le pallidum, et le néostriatum se divise en noyau caudé et putamen. La division des corps striés est due à la croissance de faisceaux tels que la capsule interne, composée de faisceaux ascendant au cortex et en descendant. Les corps striés peuvent être considérés, chez les Mammifères, comme des vestibules ou antichambres aux centres cérébraux supérieurs ; ils semblent aussi posséder des fonctions sympathiques.

Chez les Primates et chez l'Homme une régression marquée des lobes olfactifs accompagne l'accroissement des hémisphères. Les centres olfactifs de l'hippocampe persistent, mais d'autres régions du cortex s'accroissent d'une façon disproportionnée. Dans ces groupes la vision est bien plus importante que l'olfaction, et les transformations cérébrales ne sont que l'expression de ces valeurs fonctionnelles relatives.

En même temps que s'accroissent et se transforment ainsi ces deux parties du télencéphale, le cortex ou pallium, et

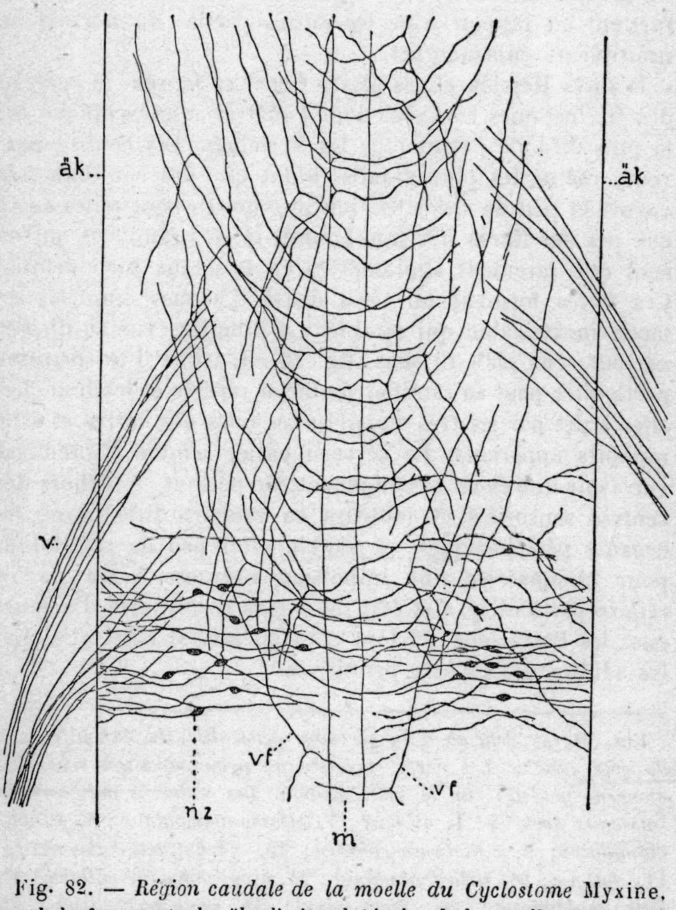

Fig. 82. — *Région caudale de la moelle du Cyclostome* Myxine, *vue de la face ventrale.* äk, *limites latérales de la moelle* ; m, *partie centrale de la moelle* ; nz, *neurones avec leurs expansions* ; v, *racines ventrales* ; vf, *fibres nerveuses qui traversent la ligne médiane de la moelle et se divisent de façon dichotomique de l'autre côté* (*G. Retzius*).

les ganglions basaux ou corps striés, les faisceaux qui les mettent en rapport avec les autres parties du névraxe se multiplient énormément.

D'après Herrick et ses élèves Conel et Jansen, le cerveau des Cyclostomes est celui dont l'analyse microscopique est la plus difficile parmi tous les Vertébrés. Les centres nerveux, même les plus grands, n'ont que des contours très vagues et peu de spécialisation interne. Ils sont reliés entre eux par des fibres très nombreuses et très ramifiées qui ne sont que rarement agglomérées en faisceaux bien définis. Ces fibres forment un tissu dense d'axones emmêlés de façon inextricable qui semblent à première vue se diriger partout sans plan ni sens (fig. 82). L'axone d'un neurone particulier peut se ramifier de façon répétée et les branches aller à des parties très éloignées les unes des autres et sans rapports apparents. Le cerveau entier semble à première vue avoir une égale valeur potentielle partout, en dehors des centres sensoriels et moteurs en rapport direct avec les organes périphériques, et semble avoir peu de possibilités pour circonscrire une impulsion nerveuse à un circuit réflexe particulier. Cet état de choses se retrouve d'ailleurs chez les Batraciens, surtout chez les larves, ainsi que chez les adultes des espèces primitives.

Fig. 79. — *Schéma d'un cerveau, généralisé, de Mammifère, vu du côté gauche. Les nerfs et faisceaux principaux sont schématiquement projetés sur le plan médian. Les numéros indiquent les faisceaux nerveux:* 1, *olfactif*; 7, *olfacto-ammonique*; 8, *olfacto-mamillaire*; 9, *olfacto-amygdalien*; 10, *paraolfacto-habénulaire*; 11, *optique*; 16, *strio-thalamique*; 21, *hippocampo-mamillaire*; 22, *bulbo-thalamique*; 26, *tecto-spinal*; 28, *tecto-cérébelleux*; 34, *cortico-bulbaire*; 36, *habénulo-interpédonculaire*; 38, *mamillo-tegmentaire*; 39, *mamillo-thalamique*; 40, *rubro-thalamique*; 41, *rubro-cérébelleux*; 42, *rubro-spinal*; 45, *trigémino-cérébelleux*; 49, *olivo-cérébelleux*; 50, *deitero-cérébelleux*; 53, *vestibulo-cérébelleux*; 56, *spino-cérébelleux*; 59, *spino-thalamique* (*Plate*).

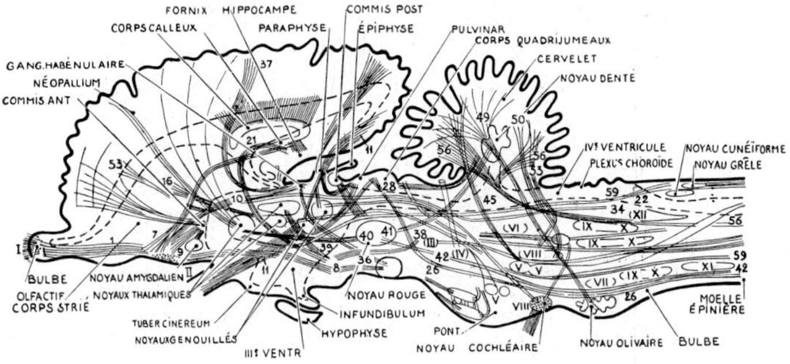

FORNIX
HIPPOCAMPE
COMMIS POST
CORPS CALLEUX
PARAPHYSE
ÉPIPHYSE
PULVINAR
CORPS QUADRIJUMEAUX
CERVELET
NOYAU DENTÉ
GANG. HABÉNULAIRE
NÉOPALLIUM
COMMIS ANT
IVe VENTRICULE
PLEXUS CHOROÏDE
NOYAU CUNÉIFORME
NOYAU GRÊLE
BULBE
OLFACTIF
CORPS STRIÉ
NOYAU AMYGDALIEN
NOYAUX THALAMIQUES
TUBER CINEREUM
NOYAUX GENOUILLÉS
IIIe VENTR
NOYAU ROUGE
INFUNDIBULUM
HYPOPHYSE
PONT
NOYAU COCHLÉAIRE
NOYAU OLIVAIRE
BULBE
MOELLE ÉPINIÈRE

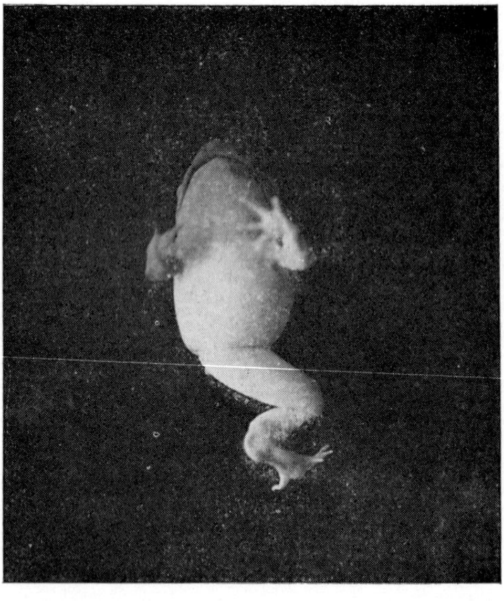

Mais l'examen détaillé des fibres individuelles, de leurs ramifications, et de leurs synapses, montre que l'organisation de ces cerveaux primitifs n'est pas désordonnée, mais en rapport avec la réaction totale et toujours la même, chez les Vertébrés inférieurs, à toute stimulation. Sans doigts ni orteils, sans mains ni pieds, la réaction des Cyclostomes et des Batraciens larvaires à toutes les excitations venant par voie des organes sensoriels est toujours la même : un tortillement qui comporte l'action de la presque totalité des muscles, d'où la mise en œuvre d'une très grande quantité de neurones. Nous avons vu au chapitre précédent que Coghill a analysé point par point l'évolution du comportement et son substrat neuronique chez une de ces formes primitives, la larve d'*Amblystoma*.

Toutes les excitations sensorielles de ces formes primitives convergent donc en dernière analyse vers les voies nerveuses menant aux muscles. Des axones des centres sensoriels primaires olfactif, tactile, et autres, passent directement aux centres moteurs en formant des faisceaux plus ou moins bien délimités. De ces axones de nombreuses branches collatérales vont partout dans le cerveau.

Nous avons donc, même chez ces Vertébrés inférieurs, le début d'une différenciation nerveuse qui prend la forme de régions localisées ou centres, dans chacun desquels un système particulier de corrélations est facilité. C'est à partir de ce modeste début que se forme le cortex cérébral.

Des organes effecteurs plus compliqués naissent par la suite dans l'évolution des Vertébrés et dans la croissance individuelle : des muscles masticateurs, des mains, des pieds. Il se forme donc, en plus du système musculaire

---

Fig. 84. — *Résultat de l'ablation de l'ébauche de la patte postérieure chez l'embryon de la Grenouille* Discoglossus. *Absence complète de la patte droite et du plexus lombo-sacré correspondant* (*R. M. May.*)

dominant, de nombreux systèmes subsidiaires, chacun avec un ajusteur nerveux central, et, au-dessus de ceux-ci, des centres supérieurs de corrélation qui les contrôlent et les empêchent de s'inhiber mutuellement.

Ces centres de corrélation émergent du neuropile ou neuropilème, feutrage à potentialités relativement semblables partout, en des points stratégiques pour l'intégration de types particuliers de comportement : cervelet, mésencéphale, thalamus, corps strié, cortex cérébral. Quand ce processus de différenciation est très avancé le cerveau possède un système compliqué de centres, à grande spécificité physiologique, reliés entre eux par des faisceaux de fibres. Ces centres servent les réflexes élémentaires et d'autres réactions stéréotypées. Mais il existe encore, dans les centres de corrélation, du neuropile, feutrage fibreux qui conserve en partie le caractère non-spécifique et plastique qu'il possédait chez les Vertébrés ancestraux.

Herrick insiste sur le fait que ce tissu nerveux non-spécifique et plastique n'est pas diminué dans les cerveaux évolués qui possèdent de très nombreux centres et faisceaux. Il est au contraire augmenté, car la substance grise des centres de corrélation supérieurs, particulièrement du thalamus et du cortex cérébelleux et cérébral, continue à fournir le fondement organique de la personnalité, auquel elle ajoute l'appareil du conditionnement des réflexes, de l'acquisition des connaissances, de la mémoire, et de tous les ajustements intelligents.

Chez l'Homme, de plus, est ajouté l'appareil de l'expérience consciente, et l'évaluation de cette expérience en rapport avec lui-même et avec le milieu social. Cet appareil de la conscience a la même base neuronique que nos réflexes et nos « instincts ».

Ainsi, à partir du système nerveux peu organisé en centres et en faisceaux des Vertébrés inférieurs, avec un vaste neuropile, a évolué le névraxe à très nombreux centres et faisceaux des Vertébrés supérieurs et de l'Homme. Mais le neuropile n'en demeure pas moins en quantité importante, et sa non-spécificité, sa plasticité, permettent l'addition des plus hautes fonctions psychiques.

X

LES FACTEURS FORMATIFS DU NÉVRAXE

L'incertitude qui existe actuellement sur les facteurs qui régissent la formation des neurones se traduit par les théories que nous avons résumées aux chapitres VI et VII. Non seulement n'est-on pas d'accord sur les causes qui jouent dans la neurogénèse, mais il est possible, et même probable, que certains phénomènes physiques ou chimiques qui la déterminent ne soient pas encore isolés ni même découverts. Aussi peut-il sembler téméraire d'aborder la question des facteurs formatifs du névraxe alors même que nous n'avons pas pu définir de façon satisfaisante les facteurs responsables de la genèse du simple neurone.

Mais tout est relatif, et malgré notre ignorance des causes physico-chimiques auxquelles est due l'élaboration d'un neurone, rien ne nous empêche d'aborder, au moyen des méthodes expérimentales actuelles, surtout de chirurgie embryonnaire, l'étude des interactions tissulaires qui jouent dans l'organisation du névraxe, en laissant provisoirement de côté ces facteurs physico-chimiques. Nous agirons alors comme l'électricien qui analyse l'organisation d'un circuit compliqué, qui peut entreprendre des changements, et par là même voir quels sont les facteurs indispensables auxquels il ne peut toucher sans arrêter le fonctionnement du circuit, tout cela d'ailleurs sans connaître le fond même de la question, c'est-à-dire la nature exacte du courant électrique.

Une première question qui nous arrête est celle de la spécificité du tissu qui, chez l'embryon, donne naissance au névraxe. Avons-nous à faire à un tissu prédéterminé dans l'œuf, tissu qui évoluera de toutes façons pour donner des cellules nerveuses chez l'embryon, ou bien un tissu quelconque, soumis à des influences particulières, pourra-t-il se transformer en tissu nerveux ? Nous pouvons répondre que c'est la seconde de ces deux hypothèses qui est conforme aux faits, car les expériences de greffe de Spemann et de ses collaborateurs le prouvent d'une manière concluante.

Vogt a montré qu'on peut colorer vitalement une partie déterminée de l'embryon de Batracien à un stade précoce de son développement, la gastrula, stade où il n'est encore qu'une petite sphère de cellules avec un pore appelé blastopore. On peut, par cette méthode, en observant les stades suivants, voir qu'une partie localisée d'une gastrula devient ultérieurement soit une plaque médullaire, soit une vésicule optique, soit de l'épiderme banal, etc. On en déduit que le tissu étudié était, au stade de la gastrula, une plaque médullaire présomptive, une vésicule optique présomptive, de l'épiderme banal présomptif, etc.

En greffant, sous la loupe binoculaire, des tissus ainsi marqués, Spemann et ses collaborateurs ont fixé le moment exact où une partie de la gastrula est destinée à former tel ou tel tissu. Si l'on transplante de façon réciproque, par exemple, chez deux embryons au stade de la gastrula jeune, des petites parties de plaque médullaire et d'épiderme présomptifs, chaque partie se développe, non pas d'après son origine, mais d'après le nouveau milieu qui l'entoure. La plaque médullaire présomptive, entourée d'épiderme, devient de l'épiderme, tandis que l'épiderme présomptif, entouré de plaque médullaire, devient de la plaque médullaire. On peut conclure de ces expériences, non seulement que des tissus de plaque médullaire ou d'épiderme présomptifs sont relativement indifférents au début de la gastrulation, mais aussi qu'il existe un facteur dans le nouveau milieu qui détermine la destinée des parties transplantées.

On peut aussi échanger ces tissus entre espèces différentes, par exemple entre *Triton cristatus*, dont les œufs ne contiennent presque pas de pigment, et *Triton taeniatus* ou *alpestris*, dont les œufs sont pigmentés. Les résultats sont les mêmes qu'avec la greffe de tissus colorés de même espèce ; les cellules transplantées conservent une individualité marquée, car elles évoluent avec ou sans pigment, d'après leur origine, mais elles forment du tissu dont la nature est celle du milieu qui l'entoure.

Ainsi, du tissu nerveux présomptif peut évoluer en un tissu épidermique ou autre, et inversement on peut former du tissu nerveux avec des cellules dont l'évolution présomptive était tout autre. Un neurone n'est donc pas prédéterminé dans l'œuf ; sa formation dépend de facteurs qui l'entourent et dont la nature reste encore inconnue.

Mais ce manque de détermination des tissus n'est vrai que jusqu'au stade de la gastrula jeune. Plus tard dans le développement embryonnaire, et notamment au stade neurula qui suit le stade gastrula, lorsque la plaque neurale, avec ses bourrelets médullaires latéraux, est devenue une formation bien marquée, les ébauches sont irrévocablement différenciées, même si elles ne sont pas apparentes. A ce stade, des greffons de tissus donnés se différencient, non pas d'après le lieu où on les implante, mais conformément à leur origine. A ce moment dans la formation embryonnaire une cellule qui est destinée à donner un neurone ne peut plus se transformer en une cellule d'une autre catégorie.

Il y a même plus. A ce stade les cellules qui donneront les neurones de la rétine, des ganglions acoustiques, du bulbe, etc., sont déjà déterminées une fois pour toutes. Ceci a été démontré par Spemann dès 1906. Ce biologiste a découpé dans la région antérieure, élargie, de la plaque neurale, région aux dépens de laquelle se forment le cer-

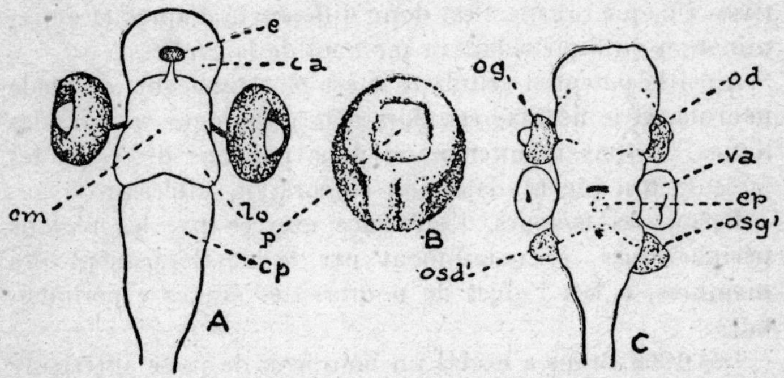

Fig. 83. — A. *Cerveau de larve normale de la Grenouille* Rana esculenta. ca, cm, cp, *cerveau antérieur, cerveau moyen, cerveau postérieur* ; e, *épiphyse* ; lo, *lobe optique*. B. *Neurula de* Rana esculenta (*face dorsale antérieure*), *montrant la portion rectangulaire* p *de la plaque neurale qu'on retourne de 180°*. C. *Résultat de cette opération — larve à 4 yeux*. ep, *épiphyse* ; od, og, *yeux droit et gauche en position normale* ; osd', osg', *yeux supplémentaires droit et gauche, placés ici respectivement à gauche* (osd') *et à droite* (osg') ; va, *vésicule otique* (*H. Spemann*).

veau, les yeux, les oreilles, une partie carrée qu'il a retournée de 180° et greffée ainsi retournée. Cette partie greffée comprend une partie de l'ébauche oculaire et la totalité de l'ébauche auditive de chaque côté. L'embryon qui se différencie par la suite montre, d'avant en arrière (fig. 83) : 1° Deux yeux provenant de la partie des ébauches oculaires restées en place ; 2. Deux vésicules auditives provenant des ébauches auditives retournées, la vésicule gauche étant originairement droite et inversement ; 3° Deux yeux supplémentaires, provenant de la partie des ébauches oculaires retournées et greffées avec le reste du transplant ; ces ébauches, primitivement dans la partie antérieure du greffon, sont devenues postérieures après le retournement, et leur latéralité a été inversée comme celle des vésicules auditives. Chaque organe s'est donc différencié d'après la détermination qu'il possédait au moment de la greffe.

Ainsi le potentiel cellulaire n'est plus malléable au stade neurula, et le névraxe est alors déterminé dans ses grandes lignes. Voyons maintenant si nous pouvons discerner les facteurs qui jouent dans son élaboration ultérieure.

Parmi ces facteurs, l'influence exercée par les régions périphériques, et notamment par le développement des membres, a fait l'objet de nombreuses études expérimentales.

Dès 1906 Braus a excisé un bourgeon de patte antérieure chez des larves du Batracien Anoure *Bombinator*. Il a vu, au moment de la métamorphose, que le plexus brachial du côté de l'opération est réduit par rapport à celui du côté normal.

Shorey, en 1909, a fait une étude très complète de cette question. Elle a détruit le bourgeon de l'aile chez des embryons de Poulet après trois jours d'incubation. A ce moment le membre antérieur a la forme d'une petite élévation sur la paroi du corps. De même, Shorey a extirpé le bourgeon de la patte antérieure ou postérieure chez des larves de la Salamandre *Amblystoma tigrinum*, du Crapaud *Bufo americanus*, et des somites chez des embryons avancés de la Grenouille *Rana pipiens*. Dans tous ces cas la perte de la région périphérique se traduit par un défaut dans le système nerveux qui est dû, non pas à une dégénérescence, mais à la non-différenciation de certains neuroblastes. Chez le Poulet, la suppression de branches de nerfs, due à l'absence des muscles correspondants, est accompagnée d'une diminution de taille de la racine ventrale correspondante, ainsi que de la corne motrice de la moelle. Une vaste destruction musculaire donne lieu à la fusion de deux racines ventrales, avec une diminution consécutive du nombre des troncs nerveux, mais la corne motrice ne disparaît jamais complètement. L'extirpation de régions sensitives entraîne une réduction de la racine dorsale des nerfs, ainsi qu'une réduction des ganglions et de la corne dorsale de la moelle. Les effets sur la moelle se font surtout sentir dans la région en rapport avec les nerfs des parties extirpées, mais il y a une légère répercussion en avant et en arrière de cette région.

De même, chez les Batraciens, une perte musculaire entraîne une diminution des troncs nerveux, des ganglions, et de la partie de la moelle qui est en rapport avec la région défectueuse. L'effet sur la moelle n'est appréciable que lorsque la différenciation est bien apparente, mais il a toujours lieu avant que le développement de la corne et des racines ventrales ne soit complet. La corne motrice est réduite du côté de la perte musculaire.

Ces résultats ont été confirmés par ceux de Dürken (1911) qui a extirpé des bourgeons de pattes antérieures et postérieures chez des larves de Grenouille. A la fin de la métamorphose on constate des asymétries du système nerveux périphérique et central — moelle, cerveau moyen, cerveau antérieur — dues à leur développement défectueux. Du côté de l'extirpation d'une patte les nerfs correspondant à la patte sont réduits, les cellules de ses ganglions sont plus petites et moins nombreuses et, du côté de la moelle qui correspond à cette patte, manquent les grosses cellules motrices. Dans le cerveau moyen il y a une diminution du côté de la patte extirpée. Dans le cerveau antérieur l'extirpation d'une patte postérieure donne lieu à la diminution de l'hémisphère du même côté, et à l'amincissement de la paroi dorso-latérale des deux hémisphères ; l'extirpation d'une patte antérieure est suivie d'une diminution de l'hémisphère de l'autre côté et d'un amincissement de sa paroi dorso-latérale.

Detwiler, par contre, n'accepte que les répercussions sensitives, et non motrices, de la patte sur le système nerveux central. Nous avons vu p. 114 que ce savant a transplanté (1919-1922), chez l'embryon d'*Amblystoma punctatum*, l'ébauche de la patte antérieure quatre ou cinq segments en arrière de sa position normale dans le corps, et qu'il s'est alors formé un plexus brachial nouveau pour innerver cette patte, à partir de nerfs qui normalement innervent la peau et les muscles latéraux de la paroi du corps. Ces nerfs, qui forment le nouveau plexus, sont plus gros que les nerfs symétriques de l'autre côté du corps qui, eux, ne sont pas en rapport avec une patte.

Or, d'après Detwiler, l'épaississement de ces nerfs est dû à une augmentation du nombre de leurs neurones sensitifs, mais non pas de leurs neurones moteurs. L'augmentation du nombre des muscles, due à l'apport de la patte greffée, qui ne donne pas lieu, chez cette espèce, à une augmentation du nombre des cellules motrices, commanderait seulement une division des axones efférents périphériques ; ceux-ci formeraient de cette façon de nouvelles fibres motrices.

Detwiler (1924) constate aussi que l'excision de l'ébauche d'une ou de deux pattes antérieures, chez des embryons d'*Amblystoma*, est suivie par une diminution du nombre des neurones sensitifs des ganglions, mais non pas par celle des neurones moteurs du plexus brachial. Ce biologiste en conclut que la différenciation des cellules motrices de la moelle de larve d'*Amblystoma* n'est pas sous l'influence de l'activité fonctionnelle périphérique, ni d'excitations partant de l'autre côté de la moelle et arrivant par voie de neurones locaux de corrélation. Pourtant, l'excision uni — ou bilatérale de la patte chez cet embryon entraîne une réduction de la taille des neurones moteurs primaires (noyaux et racines motrices) du plexus brachial correspondant. Donc, d'après lui, la prolifération des cellules motrices ne serait pas touchée par l'excision des pattes, mais leur taille le serait.

Ainsi, les expérimentateurs autres que Detwiler déduisent de leurs recherches qu'il existe des rapports entre les organes périphériques et les neuroblastes, sensitifs et moteurs. Detwiler, par contre, n'admet que les rapports sensitifs, et pense que les neuroblastes moteurs sont sous l'influence de facteurs internes du névraxe.

Nous avons abordé (1930-1937) ce problème indirectement, à la suite d'expériences de greffes de moelle surnuméraire chez l'embryon de la Grenouille *Discoglossus*. Dans certains cas l'implantation de la moelle a inhibé le développement de la patte postérieure du côté de la greffe. Dans ces cas le plexus lombo-sacré, réduit à de petits filets nerveux sans rapports entre eux, n'existe pas en tant que tel, et la moelle autochtone ainsi que ses ganglions sont asymétriques et ont subi une réduction marquée du même côté, surtout au niveau des segments du plexus. Cette réduction se fait particulièrement sentir sur les ganglions, mais elle est aussi très nette dans la substance blanche de la moelle autochtone et, à un moindre degré, dans la substance grise. La corne motrice manque du côté de l'implantation.

Dans deux cas la moelle implantée a émis un gros nerf bien conformé (fig. 55) qui a usurpé les fonctions du plexus lombo-sacré normal et innervé la patte postérieure de son côté. Le plexus lombo-sacré n'existe alors pas du côté de l'implantation et la moelle autochtone et ses ganglions sont réduits de ce côté. La réduction médullaire porte sur la substance blanche et grise de la moelle autochtone, particulièrement au niveau des segments du plexus absent. La corne motrice, en particulier, manque du côté affecté. La réduction des cellules motrices est à la fois pondérale et numérique.

Par ailleurs, nous avons constaté des faits tout à fait semblables lorsque nous avons fait une simple ablation unilatérale de l'ébauche de la patte postérieure (v. fig. 54, B), avec greffe en cet endroit de la peau d'un second embryon, afin d'empêcher la régénération d'une patte (figs. 84, 85). Les résultats ont été semblables encore lorsque nous avons provoqué la non-formation d'une patte antérieure, et non plus postérieure, par la greffe, à la place de son ébauche extirpée, du bulbe embryonnaire d'un second embryon (figs. 86, 87, 88, 89).

Nous avons fait la contre-expérience en greffant, chez l'embryon de Discoglosse, l'ébauche du territoire d'une patte postérieure sur le côté d'un second embryon, dans la région sous-médullaire. La patte greffée se développe alors synchroniquement avec les pattes postérieures autochtones et contracte des rapports nerveux avec la moelle du porte-greffe (fig. 90). Dans certains cas elle est innervée par des nerfs du plexus lombo-sacré, dans d'autres par des nerfs du plexus brachial, dans d'autres par des nerfs ne faisant pas normalement partie d'un plexus.

Or, dans tous les cas de surcharge nerveuse due à l'innervation d'une patte transplantée, la moelle, au niveau de l'émission de ces nerfs, est asymétrique — plus grande du côté de cette innervation — et montre une augmentation de sa substance blanche ainsi que du nombre et du poids des cellules motrices (fig. 91).

Nous avions montré précédemment (voyez p. 117) que la pénétration d'un nerf optique embryonnaire surnuméraire dans le bulbe détermine une avalanche migratoire

---

Fig. 85. — *Coupe de la Grenouille de la figure 84. Réduction de taille du côté (droit) de la moelle où manque le plexus lombo-sacré, au niveau du 10e segment (R. M. May).*

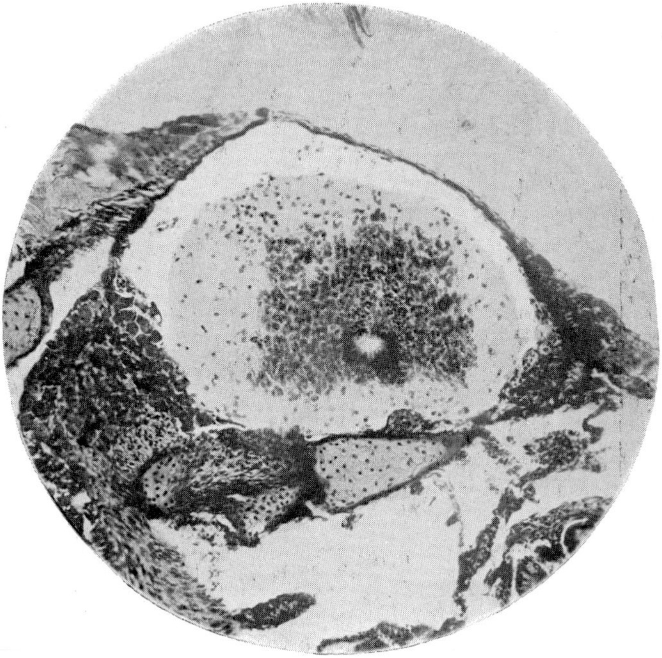

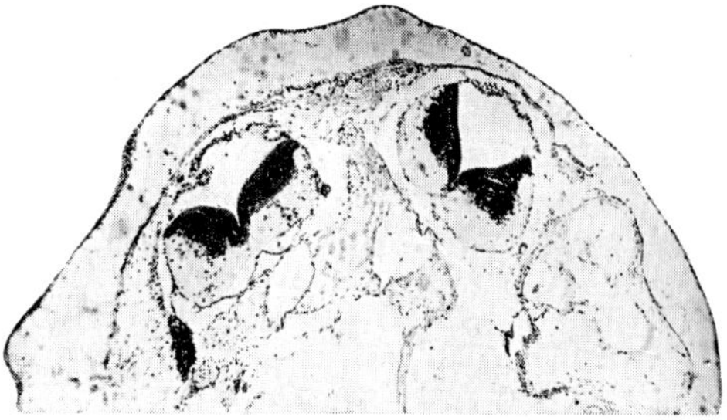

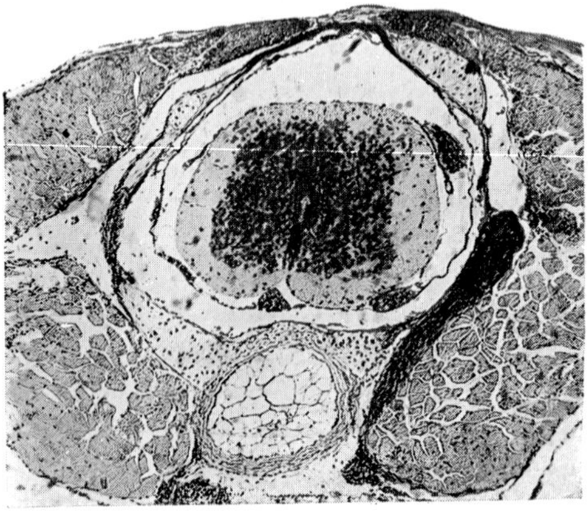

des cellules bulbaires autour de lui. La connexion d'un nerf olfactif greffé avec le bulbe y détermine aussi une augmentation du nombre de cellules du côté affecté, et une migration cellulaire vers le nerf qui le pénètre. Cette hyperplasie bulbaire est liée, quant à son volume, au nombre d'axones qui le pénètrent. Quand elle est considérable elle se répercute même sur les cellules et fibres du bulbe en arrière de la connexion.

Ainsi, toute diminution de l'innervation périphérique se répercute, du côté affecté des centres nerveux, par une diminution du nombre des neurones. Par contre, toute surcharge périphérique, sensorielle, sensitive, ou motrice, donne lieu à une augmentation de leur nombre, du côté affecté, dans les centres nerveux avec lesquels l'organe supplémentaire a des connexions nerveuses.

Contrairement à ceux de Detwiler, nos résultats montrent donc que l'innervation des pattes joue un rôle dans le développement des neuroblastes moteurs du névraxe, aussi bien que dans celui des neuroblastes sensitifs, qu'il admet. Il est d'ailleurs indéniable qu'en plus de ces facteurs dus aux organes périphériques jouent les facteurs internes du névraxe.

Nos résultats, ajoutés à ceux observés par Braus, Shorey,

Fig. 87. — *Coupe d'une larve 25 jours après la greffe montrée dans la figure 86 B. Le bulbe greffé (à gauche) a une forme normale, et est en connexion, du côté externe, avec un gros ganglion (R. M. May).*

Fig. 88. — *Coupe d'une larve 35 jours après la greffe montrée dans la figure* 86 B. *Moelle au niveau du 4ᵉ segment, qui innerve normalement les pattes antérieures. Réduction de taille, et absence des grosses cellules motrices du côté de l'opération (à gauche dans la figure) où le plexus brachial est réduit. A remarquer le beau ganglion du côté normal, et l'absence, dans la photographie, du 4ᵉ ganglion, qui est très réduit, du côté opéré (R. M. May).*

Dürken, nous ont amené à formuler en 1933 une loi que nous pouvons nommer « loi de la symétrie bilatérale des neurones », et énoncer comme suit : « Dans le développement, la symétrie bilatérale des neurones sensitifs et

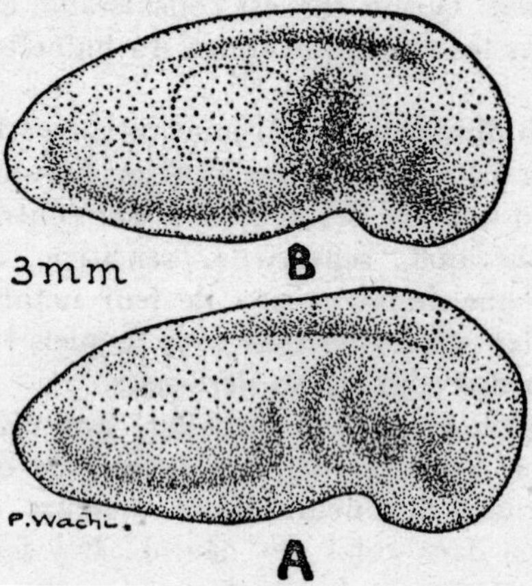

Fig. 86. — *Stade opératoire, embryon de la Grenouille* Discoglossus. A. *La ligne pointillée indique la région bilatérale du bulbe qui a été excisée, puis greffée sur un second embryon.* B. *La région délimitée, chez le second embryon, est celle où, après ablation de l'ébauche de la patte antérieure, le bulbe a été greffé* (*R. M. May*).

moteurs dépend étroitement de la symétrie bilatérale de l'innervation des organes périphériques ».

Cete loi a été confirmée en 1934 par Hamburger qui a extirpé, comme Shorey l'avait fait, le bourgeon d'une aile chez des embryons de Poulet ; il a conclu qu'il existe indu-

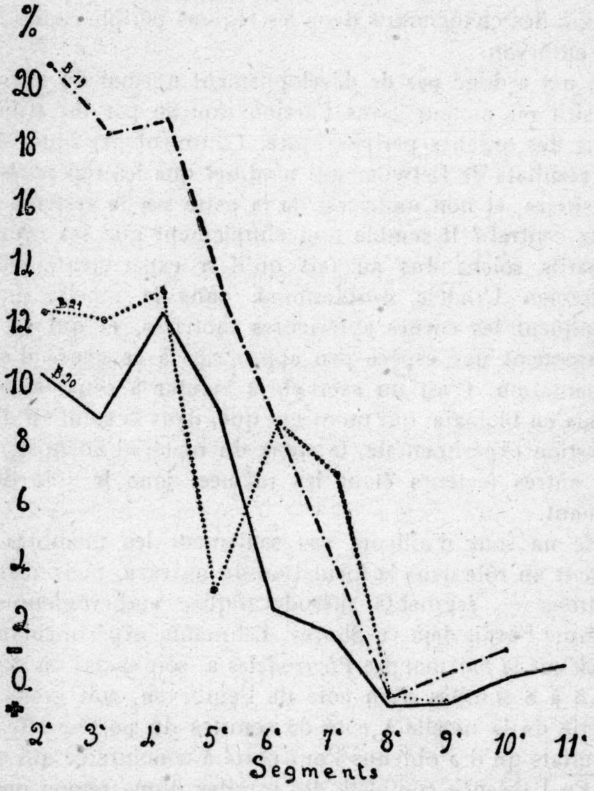

Fig. 89. — *Graphique du pourcentage de différence pondérale du côté de la greffe, montrée dans la figure* 86 B, *par rapport au côté normal, dans les segments de la moelle de trois larves opérées. On constate que l'asymétrie pondérale, très marquée* (9 *à* 21 °/o) *au niveau où le plexus brachial* (2e, 3e, 4e *segments*) *est réduit, diminue dans les segments postérieurs; la symétrie médullaire est parfaite dans les segments* (8e, 9e, 10e) *où se trouve normalement le plexus lombo-sacré des deux côtés* (R. M. May).

bitablement une réaction morphologique du système nerveux à des changemnts dans les régions périphériques chez cet embryon.

Il n'y a donc pas de développement normal du névraxe, sensitif ou moteur, sans l'action exercée par les stimulations des organes périphériques. Comment expliquer alors les résultats de Detwiler qui n'admet que les répercussions sensitives, et non motrices, de la patte sur le système nerveux central ? Il semble tout simplement que ses résultats négatifs soient dus au fait qu'il a expérimenté sur le Batracien Urodèle *Amblystoma*, dans la moelle duquel manquent les cornes antérieures motrices, et qui est par conséquent une espèce peu appropriée à ce genre d'expérimentation. C'est un exemple à ajouter à ceux, si nombreux en biologie, qui montrent que, dans la solution d'une question expérimentale, le choix du matériel adéquat, tous les autres facteurs étant les mêmes, joue le rôle déterminant.

Ce ne sont d'ailleurs pas seulement les membres qui jouent un rôle dans la formation du névraxe, mais aussi les somites — segments mésodermiques embryonnaires — comme l'avait déjà vu Shorey. Lehmann, expérimentant en 1929 sur la Salamandre *Pleurodeles* a, soit excisé un groupe de 5 à 8 somites d'un côté de l'embryon, soit greffé une partie de la moelle à côté de somites du porte-greffe. Les résultats qu'il a obtenus l'ont porté à conclure ce qui suit : 1. En l'absence complète des somites d'une région donnée les ganglions spinaux de cette région ne se forment pas. 2. L'organisation segmentaire des ganglions spinaux n'a lieu que lorsqu'existe une certaine organisation des structures

---

Fig. 90. — *Résultat de la greffe de l'ébauche de la patte postérieure chez l'embryon de la Grenouille* Discoglossus. *La patte implantée est ici innervée par les 7ᵉ et 8ᵉ nerfs spinaux, la patte postérieure droite par les 9ᵉ et 10ᵉ nerfs spinaux* (*R. M. May*).

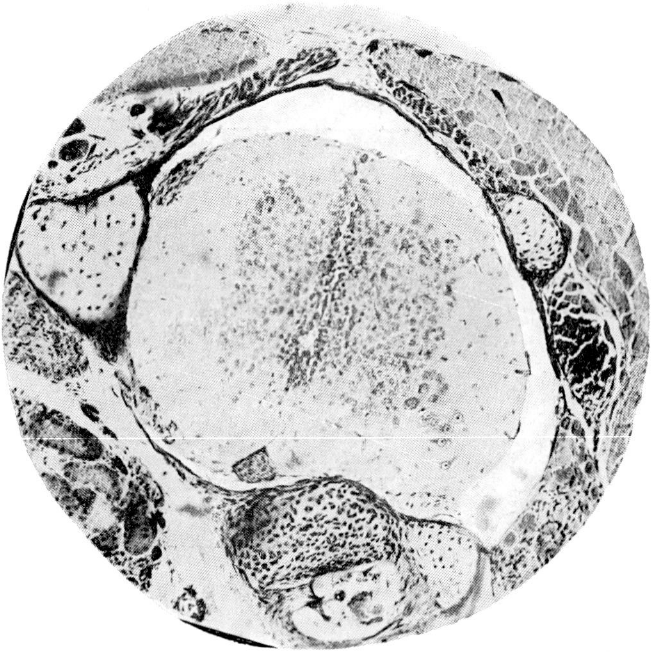

mésodermiques ; lorsque celle-ci est troublée, il existe presque toujours un développement anormal des cellules ganglionnaires. 3. La position normale des racines sensitives et motrices dépend d'une organisation normale du mésoderme. 4. C'est la surface médiane des somites, par opposition à leur surface latérale, qui provoque la différenciation et la segmentation des ganglions. En l'absence de muscle, la présence de cartilage suffit d'ailleurs pour stimuler le développement et la différenciation des ganglions.

Dans des recherches ultérieures semblables sur l'embryon d'*Amblystoma*, Detwiler, quoiqu'il ait trouvé quelques différences de détail, a lui aussi vu que, chez des animaux où manquent des somites, il n'existe pas de segmentation complète et ordonnée des ganglions ; chez ces animaux l'arrangement des nerfs spinaux est atypique, et certains d'entre eux peuvent manquer complètement. Ainsi, il ne semble pas y avoir de doute que la segmentation typique des nerfs périphériques dépende du métamérisme normal du mésoderme, et que tout changement dans le nombre des somites soit en général suivi par un changement dans le nombre des ganglions spinaux. La crête neurale, dans son développement, subit des influences morphogènes du mésoderme avoisinant.

Passons maintenant à l'étude des facteurs internes dans la formation du névraxe. Nous avons vu au chapitre VIII que ces facteurs ont fait l'objet de longues et patientes recherches de Coghill. Ce savant a étudié le taux intrinsèque de prolifération et de différenciation des cellules nerveuses. Ces processus se font par vagues dans le névraxe, et ont un rapport bien défini avec le développement du

---

Fig. 91. — *Coupe de la Grenouille de la figure 90. Augmentation de taille du côté (droit) de la moelle qui est surchargé par l'émission des 7ᵉ et 8ᵉ nerfs de la patte supplémentaire, au niveau des 8ᵉˢ ganglions. Comparer à la figure 85* (R. M. May).

comportement. Il existe des régions localisées où la prolifération et la différenciation semblent se faire indépendamment du milieu : elles seraient l'expression d'un haut potentiel de prolifération inhérent à ces régions. Des deux processus, l'un est accéléré, tandis que l'autre est retardé ; ainsi, dans une région caractérisée par beaucoup de prolifération il y a peu de différenciation, et *vice versa.*

Les vagues de prolifération-différenciation passent d'avant en arrière à travers le cerveau et la moelle. Il y aurait onze centres localisés de différenciation, trois en avant de la région auditive, et huit en arrière d'elle, déjà prédéterminés d'ailleurs aux premiers stades de la plaque médullaire. D'après Coghill, ces régions seraient l'expression d'un dynamisme interne du névraxe ; elles sont peut-être sujettes à une influence secondaire du système sensoriel périphérique, mais non pas à celle de la pénétration des racines nerveuses, car la prolifération accélérée dans les régions localisées a déjà lieu avant cette pénétration.

D'autres chercheurs ont abordé ce problème au moyen de la transplantation de segments donnés du névraxe, déterminés par les somites, à un autre lieu du système nerveux central.

Harrison a décrit, en 1904, des embryons de Grenouille composés d'une tête et d'une queue greffées en position normale sur une partie médiane renversée dans son orientation. Ces embryons sont d'abord impotents, car chacune des trois parties réagit indépendamment du reste de l'animal. Mais petit à petit les mouvements sont coordonnés, jusqu'à ce que des mouvements presque parfaits en résultent.

Hooker (1917), chez des embryons de Grenouille également, a fait, au stade de la fermeture de la gouttière médullaire, deux sections de la moelle, une à l'extrême limite du bulbe, l'autre 1 millimètre en arrière. Il a soulevé alors la moelle ainsi qu'une partie des somites, sans toucher à la chorde dorsale, a retourné cette pièce dans sa longueur, et l'a greffée à l'endroit où il l'avait prise. De cette façon la partie antérieure devenait postérieure et l'ancienne partie

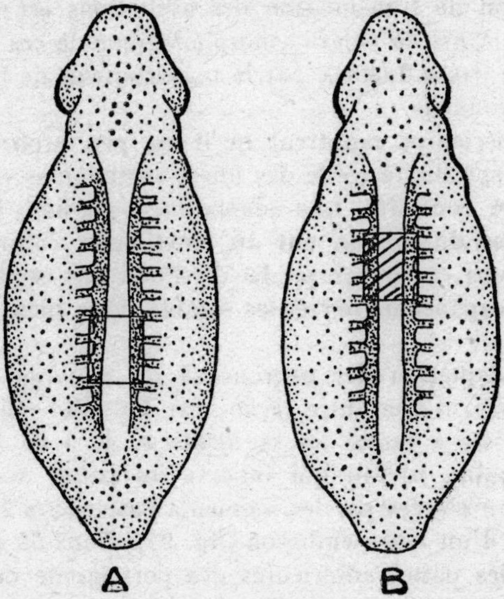

Fig. 92. — *Stade opératoire, embryon de la Salamandre* Amblystoma. *Une partie de la moelle comprenant les segments* 7, 8, 9, *avec la partie médiane des somites, est prise chez l'embryon* A *et substituée, chez l'embryon* B, *aux segments brachiaux* 3, 4, 5 (S. *R. Detwiler*).

postérieure était alors accolée au bulbe. La blessure s'est facilement cicatrisée.

Un examen ultérieur montre que la partie de la moelle qui a été retournée conserve sa polarité anatomique originelle. Entre autres indices l'on constate que le ventricule originel du bulbe s'est développé, mais qu'il se trouve maintenant dans la partie postérieure de la moelle. Les neurones commencent donc leur développement dans leur orientation normale vis-à-vis de la pièce renversée ; mais la direction de transmission des excitations est renversée plus tard. Ainsi, la polarité morphologique de ces neurones ne semble pas influencée par le renversement de leur polarité fonctionnelle.

Ces expériences montrent qu'il est peu probable qu'il y ait une spécificité réelle des fibres ascendantes et descendantes. Au contraire, une adaptation a eu lieu, les fibres ascendantes du greffon ont dû fonctionner comme fibres descendantes et vice versa. La direction des excitations le long des expansions nerveuses semble donc bien avoir été renversée.

Cette adaptation des neurones à un nouveau milieu a été observée, d'une autre façon, par Detwiler (1923-1933). Ce biologiste a excisé les segments 3, 4, 5 de la moelle embryonnaire, niveau qui innerve les pattes antérieures, et les a remplacées par les segments postérieurs 7, 8, 9 de la moelle d'un autre embryon (fig. 92). Dans 50 pour cent des cas, les pattes antérieures des porte-greffe ont acquis des mouvements normaux. De plus, les segments postérieurs de la moelle, qui se trouvent maintenant dans la région des pattes antérieures, ont subi une prolifération cellulaire à peu près égale à celle qui caractérise normalement ce niveau de la moelle. Alors qu'ordinairement il y a dans la moelle un gradient de prolifération qui va en diminuant depuis le niveau du troisième nerf jusqu'à celui du neuxième, dans les cas expérimentaux ceci a aussi lieu. Mais ici la prolifération la plus marquée se fait dans les segments 7, 8, 9, greffés, qui occupent la place des segments 3, 4, 5, où le sommet a normalement lieu. Ces segments postérieurs ont donc subi une prolifération accrue, caractéristique des segments antérieurs.

Or, une prolifération accrue semblable a également lieu

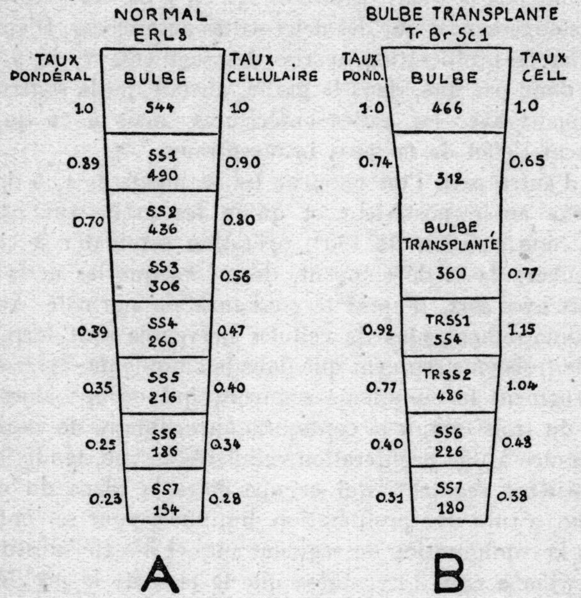

Fig. 93. — *Schémas montrant, depuis le niveau du nerf acoustique* (8e *nerf cranien) jusqu'au niveau postérieur du* 7e *segment spinal, au centre le nombre moyen de cellules par coupe dans 10 coupes consécutives correspondantes de chaque segment, à droite le taux cellulaire calculé d'après ces chiffres, à gauche le taux pondéral obtenu en pesant des modèles en cire de 30 coupes consécutives de chaque segment.*

A. *Larve normale de la Salamandre* Amblystoma. SS_1-SS_7, *7 premiers segments spinaux.*

B. *Larve d'*Amblystoma *dont les 5 premiers segments spinaux ont été excisés et remplacés par un greffon comprenant le bout caudal du bulbe et les 2 premiers segments spinaux* $TrSS_1$, $TrSS_2$. *Le bulbe supplémentaire occupe donc ici la région des segments spinaux normaux 1, 2 et 3, et les segments spinaux implantés celle des segments normaux 4 et 5 (voir* A). SS_6, SS_7, *segments spinaux normaux 6 et 7 (S. R. Detwiler).*

lorsqu'on fait la même greffe et, qu'en plus, on empêche le développement d'une des deux pattes antérieures. D'après Detwiler la prolifération accrue des segments 7, 8, 9 ne serait donc pas due, dans la greffe, au fait qu'ils sont mis en rapport avec les pattes antérieures, mais à ce qu'ils subissent l'effet de facteurs intracentraux.

Si, d'autre part, l'on retourne les segments 3, 4, 5 dans leur axe antéro-postérieur et qu'on les greffe sur place après cette rotation de 180°, opération semblable à celle de Hooker, ils se développent, de même que les nerfs en rapport avec eux, d'après la configuration normale. Alors qu'ordinairement plus de cellules nerveuses sont formées dans le troisième segment que dans le cinquième, après son retournement le cinquième segment, qui occupe alors la place du troisième, a la configuration cellulaire de ce dernier, grâce à une prolifération cellulaire accrue, tandis que le troisième segment, qui occupe alors la place du cinquième, a subi une prolifération diminuée, pour se conformer à la configuration du segment auquel il a été substitué.

Detwiler a émis l'hypothèse que le taux de la prolifération serait influencé par les voies nerveuses centrales longitudinales, telles que les faisceaux longitudinal médian et bulbo-spinal. Ces voies descendantes seraient plus nombreuses au niveau antérieur qu'au niveau postérieur ; le degré de prolifération à chaque niveau serait donc fonction du nombre de fibres longitudinales qui s'y arrêtent normalement. Cette hypothèse cadre d'ailleurs avec la théorie de la fibrillation stimulogène de Bok que nous avons exposée p. 98.

Pour soumettre cette hypothèse aux résultats de l'expérience, Detwiler a excisé les cinq premiers segments de la moelle et les a remplacés par un greffon comprenant la partie postérieure du bulbe et les deux premiers segments de la moelle d'un autre embryon. Ainsi les trois premiers segments de la moelle du porte-greffe sont remplacés par le bulbe surnuméraire, et les segments 4 et 5 sont remplacés par les segments 1 et 2 de la moelle implantée.

Dans cette expérience les faisceaux descendants ont été augmentés en nombre, puisqu'il existe un système supplémentaire de faisceaux bulbo-spinaux prenant naissance

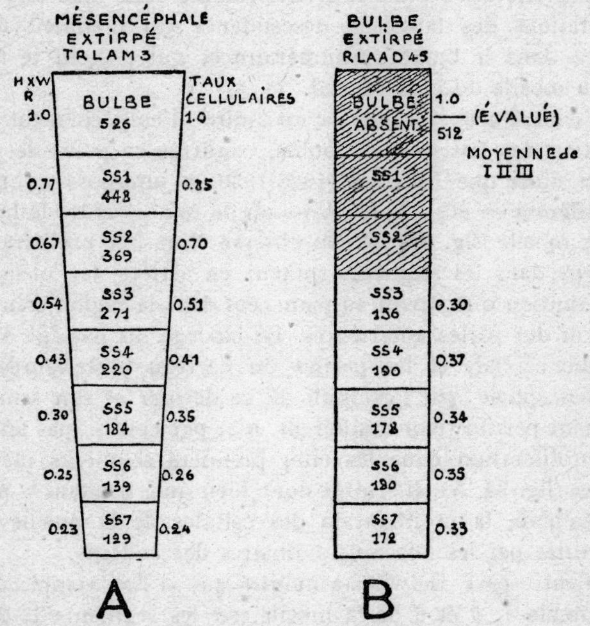

Fig 94. — *Schémas semblables à ceux de la figure* 93.

A. *Bulbe et moelle* (*segments* 1 *à* 7) *d'une larve de la Salamandre* Amblystoma *dont l'embryon a subi l'excision de son mésencéphale. Cette opération n'a pas affecté le développement cellulaire de sa moelle — comparer à la figure* 93, A.

B. *Moelle d'une larve d'*Amblystoma *dont l'embryon a subi une excision bulbaire. Prolifération décrue dans les segments spinaux en arrière de la région du névraxe — comparer à la figure* 93, A *et* B. (J. S. *Nicholas*).

dans le bulbe greffé. Or, l'observation a montré que la prolifération des segments de la moelle, en arrière de la moelle greffée, a été plus grande que normalement (fig. 93). Ceci est surtout marqué dans les segments transplantés, puis va en diminuant dans les segments suivants. Cette hyperplasie des segments greffés semble donc bien due aux excitations des faisceaux descendants qui prennent naissance dans le bulbe surnuméraire et qui passent le long de la moelle du côté ventral.

L'expérience inverse, c'est-à-dire l'empêchement de l'action des faisceaux du bulbe, confirme ce point de vue. C'est ainsi que Nicholas (1928-1930) a interposé un tissu indifférent — ébauche de patte ou de rein — entre le bulbe et la moelle (fig. 94, B). On observe alors une prolifération décrue dans les segments spinaux en arrière de l'obstacle, diminution qui atteint 40 pour cent dans la région d'innervation des pattes antérieures. Le blocage du passage entre le diencéphale et les parties du cerveau postérieures au mésencéphale, par l'excision de ce dernier et son remplacement par du tissu indifférent, n'a, par contre, pas affecté la prolifération dans les cinq premiers segments médullaires (fig. 94, A). Il semble donc bien que, pendant la morphogénèse, la prolifération des cellules de la moelle soit dominée par les faisceaux bulbaires descendants.

D'autre part, Detwiler a montré que si l'on remplace les segments 4, 5 et 6 de la moelle par les segments 1, 2, 3, sans bulbe, les segments implantés approchent de leur taille et de leur prolifération normales, quoique la prolifération soit plus forte dans la région dorsale que ventrale. Mais, de plus, il y a une influence excitatrice des segments greffés sur les segments 1, 2, 3 normaux qui leur sont antérieurs, surtout dans leur région dorsale sensitive, de telle façon que ces segments intacts ont l'aspect de la partie postérieure d'un bulbe normal. Il se peut que cette influence excitatrice soit en rapport avec les puissants faisceaux sensitifs ascendants médullo-bulbaires des segments greffés.

Il y a ainsi au moins deux causes importantes qui influent sur la formation des segments antérieurs de la moelle, en rapport avec les deux formes de faisceaux, descendants et ascendants. Ces expériences montrent donc que, si, comme l'a observé Coghill, certaines régions du névraxe ont une capacité inhérente de prolifération qui est presque rigide, d'autres régions subissent dans leur développement des influences exercées par des neurones qui leur sont étrangers.

Nous pouvons conclure de l'ensemble des recherches exposées dans ce chapitre que le développement du névraxe, dans son infinie complexité, est la résultante de facteurs multiples. Parmi ces facteurs certains proviennent de la périphérie de l'organisme — membres embryonnaires, tissus en croissance, — d'autres sont inhérents à certaines régions du névraxe embryonnaire, et sont apparemment héréditaires, d'autres enfin proviennent, pour chaque partie, de régions distinctes, proches ou éloignées, du névraxe lui-même.

XI

LA RÉGÉNÉRATION NERVEUSE

Nous avons dit p. 122 que la découverte de la dégénérescence nerveuse par Waller en 1851 marque le début de la neurologie moderne, car elle a permis pour la première fois l'étude différentielle de quelques fibres, ou d'un seul faisceau nerveux, au milieu de l'inextricable fouillis des cellules nerveuses et de leurs expansions.

Nous verrons maintenant que les faits observés au cours de la régénération nerveuse ont apporté, pour leur part, des renseignements d'une inestimable valeur pour la compréhension du développement nerveux.

En effet, il est difficile de saisir, chez l'embryon, les stades exacts auxquels les expansions nerveuses naissent du corps cellulaire, cheminent vers d'autres lieux dans l'organisme, vainquent les obstacles qui se trouvent devant eux, entrent en contact enfin avec d'autres cellules, nerveuses ou non nerveuses. Or, ces processus ont tous lieu simultanément ; pendant que certains neurones sont à un stade particulier, des neurones voisins l'ont déjà dépassé, ou ne l'ont pas encore atteint. Il est donc très difficile de prévoir, à un moment donné, où en est un groupe particulier de neurones, et il est également difficile d'analyser le stade où se trouve ce groupe au milieu de neurones à des stades différents.

Par contre, la régénération nerveuse peut être provoquée expérimentalement à un moment voulu ; un grand nombre de fibres seront alors, ultérieurement, au même stade de développement, à un instant précis. Ceci permet l'isolement de chaque étape du processus et sa comparaison avec d'autres étapes, de même que la comparaison d'une fibre isolée avec d'autres, au même stade ou à des stades antérieurs ou postérieurs.

Mais une question préalable se pose. Peut-on considérer que la régénération des fibres nerveuses est en tous points semblable à leur croissance embryonnaire ? Un processus pathologique comme la régénération peut certes présenter certaines différences avec le processus physiologique de l'embryogénèse. Certaines différences de détails existent, mais on peut affirmer que fondamentalement les deux processus montrent un tel parallélisme, une telle similitude, que l'on peut déduire de l'un ce qui a lieu dans l'autre, et que la régénération nerveuse peut être envisagée comme une neurogénèse provoquée.

L'étude de la régénération nerveuse présente, par ailleurs, un aspect essentiellement pratique. Peu de lésions, peu de traumatismes n'intéressent pas le système nerveux périphérique, parfois même le névraxe. Les ramifications des nerfs, de gros nerfs même, sont fréquemment sectionnés. Aussi y a-t-il le plus gros intérêt à connaître très exactement les étapes de leur régénération, afin de les placer dans les meilleures conditions pour l'accomplir.

Les détails de la dégénérescence wallerienne ont été précisés par Ranvier en 1872-1873. Plus récemment, grâce aux techniques à l'argent réduit de Cajal, les processus de la dégénérescence et de la régénération nerveuse ont été fouillés dans leurs moindres détails. Ramón y Cajal a d'ailleurs consacré à cette question deux volumes dont nous avons eu l'honneur de publier une traduction en 1928.

Après une section ou autre lésion d'un nerf (fig. 95) qui interrompt sa continuité, le bout périphérique subit la dégénérescence wallerienne. Le fait capital ici est la destruction de la partie centrale neurofibrillaire, qui disparaît complètement et définitivement. Voici comment Ranvier dépeint ce processus, dans une description désormais classique : sur le bout périphérique du nerf sectionné d'un Lapin on voit, après 24 heures, que les noyaux de la gaine de Schwann se gonflent et s'entourent d'un abondant protoplasma ; celui-ci se creuse, aux dépens de la myéline, d'échancrures profondes qui atteignent le cylindraxe, peu à peu rongé, aminci à son tour et bientôt rompu. Au 8e jour la myéline est ainsi segmentée en boules, et le cylindraxe réduit en fragments rétractés et ondulés. En même temps, le noyau de la gaine de Schwann se divise et se subdivise à l'infini (fig. 96) ; au 10e jour, il ne reste plus dans le bout périphérique que des gaines de Schwann, remplies de ces cellules infiltrées de granulations graisseuses provenant de la digestion de la myéline. A leur tour, ces cellules s'atrophient et les gaines à peu près vides restent, dans le tissu interstitiel, le seul vestige des anciennes fibres nerveuses.

Les recherches ultérieures n'ont fait que développer ces

Fig. 95. — *Coupe longitudinale d'un nerf normal d'un barbillon du Poisson chat* Ameiurus. *L'imprégnation par la méthode de Bielschowsky met en valeur les fibres dont un certain nombre se courbent et sont alors coupées en travers. On voit les noyaux de Schwann, et deux petites branches latérales* (*R. M. May*).

Fig. 96. — *Coupe longitudinale du bout périphérique d'un nerf semblable à celui de la figure* 95, *13 jours après sa section, la température de l'eau étant à 20°* C; *imprégnation par la méthode de Bielschowsky. On voit les très nombreux noyaux de Schwann, les produits de désagrégation, et un petit capillaire contenant des erythrocytes* (*R. M. May*).

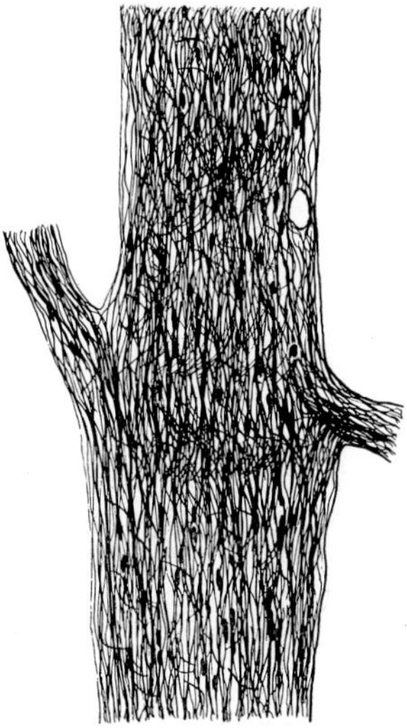

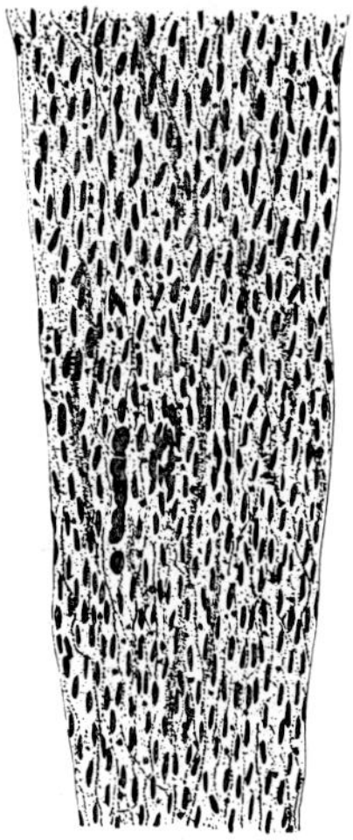

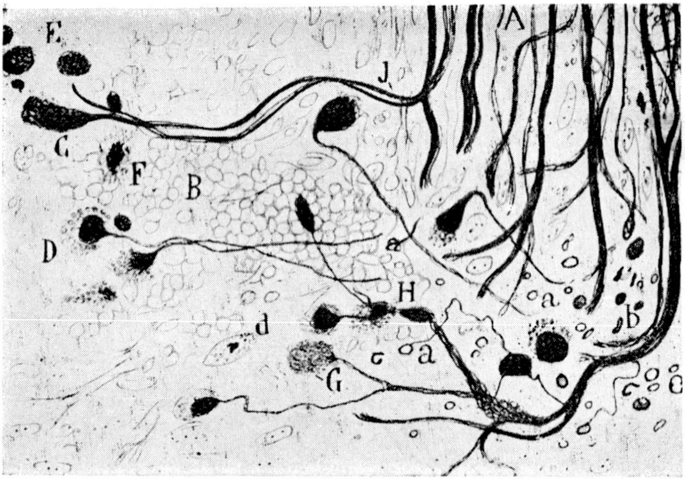
E
C
F
B
D
J
A
a
H
d
a
G
b
c

observations. Les éléments granulo-graisseux, qui proviennent de la désagrégation du cylindraxe (ou de la dendrite) et de la gaine de myéline, prennent la forme de boules, de grumeaux, de grains, etc. Ils sont phagocytés par la suite, non seulement par les cellules de Schwann proliférées, mais aussi par des cellulles spéciales qui immigrent en grand nombre, et qui proviennent d'autres tissus et humeurs. Les cellules de Schwann commencent à se diviser le quatrième jour après la section nerveuse chez les Mammifères. Leur multiplication, très active, donne naissance, par la suite, à de longues chaînes cellulaires.

Ainsi, les phénomènes essentiels de la dégénérescence nerveuse sont : les altérations de la partie centrale neurofibrillaire, axone ou dendrite, les modifications de la myéline, la multiplication des noyaux. Les travaux de nombreux chercheurs, dont Büngner, Perroncito, Cajal, Marinesco, Nageotte, ont précisé ses détails que nous ne décrirons pas ici. Mais quelle est la cause première de la dégénérescence wallerienne ? Elle est très générale et doit être cherchée dans la séparation du bout périphérique de l'expansion nerveuse d'avec la portion nucléée du neurone, le corps cellulaire. Comme le dit Nageotte, ce phénomène est identique à celui qui se passe dans les expériences de mérotomie chez les Protozoaires. En effet, lorsqu'on sectionne une Amibe, par exemple, en laissant le noyau dans un des segments, ce segment seul continue à vivre, pendant que l'autre se désagrège. De même, dans un neurone,

---

Fig. 97. — *Partie du bout central d'un nerf sectionné chez un Lapin, 56 heures après l'opération. Les pousses croissent dans l'exsudat sanguin.* A, *bout central*; B, *caillot sanguin*; C, *boutons terminaux de croissance plus ou moins arrêtés*; E, F, *boutons terminaux isolés en état de nécrose*; G, *bouton terminal en dégénérescence*; a, *anneaux terminaux*; d, *bouton terminal dont seule demeure une petite partie neurofibrillaire centrale* (S. R. *Cajal*).

moteur ou sensitif, le corps cellulaire, avec son noyau, exerce une action trophique à l'égard de ses prolongements, et ceux-ci dégénèrent s'ils en sont sont séparés.

Mais, de même que la partie nucléée d'une Amibe répare sa perte de substance, le neurone se restaure par la formation d'un nouveau prolongement. Pendant que le bout périphérique du nerf sectionné est la scène d'une dégénérescence complète des anciennes fibres nerveuses, le bout central demeure à peu près intact. Ici la destruction du cylindraxe et de la myéline ne dépasse pas le premier segment interannulaire au-dessus du point de section. Le bout central demeure vivace et va régénérer le nerf.

Plusieurs mois après la section nerveuse, chez les Mammifères et chez l'Homme, le tissu intermédiaire entre les deux bouts, ainsi que le bout périphérique, sont envahis par des fibres néoformées. Finalement, la sensibilité et la motilité du membre paralysé sont rétablies totalement ou partiellement. Voyons comment a eu lieu cette régénération. Les nouvelles fibres partent des fibres du bout central soit de façon terminale, soit de façon collatérale. Sans gaines de myéline, ces fibres régénérées envahissent l'exsudat qui les sépare du bout périphérique et se ramifient ; elles sont caractérisées, comme les fibres embryonnaires en croissance, par la présence d'un bouton terminal, ou cône de croissance, qui semble faciliter leur progression.

Sans cellules marginales aux premières phases de leur formation, ces jeunes fibres attirent, après quelques jours, des cellules qui forment autour d'elles des chaînes de cellules de Schwann.

Les fibres néoformées croissent au début de façon désordonnée, se laissant entraîner vers les endroits qui offrent le moins de résistance à leur progression (fig. 97). Il s'en perd ainsi un grand nombre dans le bout central, où elles font marche arrière, et dans les tissus périnerveux, ou bien devant divers obstacles et dans des parcours compliqués.

Après quelques jours, pourtant, un certain nombre de ces fibres jeunes s'approchent des gaines du bout périphérique et y croissent en repoussant les restes de myéline non résorbés. Devant des obstacles les nouvelles fibres se subdivisent, et leurs pousses croissent indifféremment dans les gaines qui persistent dans le bout périphérique ou entre leurs interstices.

Comme les branches d'une seule fibre néoformée peuvent pénétrer dans plusieurs gaines périphériques vides, il s'ensuit qu'un petit groupe de ces fibres peut innerver une bonne partie du bout réhabité.

Si l'on place des obstacles entre les deux bouts du nerf coupé, ces obstacles sont traversés ou contournés par les fibres néoformées, mais lorsque les obstacles sont insurmontables, le segment périphérique du nerf ne montre aucune régénération, même plusieurs mois après l'opé ration.

La vitesse de croissance des pousses nerveuses dépend des conditions physiques et chimiques de la région qu'elles traversent. La croissance est très rapide dans les deux bouts, central et périphérique — 90 à 125 microns par heure — mais est lente dans le tissu cicatriciel — 8 à 12 microns par heure — et presque nulle dans les exsudats sanguins et inflammatoires. La vitesse de croissance est d'ailleurs plus rapide chez de très jeunes Mammifères que chez les adultes des mêmes espèces. Il est intéressant de rapprocher de ces chiffres ceux trouvés chez l'embryon de Poulet au troisième jour d'incubation (fig. 98), où les fibres embryonnaires ont un taux de croissance qui approche de 10 microns par heure, taux semblable à celui des fibres régénérées de Mammifères dans le tissu cicatriciel.

Les cellules de Schwann proliférées du bout périphérique semblent produire des substances stimulantes qui attirent et dirigent vers les terminaisons motrices et sensitives les jeunes fibres qui se trouvent dans le tissu cicatricel. Ces substances neurotropes seraient, d'après Cajal, solubles et non lipidiques. Elles exerceraient leur action sur tous les jeunes axones. D'autre part des substances semblables émises dans les muscles par les fuseaux de Kühne, de nature sensitive, et les plaques motrices, ou par les structures sensitives de la peau, auraient une action spécifique, n'agissant que sur certaines catégories fonctionnelles de fibres régénérées.

D'ailleurs les fibres qui, tout en ayant acquis une gaine de myéline, n'ont pas établi des rapports anatomo-physiologiques convenables avec les appareils terminaux tels que les organes sensitifs cutanés, les plaques motrices, etc., dégénèrent et sont finalement résorbées. C'est ainsi que disparaissent toutes les fibres qui sortent de la région de régénération, qu'elles soient arrêtées, déviées, ou rétrogrades dans leur croissance, celles qui arrivent tard aux appareils terminaux, déjà innervés, ou lorsque ceux-ci sont atrophiés ou morts après avoir attendu trop lengtemps leur innervation.

A côté de ces substances neurotropes, actives ou stimulantes, se placeraient des substances indifférentes, représentées par la majorité des colloïdes du sang et des exsudats inflammatoires aseptiques, des substances paralysantes qui se trouvent dans le pus, les toxines microbiennes, certains colorants, enfin des substances modératrices ou inhibitrices, produits du catabolisme de la fibre régénérée elle-même, et qui freineraient une néoformation trop active.

Forssman a montré que si l'on place devant le bout central du nerf coupé deux tubes, l'un contenant du foie, l'au-

---

Fig. 98. — *Embryon de Poulet après 58 heures d'incubation. Fibres en croissance d'une racine spinale ventrale.* A, *racine ventrale*; B, *moelle épinière*; C, *bouton terminal de croissance en forme de lance*; E, *bouton terminal ayant dévié de sa route*; F, G, *divisions des fibres en présence d'obstacles* (S. *R. Cajal*).

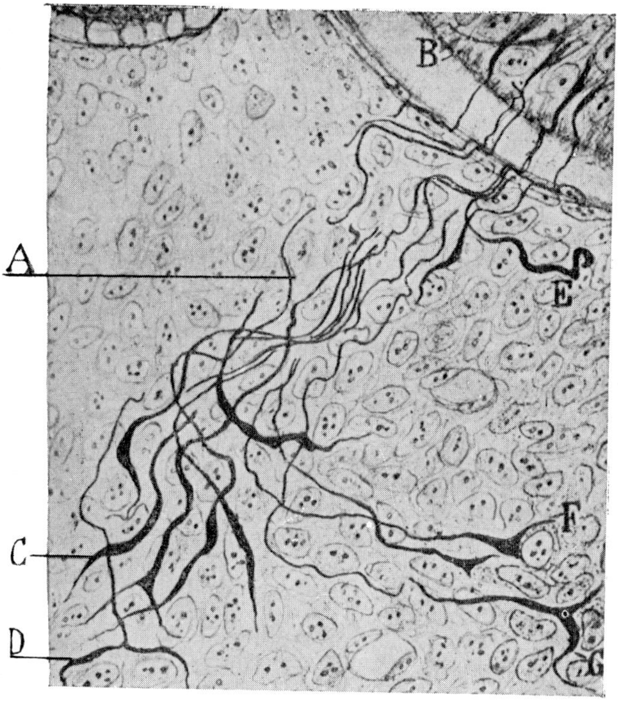
A
B
C
D
E
F
G

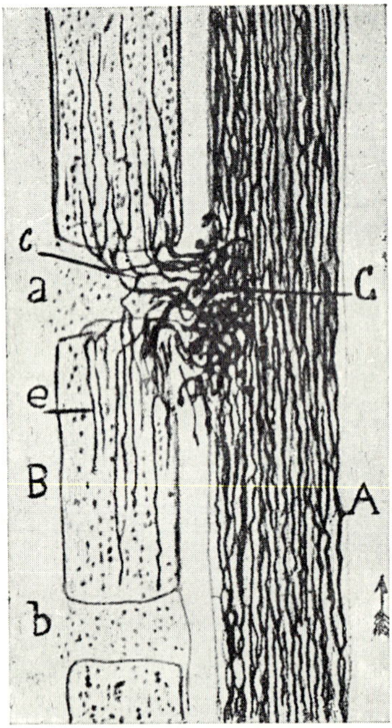
c
a
C
e
B
A
b

tre du cerveau, les fibres néoformées évitent le premier tube et se précipitent dans le second. Cajal a réimplanté des morceaux de nerfs et a vu que ces morceaux de nerfs non vascularisés attirent vivement les fibres néoformées du bout central (fig. 99). Tello a montré que même dans des plaies cérébrales la présence de nerfs en dégénérescence provoque une croissance vigoureuse, tout à fait exceptionnelle, des axones des cellules pyramidales.

D'après Cajal, trois conditions régiraient ensemble la réunion des fibres néoformées au bout périphérique, et la restauration, sans erreurs physiologiques, des structures nerveuses terminales : 1. l'action neurotrope des gaines de Schwann et des appareils terminaux ; 2. la conduite mécanique des pousses nerveuses le long des anciennes gaines ; 3. la surproduction de fibres, de telle façon qu'un certain nombre d'entre elles soit assuré de parvenir aux régions périphériques motrices ou sensitives. Pour Cajal, la condition essentielle, surtout pour la reconstruction des appareils terminaux, est le neurotropisme du bout périphérique du nerf, des plaques motrices, et des terminaisons sensitives.

Ces terminaisons nerveuses méritent que nous nous y arrêtions plus longuement. Les rapports entre l'appareil terminal et son innervation semblent, en effet, être semblables à ceux qui existent entre deux neurones dans le névraxe, surtout dans les cas où, comme dans les bourgeons du

---

Fig. 99. — *Jeune Chat, 5 jours après que la moitié du nerf a été sectionnée en trois morceaux, tandis que l'autre moitié a été légèrement égratignée avec des ciseaux*; *semi-schématique*. A, *partie saine du nerf*; B, *morceaux dégénérés du nerf*; C, *axones se divisant*; a, *cicatrice envahie par les pousses*; c, *pousse qui a envoyé une branche à chacun des deux morceaux de nerf dégénéré*; e, *fibres qui ont pénétré dans les segments de nerf dégénéré* (*S. R. Cajal*).

goût et les organes de la ligne latérale, ces rapports sont incontestablement, non pas de continuité, mais de contiguïté. Nous avons là des structures qui montrent un parallélisme frappant avec la synapse. Elles sont périphériques dans l'organisme et entourées d'épithélium et non pas environnées, comme les cellules nerveuses des centres, par d'autres neurones ou de la névroglie ; elles se prêtent donc admirablement bien à l'expérimentation. Leur dégénérescence, leur régénération à la suite de la section ou de la destruction de leur innervation, ont d'ailleurs fait l'objet de nombreuses recherches.

Celles-ci se sont adressées tout d'abord aux terminaisons motrices. Chez les Mammifères, les plaques motrices sont des régions dans les muscles striés où l'on observe une arborisation terminale d'un filet nerveux, entourée de noyaux, avec une disparition de la striation musculaire et un sarcoplasme assez abondant (fig. 100). Mais chez les Vertébrés inférieurs, notamment chez la Grenouille, ainsi que nous l'avons vu avec Pézard dans les terminaisons nerveuses du muscle couturier, certaines terminaisons motrices peuvent n'être constituées que d'une arborisation terminale pourvue de noyaux abondants, se terminant directement dans un tissu musculaire où persiste presque complètement la striation (fig. 101).

Dès 1863 Krause a observé, dans le muscle fléchisseur du carpe, chez le Lapin, qu'après section de son nerf les fibres terminales dans les plaques motrices dégénèrent, tandis que la substance granulaire et les noyaux persistent sans altération. La dégénérescence débute à la périphérie dans les fibrilles terminales, puis se poursuit en allant vers les troncs nerveux ; elle est donc centripète. Cette dégénérescence précoce de l'arborisation motrice a été confirmée chez divers Vertébrés à sang chaud ou froid par Sokolow, Ranvier, Gessler, Densusianu, Huber. La régénération de l'arborisation terminale a été observée pour la première fois par Densusianu en 1900. Cent cinquante jours après avoir coupé le nerf sciatique d'un Cobaye, les arborisations terminales des plaques motrices du muscle gastrocnémien, innervé par le sciatique sectionné, sont en voie de reformation. Cette régénération est due au fait que des fibres nerveuses néoformées rejoignent alors les fibres musculaires. Trente jours plus tard les plaques motrices sont identiques aux mêmes appareils terminaux dans un muscle normal.

Au moyen de techniques modernes, Huber a vu que la dégénérescence des arborisations nerveuses des plaques motrices commence, chez le Lapin, au deuxième jour après écrasement du nerf qui les innerve, tandis que Tello a observé une dégénérescence semblable déjà 12 à 14 heures après séparation de leur centre trophique par section de leur nerf. Chez les Vertébrés à sang froid — Grenouille, Lézard — la dégénérescence est retardée et dépend de l'espèce et de la température.

Tello a mis en valeur le fait que la régénération des fibres motrices a lieu bien plus rapidement chez les Lapins très jeunes que chez des adultes, — un mois et demi après la section chez les premiers, un mois plus tard chez les adultes. Dans les deux cas la totalité des terminaisons est innervée par un nombre restreint de fibres régénérées.

De très intéressantes expériences de régénération « hétérogène » ont été faites par Boeke chez le Hérisson (*Erinaceus europaeus*). La moitié antérieure de sa langue est innervée par le nerf lingual (p. 157) qui recueille les excitations de la sensibilité générale, mais qui a aussi des fibres sympathiques pour le tonus musculaire, et par le nerf hypoglosse (p. 158) nerf essentiellement moteur, mais qui recueille aussi la sensibilité profonde musculaire. Sans toucher en aucun cas à la corde du tympan (p. 157), portion sensible du nerf facial qui innerve les bourgeons du goût placés à la partie antérieure de la langue, Boeke a d'abord sectionné le nerf lingual et le nerf hypoglosse, puis a réuni le bout central de l'hypoglosse au bout périphérique du lingual ; dans ce cas les fibres néoformées de l'hypoglosse ont innervé, non pas les plaques motrices dégénérées, mais les arborisations sensitives terminales du lingual, dans les couches muqueuse et sous-muqueuse. L'opération inverse a été également faite, c'est-à-dire que le bout central du lingual a été fusionné au bout périphérique de l'hypoglosse. Dans ce cas les fibres néoformées du lingual ont innervé, non pas ses terminaisons sensibles, mais bien les plaques motrices dégénérées, normalement innervées par l'hypoglosse.

Ainsi, un nerf essentiellement moteur peut régénérer des fibres qui innerveront des appareils terminaux sensitifs, et inversement un nerf essentiellement sensitif peut donner naissance à des fibres néoformées qui innerveront des plaques motrices. C'est donc ici la voie terminale qui détermine leurs rapports avec les terminaisons.

Quels sont les faits saillants qui ressortent de ces recherches sur la dégénérescence et la régénération des plaques motrices après section de leur innervation ? Tout d'abord il semble certain qu'à la suite de cette opération les premières altérations de l'arborisation fibrillaire terminale ont lieu d'une façon très précoce, après quelques heures seulement. Puis il ressort que les noyaux spécialisés de la plaque motrice, les noyaux fondamentaux, ne sont que peu ou pas altérés par la dégénérescence de leur innervation. Enfin la fonction musculaire ne néapparaît que lorsqu'un grand nombre d'arborisations terminales sont régénérées dans les

---

Fig. 100. — *Terminaison motrice du type II, muscle couturier de la Grenouille* Rana esculenta. *Remarquer la disposition serrée des fibrilles en bouquets, l'extrémité de certaines fibrilles qui se terminent en boutons, et la disparition presque complète de la striation musculaire à l'intérieur de la plaque* (**A. Pézard et R. M. May**).

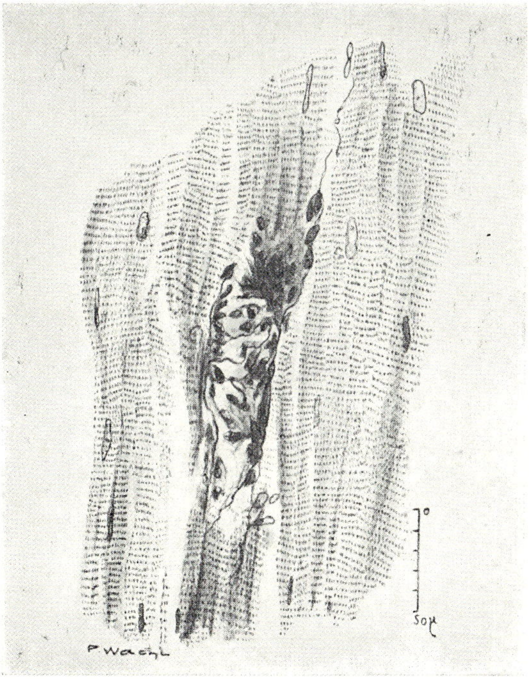
50µ
P. Wachl

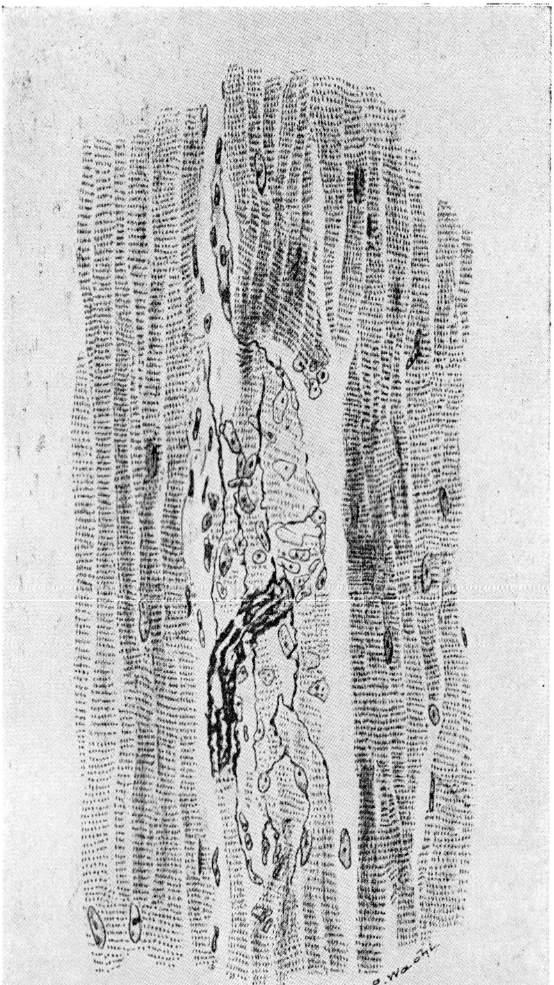
0
50μ

plaques motrices, mais cette réhabitation peut être le fait d'un nombre restreint de fibres régénérées qui se subdivisent abondamment, comme nous l'avons vu plus haut.

Se basant sur ces faits, Tello a émis l'hypothèse que ce sont les noyaux indemnes des plaques motrices dégénérées qui attirent les fibres régénérées. Cette hypothèse, qui rentre dans la théorie générale du neurotropisme ou chimiotactisme de Cajal, a été admise par de nombreux chercheurs pour les terminaisons motrices. Elle s'applique d'ailleurs à des organes semblables.

C'est ainsi que nous avons étudié la régénération du bras du Céphalopode *Octopus*, la Pieuvre commune, qui possède huit longs bras garnis de ventouses. Or, dans les bras régénérés (fig. 102), les ventouses se forment au même moment que l'axe nerveux central. Les ventouses terminales du régénérat, d'aspect blastémateux, ne sont pas encore innervées. Celles qui se trouvent à mi-chemin le long du régénérat, également d'aspect blastémateux (fig. 103), ont attiré des terminaisons qui s'y ramifient dans leur partie proximale. Mais les ventouses qui se trouvent à la base du régénérat, bien différenciées, sont complètement innervées. Ainsi les ventouses se forment avant leur innervation, et agissent comme centre d'attraction pour les fibres qui doivent les innerver.

Mais l'hypothèse de Tello ne peut s'appliquer à toutes les terminaisons nerveuses, et notamment aux bourgeons du goût, comme nous le verrons plus bas. Passons donc à l'étude des terminaisons sensitives.

Les recherches sur la dégénérescence et la régénération

Fig. 101. — *Terminaison motrice du type I, muscle couturier de la Grenouille* Rana esculenta. *Remarquer la disposition en arborescence des fibrilles terminales et la persistance presque complète de la striation musculaire à l'intérieur de la plaque* (*A. Pézard et R. M. May*).

des fuseaux neuromusculaires, terminaisons sensitives du sens musculaire profond, faites par Cipollone, Huber, Tello, Tozer et Sherrington, Boeke, ne montrent que peu de différences avec ces processus chez les plaques motrices. Après section de son nerf, l'appareil terminal (fig. 104) n'est que partiellement détruit, la dégénérescence des fibres terminales est rapide, tandis que leur régénération est une question de mois. Ceci est aussi le cas pour d'autres terminaisons sensitives, celles de Grandry et de Herbst, qui sont abondantes dans la peau du bec de Canard ; mais Gasiorowsky, puis Boeke, ont vu que dans ces cas la dégénérescence de l'appareil terminal semble plus complète que pour les fuseaux neuro-musculaires.

Nous en arrivons aux bourgeons du goût, dont les cellules ont des rapports avec leur innervation qui sont en tous points semblables à ceux de deux neurones des centres nerveux à leur synapse.

Dès 1876 Vintschgau et Hönigschmied ont observé que la section du nerf glossopharyngien (p. 158) chez le Chien est suivie par la disparition des bourgeons du goût qu'il innerve à la base de la langue. Ce même fait a été observé chez le Lapin par Ranvier et par Meyer, qui a décrit une altération des bourgeons du goût déjà 30 heures après la section du glossopharyngien qui les innerve ; 7 jours après cette opération il n'en reste presque plus.

Au moyen de sa technique de régénération hétérogène, Boeke a montré que la régénération des bourgeons du goût, déjà observée par Griffini 26 jours après la section nerveuse du glossopharyngien chez le Lapin, peut être provoquée par la croissance de fibres de l'hypoglosse. Boeke a coupé dans ces cas, chez le Hérisson, avec le lingual, la corde du tympan, puis a réuni le bout central de l'hypoglosse sectionné au bout périphérique du lingual. Les bourgeons du goût de l'extrémité de la langue, qui avaient tous dégénéré du côté opéré, ont régénéré, 3 mois après l'opération, sous l'influence des fibres néoformées de l'hypoglosse, qui ne les innerve jamais normalement.

Ces processus sont semblables dans le cas des Vertébrés inférieurs. Chez le Poisson-chat *Ameiurus* les barbillons autour de la bouche, de même qu'une bonne partie de la peau, sont occupés par de nombreux bourgeons du goût (figs. 105, 126) qui sont innervés par le septième nerf, facial. Olmsted a coupé les branches de ce nerf à la base des barbillons qu'elles innervent. Onze à treize jours après cette opération, à la température ordinaire du laboratoire, tous les bourgeons du goût des barbillons opérés ont dégénéré. Les bourgeons du goût ne se reforment que lorsque le nerf a régénéré ; le nerf semble donc ici le facteur causal dans la néoformation des organes gustatifs qu'il innerve.

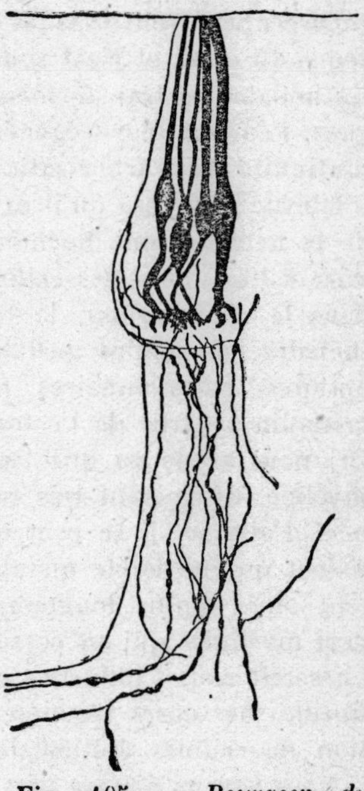

Fig. 105. — *Bourgeon du goût d'un barbillon du Poisson-chat* Ameiurus, *avec son innervation* (R. *M. May*).

Nous avons appliqué à cette question les techniques spécifiques d'imprégnation à l'argent qui mettent parfaitement en valeur les cellules gustatives et leur innervation. A 20° C. les arborisations terminales dégénèrent puis disparaissent quelques heures seulement après section de la branche du nerf dont elles émanent, tandis que les fibres dans cette branche même, et les cellules du goût dans les bourgeons, ne dégénèrent qu'après quelques jours. La régénération du nerf commence d'ailleurs en un moment où certaines de ses fibres sont encore en pleine dégérescence. Les neurofibrilles régénérées pénètrent dans les lieux où avaient existé les bourgeons du goût, et c'est sous leur influence que les cellules épithéliales se transforment en cellules gustatives spécifiques. Pendant leur régénération elles ne sont jamais en continuité avec l'arborisation, mais seulement en contiguïté.

Olmsted suppose qu'il existe dans le nerf une substance, de la nature d'une hormone, dont la présence est nécessaire à l'existence des cellules gustatives, et qui exciterait, dans la régénération, la transformation des cellules épithéliales en cellules gustatives, tout comme les vésicules optiques embryonnaires provoquent la formation d'un cristallin à partir de l'ectoderme latéral de la tête (p. 77). Or, nous avons vu que les neurofibrilles terminales, sans myéline, dégénèrent très rapidement après section de leur nerf d'origine. Il se peut que, sans myéline, elles ne possèdent qu'une faible quantité de cette substance, et résistent ainsi moins longtemps à la dégénérescence que le nerf myélinisé qui en posséderait de plus grandes réserves. Ce serait sous l'influence de cette « neurohormone » des fibrilles nerveuses régénérées qu'aurait lieu la transformation de cellules épithéliales en cellules gustatives.

Nous voyons d'autre part que ce sont ici les neurofibrilles de l'arborisation terminale qui semblent provoquer la formation des cellules du goût, et qu'elles ne sont pas attirées par des éléments spécifiques persistants vers le lieu où se formera l'appareil sensitif, comme Tello l'a supposé pour les plaques motrices. Dans le cas des deux systèmes d'appa-

---

Fig. 102. — *Coupe longitudinale d'un régénérat de bras d'*Octopus vulgaris. *A sa base se trouve le bout distal du bras originel. A remarquer l'axe nerveux central et les ventouses* (*R. M. May*).

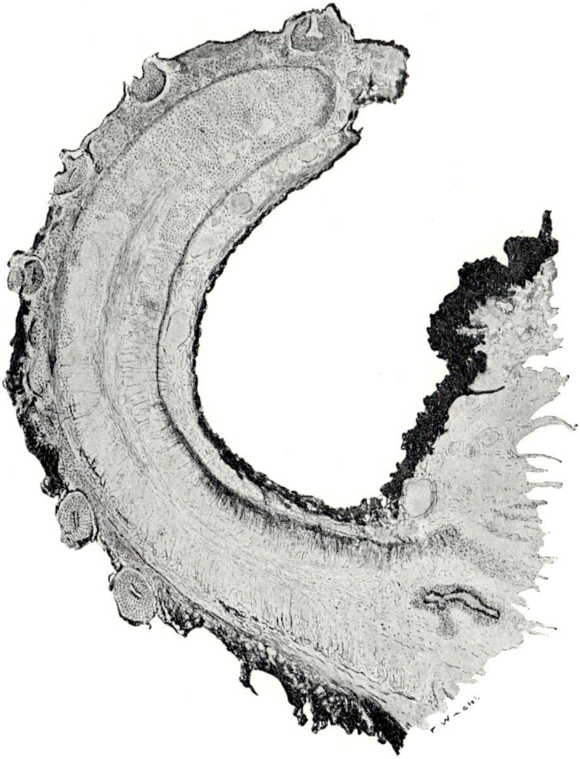

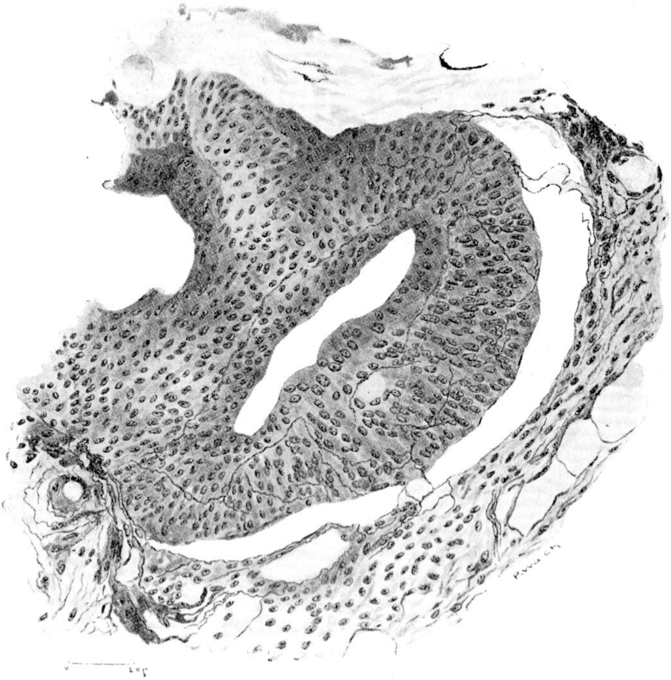

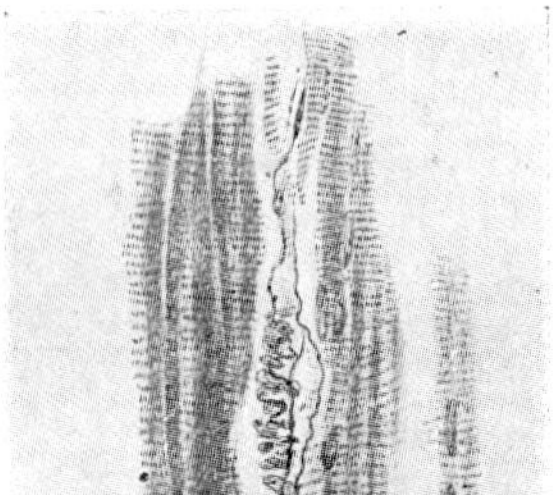

reils terminaux, pourtant, ce qui ressort, dans la régénération comme dans la neurogénèse, c'est l'intime coaptation des éléments périphériques des plaques motrices et des terminaisons sensitives, d'une part, et de leur innervation de l'autre ; cette coaptation est certainement due à des facteurs particuliers, qui semblent de nature chimique pour autant qu'on puisse actuellement les analyser.

Une autre question qui se pose est de savoir si la dégénérescence et la régénération nerveuses suivent toujours le plan que nous venons de tracer, ou si les fibres nerveuses, après section, peuvent se fusionner par première intention, sans dégénérescence préalable des fibres du bout périphérique. Il semble que ce soit le cas dans des circonstances particulières, notamment chez des Vertébrés à sang froid et dans les cultures de fibres nerveuses embryonnaires chez des Vertébrés supérieurs.

C'est ainsi que Harrison, ce génial observateur, a sectionné des nerfs dans la queue de têtards de la Grenouille *Rana sylvatica* longs de 2 à 2,5 cm. Après la section, les gaines de myéline dégénèrent rapidement, tandis que les cylindraxes montrent des signes moins marqués, quoique indubitables, de dégénérescence. Mais après un ou deux jours les deux bouts de nombreux nerfs sectionnés se sont réunis par un pont protoplasmique ; dans ces cas la dégénérescence du bout périphérique du cylindraxe est immédiatement arrêtée. Il semble donc que chez ces larves soit possible une cicatrisation par première intention des fibres

---

Fig. 103. — *Coupe d'une ventouse se trouvant à mi-chemin entre le bout du régénérat de la figure 102 et sa base. D'aspect blastémateux, elle est innervée dans l'acétabulum (à droite) par deux faisceaux para-acétabulaires. et un faisceau sous-acétabulaire. L'infundibulum (à gauche) n'est pas encore innervé (R. M. May).*

Fig. 104 — *Terminaison sensitive, muscle couturier de la Grenouille* Rana esculenta (*A. Pézard et R. M. May*).

nerveuses. La gaine médullaire n'est d'ailleurs pas réhabilitée immédiatement, et le processus de sa reformation ressemble à son développement initial.

Nous avons observé des faits semblables après section des branches nerveuses dans les barbillons de Poissons-chats qui sont demeurés dans de l'eau à une température moyenne de 13° C. On voit alors les bourgeons du goût dégénérer lentement, les gaines de myéline des branches nerveuses des barbillons dégénérer très lentement, tandis que leurs fibres ne dégénèrent pas (fig. 106). La régénération des bourgeons du goût est très lente à cette température, et se fait après que les fibres sectionnées se sont réunies par première intention, unissant ainsi les bouts sectionnés, central et périphérique, du nerf.

G. Levi a observé, seul d'abord, puis avec H. Meyer, la cicatrisation par première intention de fibres nerveuses en culture de tissus. Le mesencéphale et le télencéphale d'embryons de Poulet, des ganglions spinaux d'embryons de la même espèce du dixième au treizième jour de développement, explantés en goutte pendante, donnent naissance à un grand nombre de fibres, souvent réunies en faisceaux. Des faisceaux de fibres et des fibres individuelles ont alors été sectionnés, au moyen de la très fine aiguille de verre d'un appareil à micromanipulation. Or, l'interruption de la continuité d'une fibre nerveuse en culture ne donne pas inévitablement lieu à la dégénérescence du bout de la fibre qui est séparé de son centre trophique ; dans des conditions expérimentales favorables, on observe après quelque temps la réunion des deux bouts sectionnés, par mouvement amiboïde des deux moignons, et la cicatrisation de la blessure par première intention (fig. 107).

Ainsi il n'y a pas de doute que dans certains cas les fibres sectionnées peuvent se cicatriser sans que le bout périphérique subisse une dégénérescence préalable. Ceci peut sembler surprenant. Mais, de même que la division cellulaire dans l'organisme se fait normalement par le mécanisme complexe de la mitose ou caryokinèse, tout en laissant dans certains cas le champ libre au processus plus

A

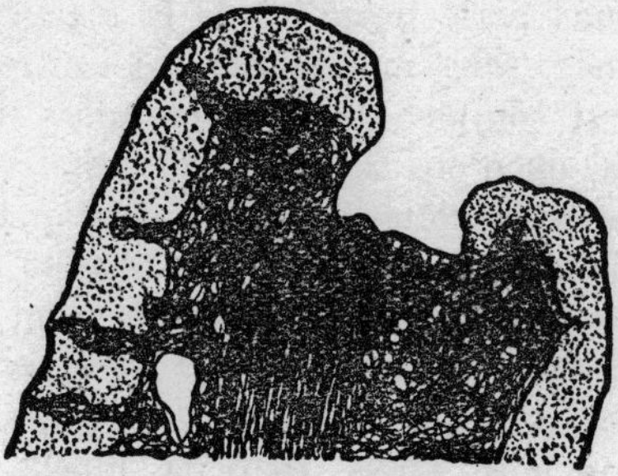

B

Fig. 106. — *Coupe longitudinale d'un barbillon du Poisson-chat* Ameiurus, *16 jours après l'excision de 4 mm. de son nerf, la température de l'eau étant à une moyenne de 13° C.* A. *Partie du barbillon proximale à l'excision nerveuse. Les fibres nerveuses sont normales, les bourgeons du goût sont présents dans l'épiderme.* B. *Partie du barbillon distale à l'excision nerveuse. Les fibres nerveuses sont normales, mais les bourgeons du goût ont degénéré et disparu* (R. M. *May*).

simple de l'amitose ou division directe, la dégénérescence du bout périphérique de fibres nerveuses sectionnées, avec néoformation ultérieure de fibres du bout central, semble céder le pas, dans certains cas, à leur cicatrisation par première intention.

Nous avons parlé jusqu'ici de la régénération des nerfs périphériques, sans mentionner les centres. C'est que ce processus, si complet dans les premiers, fait faillite dans les seconds, où n'ont lieu que des tentatives de néoformation infimes et incongrues. Il est vrai que chez les Vertébrés inférieurs, tels que les Batraciens et les Reptiles, un certain nombre d'expérimentateurs, dont Müller chez le Triton, Hooker et Lorente de Nó chez des têtards de Grenouille, Raposo chez des Urodèles adultes, ont observé la régénération des fibres dans la moelle épinière. Mais chez les Mammifères une vaste série d'expériences anatomopathologiques chez des espèces diverses, et un nombre énorme de cas cliniques suivis d'autopsies chez l'Homme, ont montré qu'il n'y a pas de régénération des voies centrales, et par conséquent pas de restauration de la physiologie normale des conducteurs interrompus. Dans la moelle épinière, notamment, après des signes de réparation compa-

---

Fig. 107. — *Régénération par première intention d'une fibre nerveuse d'embryon de Poulet en culture.* A. *Fibre photographiée 40 minutes après sa section* (à *x*). *Les deux moignons sont distincts.* B. *Deuxième photographie du même point de la fibre, 1 heure et demi plus tard. Reconstitution parfaite; la solution de continuité n'est plus reconnaissable* (*G. Levi et H. Meyer*).

Fig. 108. — *Greffe d'un bout de nerf sciatique sur le moignon rétinien d'un nerf optique sectionné chez le Lapin.* A, *nerf optique avec de nombreuses pousses nerveuses*; B, *bout du nerf sciatique sectionné*; C, *cicatrice intercalaire*; D, *pousses qui traversent la cicatrice*; a, *gaine fibreuse du nerf optique*; b, *gaine externe du nerf sciatique*; c, *fibres néoformées pénétrant dans le greffon* (*Leoz et Arcaute*).

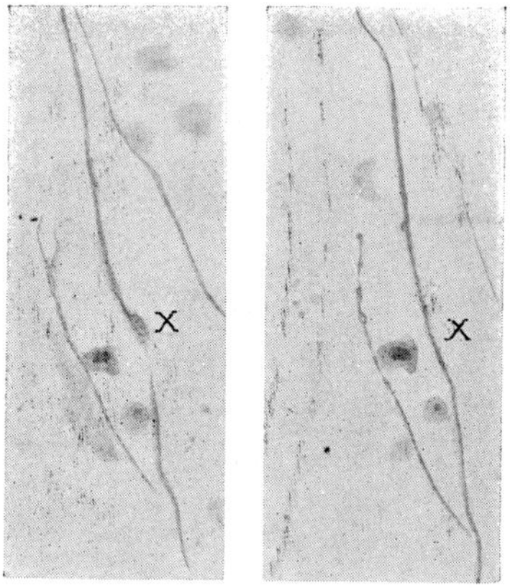

A B

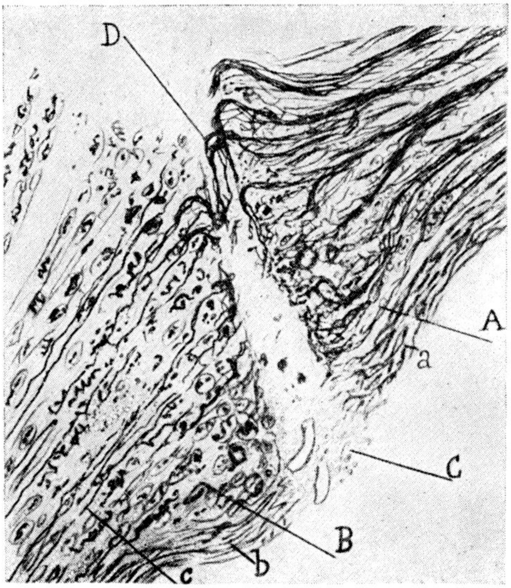

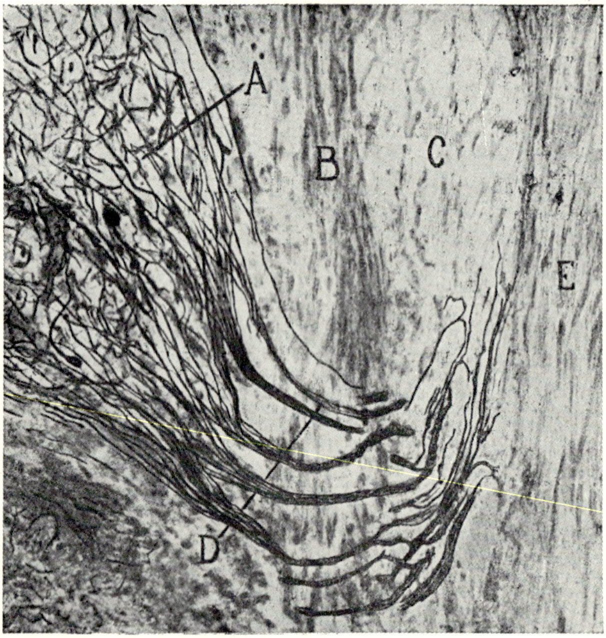
A
B
C
E
D

rables à ceux du bout central des nerfs périphériques, les pousses nerveuses néoformées s'atrophient et s'effrondrent.

Dans le cervelet et le cerveau, même ces tentatives frustes n'ont pas lieu ; on n'y peut observer, dans certains cas d'hémorragie, de ramollissement ou de tumeur chez l'Homme, et après des traumatismes chez d'autres Mammifères jeunes, que des réactions éphémères et abortives.

A quoi est due cette absence de régénération dans le névraxe ? D'après Cajal, les axones des centres, et dans une moindre mesure les dendrites, possèdent la capacité inhérente de reconstruire leur substance et de former de nouvelles projections. Mais pour que cette régénération puisse avoir une certaine vigueur et utilité il faut la collaboration, soit de cellules conjonctives embryonnaires, soit de cellules de Schwann rajeunies, telles qu'on les voit dans la régénération des fibres périphériques. Il est possible que dans le développement embryonnaire les neuroblastes eux-mêmes passent par une phase de sécrétion neurotrope spécifique ; il est aussi possible qu'alors les éléments de l'épendyme collaborent chimiquement pour leur servir de tuteurs et les orienter. Mais la spécialisation fonctionnelle du névraxe a imposé aux neurones deux grandes lacunes ; l'incapacité de proliférer, et l'irréversibilité de la différenciation intraprotoplasmique. Le développement une fois terminé, les sources intrinsèques de croissance et de régénération sont irrévocablement taries. Dans le milieu névroglique environ-

---

Fig. 109. — *Croissance des fibres cérébrales vers un nerf greffé ; le nerf sciatique dégénéré, sans fibres, a été implanté dans le cortex cérébral d'un Lapin adulte qui a été sacrifié 14 jours après cette opération.* A, *substance blanche du cortex* ; B, *membrane limitante formée par du tissu conjonctif* ; C, *conjonctif avec cellules granuleuses à la limite du nerf sciatique* ; D, *faisceaux de fibres qui traversent la membrane limitante et vont vers le greffon* ; E, *conjonctif en contact avec la gaine externe du nerf sciatique implanté* (*F. Tello*).

nant toute activité excitatrice cesse. Seuls des catalyseurs provenant d'éléments extrinsèques, tels que les cellules de Schwann rajeunies, seraient capables d'inciter les fibres à une puissante régénération.

Cette hypothèse est soutenue, non seulement par le fait qu'il n'y a pas dans les centres nerveux de cellules de Schwann ni de névrilemme, remplacés par la névroglie, mais encore par les études expérimentales faites sur la régénération du nerf optique, et celles sur la régénération des axones des cellules pyramidales, en présence d'un nerf en dégénérescence, dues à Tello et, plus récemment, à nous-même.

Le nerf optique, comme nous l'avons dit p. 156, n'est pas un nerf vrai, mais une voie centrale reliant une partie périphérique du névraxe au reste. Organisé comme la substance blanche du névraxe, il ne possède pas de névrilemme ni de cellules de Schwann dans ses fibres à myéline ; dans les interstices de celles-ci sont présentes des cellules névrogliques. Or, à la suite d'un traumatisme, le nerf optique ne régénère pas pleinement comme un nerf périphérique, mais réagit comme la moelle, par une régénération faible et fruste ; il semble que l'absence de cellules de Schwann rajeunies et de leurs agents neurotropes ne permette pas une complète régénération. Par contre, Tello, Leoz et Arcaute ont implanté entre les deux bouts d'un nerf optique sectionné un bout de nerf sciatique du même Lapin. Ils ont alors vu que des fibres optiques ont régénéré et ont pénétré dans ce nerf dégénéré, comme si elles étaient stimulées par ses cellules de Schwann (fig. 108).

Nous avons déjà mentionné p. 197 l'expérience de Tello. Ce savant a implanté dans le fond d'une incision cérébrale qui allait jusqu'à la substance blanche, chez le Lapin, un bout de nerf sciatique en pleine dégénérescence pris loin de sa section, afin d'éviter sa réhabitation préalable possible à partir du bout central. Dans certains cas, deux à cinq semaines après l'opération, des axones cérébraux ont pénétré dans le nerf implanté et y ont crû exactement comme les pousses néoformées du bout central d'un nerf périphérique sectionné, convergeant ici de différents points du cortex cérébral, et semblant attirés par une force irrésistible (fig. 109). De la simple moelle de sureau, trempée dans du suc exprimé d'un nerf en dégénérescence, et implantée dans le cortex cérébral d'un Lapin, attire également des fibres de la couche moléculaire.

Nous avons décrit par ailleurs (p. 119) la réhabitation par des fibres de cellules cérébrales de Souriceau nouveau-né d'un nerf de même espèce, tissus greffés dans la chambre antérieure de l'œil d'une Souris adulte (figs. 59 *bis*, 59 *ter*).

Ainsi, l'action des cellules de Schwann dans l'élaboration de substances attirantes semble bien exister dans les nerfs en dégénérescence. Il semble de plus que nous ayons à faire, non pas à une action dynamique, d'ordre physique, mais bien à l'élaboration de substances spécifiques neurotropes. Seules des recherches ultérieures pourront nous faire connaître la nature exacte de ces substances, leur formule, et peut-être même nous permettre d'en faire la synthèse.

XII

LE CHIMISME DU DEVELOPPEMENT NERVEUX

La voie morphologique mène à l'expérimentation, et celle-ci à une explication chimique et physique des phénomènes observés. Peu de recherches se sont occupées de l'aspect purement physique du développement du système nerveux, et les recherches sur son chimisme ne sont pas très nombreuses. Ceci est dû au fait que même la physique et la chimie du système nerveux adulte ne sont encore qu'aux premières phases de leur éclaircissement ; nous avons affaire là à des phénomènes infiniment complexes, encore peu étudiés. Nous nous devons pourtant de résumer les faits essentiels concernant le chimisme du développement nerveux, car nous venons de voir à quel point la chimie et la morphologie sont intimement liées dans la neurogénèse.

Il faut commencer par admettre que nous sommes, du point de vue chimique, à peu près au même stade où se trouvaient, pour le tissu nerveux, les histologistes avant les géniales découvertes de Golgi et de Ramón y Cajal. Ce n'est qu'en découvrant des techniques spécifiques que ces deux savants ont permis de préciser ce qui n'était que vaguement entrevu avant leur emploi, et de découvrir des structures complètement ignorées. De même, nous attendons et cherchons actuellement des techniques spécifiques qui nous permettent d'éclairer la chimie du tissu nerveux. C'est d'ailleurs précisément parce que l'histologie de la substance nerveuse constitue maintenant un champ presque complètement exploré que nous nous trouvons devant la nécessité de pousser plus avant l'expérimentation dans la voie physico-chimique.

Malgré les recherches sérieuses qui ont été faites sur la composition chimique du tissu nerveux, nous ne pouvons pas affirmer que nous connaissions le rôle physiologique exact d'un seul des constituants chimiques isolés du cerveau ou des nerfs périphériques. Résumons d'abord quels sont ces constituants dans le névraxe adulte, avant d'étudier leurs variations au cours de son développement.

Le premier grand travail d'ensemble, sur la chimie du cerveau, est dû à John Thudichum, et date seulement de 1884. C'est en grande partie à ce savant que nous devons nos connaissances actuelles sur la composition chimique du cerveau, et nous pouvons le considérer comme le fondateur de la chimie du système nerveux. Thudichum en a isolé, au moyen d'analyses systématiques, de nombreuses nouvelles et importantes substances, dont il a pu souvent déterminer la constitution exacte. C'est ainsi qu'il a découvert la céphaline, la sphingomyéline, la phrénosine, la kérasine, la sphingosine, et l'acide cérébronique. Son traité sur la composition chimique du cerveau est basé entièrement sur des recherches originales.

Depuis lors, de nouvelles méthodes en chimie organique et biologique ont été appliquées à cette question par quelques chercheurs. Parmi ceux-ci Waldemar Koch, avec ses collaborateurs, s'est particulièrement illustré. Il s'est appliqué à analyser le tissu nerveux au cours de son développement et de sa dégradation. Nous exposerons plus bas les principaux résultats qu'il a obtenus dans cette question.

Koch et Mann ont divisé les constituants chimiques du système nerveux en quatre groupes, d'après leur solubilité à chaud.

Solubles dans les solvants des graisses : 1. Lipides. — Phosphatides, cérébrosides, cholestérol, et une substance contenant du soufre.

Solubles dans l'eau et de nature non colloïdale : 2. Extractifs organiques. — Créatine, taurine, hypoxanthine, etc.

3. Constituants inorganiqus. — Cendres ou sels.

Insolubles dans les solvants des graisses et dans l'eau : 4. Protides. — Globulines, neurokératine, nucléoprotides.

Comme toutes les cellules, les éléments nerveux contiennent de l'eau, des constituants inorganiques — sodium, potassium, ammonium, calcium, magnésium, fer — en partie libres, en partie en combinaisons organiques, et trois séries de produits organiqus : des lipides, des protides, des glucides ou hydrates de carbone.

De tous les tissus des Mammifères, le sang et les humeurs exceptés, le névraxe est celui qui renferme le plus d'eau ; il en contient environ 80 pour cent chez l'adulte. La détermination de l'eau présente d'ailleurs des difficultés. Les tissus étant de nature colloïdale, il existe une tendance à former un équilibre entre l'eau libre et celle imbibée par les colloïdes, d'une part, et entre l'eau imbibée et l'eau de constitution de l'autre. C'est-à-dire que l'eau de constitution ne peut pas devenir libre sans passer par le stade intermédiaire d'eau imbibée.

L'eau cellulaire contient en solution de nombreux sels : chlorures, phosphates, sulfates, sels de sodium, de potassium, de calcium, de magnésium, des produits intermédiaires dans la formation des constituants du protoplasme, et des déchets de son métabolisme.

Parmi les produits organiques, ce sont indubitablement les lipides qui sont les plus caractéristiques du système nerveux. On n'y trouve guère de graisses simples, qui ne jouent qu'un rôle de réserves dans l'organisme, mais les lipoïdes y sont particulièrement abondants. Ce sont là des corps qui sont solubles dans les solvants des graisses simples, mais qui sont d'une composition chimique beaucoup plus complexe ; en général ils absorbent l'eau et sont biréfringents.

Les lipoïdes comprennent plusieurs groupes. Les uns contiennent du phosphore : ce sont les phospholipoïdes. D'autres n'en contiennent pas ; nous avons là des lipoïdes soufrés, dits sulfatides, des dérivés stéroliques, des cérébrosides ou lipoïdes hydrocarbonés.

1. Les lipoïdes phosphorés, très voisins des lécithines vraies. Ils sont formés par l'union de glycérine (glycérol) avec de l'acide phosphorique (acide glycérophosphorique) et deux acides gras, l'acide phosphorique étant lui-même relié à une base organique azotée à fonction alcool — la choline. Thudichum a appelé phosphatides les lipoïdes phosphorés du cerveau.

a) *Phosphatides non saturés.* — Certains des phosphatides contiennent des acides gras non saturés. Ils comprennent les céphalines, chez lesquelles la choline est remplacée par une base azotée plus simple, l'amino-éthanol. Avec le cholestérol, la céphaline type est le composant le plus important en poids du cerveau. En raison de la présence dans sa molécule d'un acide gras non saturé, c'est-à-dire de doubles liaisons, la céphaline possède d'importantes propriétés réductrices qui en font un colloïde très avide d'oxygène et par là très instable. Elle semble jouer un rôle important dans la respiration des tissus, et notamment dans celle du cerveau dont les besoins en oxygène sont les plus importants de l'organisme.

Comme tous les phosphatides non saturés, la céphaline peut, dissoute dans un solvant organique, tenir en dissolution de nombreuses substances organiques et inorganiques sans pour cela se lier moléculairement avec elles. Cette propriété fait penser que ces corps doivent jouer un rôle très important dans la régulation des échanges internes des tissus nerveux (Tcherniakofsky).

b) *Phosphatides saturés.* — Ces phosphatides sont beaucoup plus stables que les phosphatides non saturés. On ne sait presque rien de leurs propriétés physiologiques.

c) *Sphingomyélines.* — Ici est absente la glycérine. Leur molécule comprend de l'acide phosphorique, des acides gras spéciaux et deux bases organiques azotées, la choline et la sphingosine, plus complexe que la choline. Ce sont des constituants fondamentaux de la gaine de myéline.

2. Lipoïdes soufrés. — Les sulfatides n'ont pas encore été isolés chimiquement et ne peuvent encore être considérés comme des substances bien définies. Ces corps ne contiennent pas de phosphore, mais possèdent du soufre.

3. Dérivés stéroliques. — Ces corps ne renferment, comme les graisses simples, que du carbone, de l'oxygène et de l'hydrogène, mais possèdent une fonction alcool secondaire au lieu de glycérine. Le cholestérol est un des lipoïdes les mieux connus de l'organisme. Sa constitution chimique l'apparente aux sels biliaires, à la vitamine D, aux hormones sexuelles et corticosurrénales. Il existe dans presque toutes les cellules animales, mais est spécialement abondant dans le cerveau (20 à 25 pour 1000), le jaune d'œuf (20 pour 1000), le cortex surrénal (50 pour 1000). Son action la plus importante est antihémolytique et antitoxique. Il s'oppose notamment à l'action hémolysante de la lécithine en la fixant. Il précipite de même certaines toxines.

4. Cérébrosides. — Les cérébrosides sont des lipoïdes hydrocarbonés, ne contenant pas de phosphore, mais ren-

fermant du galactose, des acides gras, et la base azotée sphingosine. Ce sont des glucosides. Quatre cérébrosides ont été caractérisés chimiquement de façon adéquate : la phrénosine, la kérasine, le nervon, et l'acide cérébron sulfurique dont l'hydrolyse donne de l'acide sulfurique, de l'acide cérébronique, de la sphingosine, et du galactose. Les propriétés physiologiques des cérébrosides ne sont pas encore élucidées.

Les lipides du névraxe ont frappé l'imagination des chercheurs par leur abondance et leur variété. Relativement moins a été fait en ce qui concerne les protides et leur métabolisme. Il existe dans le névraxe des globulines, substances de poids moléculaire élevé. Principalement dans la gaine de myéline, formant sa charpente, se trouve une neurokératine, substance cornée et résistante, riche en soufre. Il existe de plus des protides très complexes qui comprennent, en plus de la molécule protidique, une molécule étrangère étroitement unie à elle. Les plus importants sont les nucléoprotides, que renferment surtout les noyaux des cellules animales et végétales ; ce sont des protides phosphorés. La molécule complémentaire, l'acide nucléique, est encore très complexe, à la fois azotée et phosphorée. Les acides nucléiques donnent par hydrolyse de l'acide phosphorique, des bases organiques complexes, et des sucres.

Les lipides et les protides se conjuguent d'ailleurs dans le protoplasme pour former des complexes lipoprotéiques.

A côté des glucides, déjà signalés dans les molécules complexes des lipoïdes et des protides, il existe dans le tissu du névraxe du sucre réducteur libre, en quantité moindre que dans le sang circulant, et une petite quantité de glycogène, ou amidon animal, composé de l'association de nombreuses molécules du sucre simple, le glucose.

Nous ne nous étendrons pas ici sur les extractifs du névraxe. Nombreux, artificiellement groupés d'après leur solubilité dans l'eau, ils semblent jouer en grande partie le même rôle dans le système nerveux que dans les autres tissus de l'organisme. Ce sont les matériaux de construction et de démolition de substances plus complexes.

Ayant ainsi passé rapidement en revue les divers constituants chimiques du névraxe, voyons leurs proportions aux différents stades du développement nerveux. Sans connaître leur rôle physiologique exact, le moment de leur apparition et leurs quantités respectives seront pourtant un guide partiel pour évaluer leur importance relative. Dans presque tous les cas les chercheurs les ont étudiés chez des Mammifères.

Le pourcentage d'eau dans le cerveau baisse au cours du développement. Donaldson a observé ce fait dans la croissance du Rat à partir de sa naissance, et W. Koch et Mann sur des cerveaux humains de différents âges. M. L. Koch a trouvé un chiffre de 89,58 pour cent d'eau dans le cerveau de Ratons blancs nouveau-nés, tandis que ce chiffre tombe à 78,10 chez le Rat adulte. Rosenheim a obtenu 90,29 pour cent d'eau dans le cerveau de fœtus humains de 36 semaines et 85,8 pour cent chez le bébé peu après sa naissance; chez l'Homme adulte Lentz a trouvé un chiffre moyen de 79,79 pour cent pour la totalité des hémisphères cérébraux. Certains biologistes voient dans cette déshydratation tissulaire un trait fondamental du vieillissement.

Le tube neural semble être constitué, au début, presque entièrement par des protides. Ceci ressort des travaux de Marza qui a vu, au moyen de techniques histochimiques, que, chez l'embryon de Poulet, il n'existe pas de lipoïdes dans le tube nerveux aux premiers stades de sa formation. Puis ceux-ci apparaissent au cours de son développement, plus abondants à un stade donné dans sa partie antérieure, qui formera le cerveau, que dans sa partie postérieure, qui donnera la moelle. Ceci semble indiquer que le plan morphologique du névraxe se dessine dans un milieu de protides et d'hydrates de carbone, tandis que les lipoïdes, constituants essentiels du névraxe développé, sont ajoutés par la suite. Joseph Needham compare le système nerveux à un bâtiment en ciment armé où les protides représenteraient l'armature, et les lipoïdes les murs en ciment.

Aux premiers stades du développement nerveux, avant la formation de gaines myéliniques, il semble y avoir surtout une augmentation de poids, sans différenciation chimique marquée, des différents éléments du névraxe. C'est ainsi que Raske, travaillant en 1896 sur le cerveau de l'embryon de la Vache, et Mendel et Leavenworth en 1908 sur celui du jeune embryon de Porc, n'ont pas observé de grandes différences chimiques entre la substance grise et la substance blanche. Il semble en être de même chez le fœtus humain, d'après les analyses déjà anciennes de von Bibra et de Schossberger.

Si l'on compare, comme l'a fait Needham, les chiffres obtenus par Raske dans le cerveau de l'embryon de Vache de 62 cm. de longueur avec ceux de Petrovski, observés dans le cerveau de cet animal adulte, on obtient le tableau suivant, exprimé en pourcentage de poids sec.

	Cerveau : Embryon de Vache de 62 cm.	Cerveau : Vache adulte	
	Substances grise et blanche	Substance grise	Substance blanche
	—	—	—
Protides	45,17	55,37	24,72
Phosphatides.	6,63	17,24	9,90
Cholestérol ..	18,31	18,68	51,90
Extractifs ...	20,45	6,71	3,34
Cendres	9,43	1,45	0,57

Il est difficile d'obtenir des embryons des gros Mammifères à des moments déterminés de leur développement. Chez les petits animaux de laboratoire, par contre, on n'obtient suffisamment de matériel chez un seul individu qu'à la naissance. Mais comme il semble que la différenciation chimique du névraxe ait surtout lieu après la naissance, ceci ne présente pas un très gros inconvénient pour ce genre de recherches.

C'est ainsi que W. Koch et M. L. Koch ont fait un travail très complet sur la différenciation chimique du cerveau du Rat blanc au cours de son développement post-natal. Ils ont utilisé des rats âgés de 1, 10, 20, 40, 120 et 210 jours; à cette dernière date on a affaire à un Rat adulte. Ces distingués biochimistes font remarquer que la différenciation chimique du névraxe est due très largement à la formation en grandes quantités de gaines de myéline autour des fibres, et à celle du tissu de soutien, la névroglie. Donaldson a montré que, chez les Mammifères, environ 88 pour cent du cerveau adulte sont constitués par les axones et leurs gaines, et 12 pour cent par les corps cellulaires, les dendrites, et le tissu de soutien.

Koch et Koch ont divisé la croissance du système nerveux, à partir de la formation du canal médullaire jusqu'au névraxe adulte, en quatre périodes.

1. La première période, pendant laquelle la division cellulaire est le trait dominant, comprend, chez le Rat, toute la vie embryonnaire. Ce n'est que peu avant la naissance que les divisions des cellules nerveuses commencent à diminuer. Koch et Koch n'ont pas fait d'analyses chimiques chez le Rat pendant cette période, mais M. L. Koch a étudié le cerveau d'embryon de Porc. Chez cette espèce on observe, à partir de l'embryon de 50 millimètres de long (environ 40 jours de gestation) jusqu'à l'embryon de 200 millimètres (environ 88-90 jours de gestation) les variations relatives suivantes des constituants, exprimées en pourcentage du poids sec du cerveau, c'est-à-dire les unes par rapport aux autres : une diminution des protides de 54,47 à 43,8, une augmentation des phosphatides de 15,41 à 17,2, et du cholestérol de 2,4 à 4,4 (chez l'embryon de 100 millimètres — environ 55-62 jours de gestation), un

poids constant des « sulfatides », aux environs de 0,90, quantité faible, et des extractifs et cendres aux environs de 23 ; l'eau reste aux environs de 90 pour cent du poids total ; mais on constate l'absence complète de cérébrosides. Ainsi, à cette période du développement nerveux, ce sont les protides, les extractifs, les sels et l'eau qui sont les constituants prédominants du cerveau ; les phosphatides commencent à y augmenter en quantité, relativement aux autres constituants ; les sulfatides y sont en faible quantité ; mais il ne contient pas du tout de cérébrosides.

2. La deuxième période dure, chez le Rat, depuis la naissance jusqu'à environ 10 jours d'âge. Elle est caractérisée par la formation des fibres à partir des corps cellulaires et par l'augmentation de leur taille. On voit pendant cette période, en pourcentage du poids sec du cerveau, les variations relatives suivantes de ses constituants : les protides baissent légèrement de 58,25 à 56,5, de même que les phosphatides de 15,2 à 12,3, et les extractifs et cendres de 17,49 à 15,1 ; mais les « sulfatides » augmentent de 1,45 à 2,6, et le cholestérol de 7,2 à 13,5. Comme l'eau baisse de 89,58 à 87,5 du poids total, et que le cerveau augmente en poids frais de 0,25 à 0,86 gm., les constituants solides augmentent considérablement en poids absolu. Les protides, en particulier, sont formés rapidement, à un taux de 4 à 5 milligrammes par jour. Mais les cérébrosides sont toujours absents.

3. La troisième période va, chez le Rat, du dixième au vingtième jour. C'est la période de croissance la plus rapide, pendant laquelle commencent à être élaborées les gaines de myéline. Des cérébrosides prennent alors naissance, et les phosphatides se forment en grande quantité, atteignant le taux maximum de 3,5 milligrammes par jour. Il y a augmentation de taille des corps cellulaires ; aussi le taux des extractifs organiques et des constituants inorganiques (cendres) reste semblable à celui de la période précédente.

Le taux de formation des « sulfatides » atteint son maximum. Le cerveau frais pèse maintenant 1,28 grammes, et ne contient plus que 82,5 pour cent d'eau. Comparés aux pourcentages du poids sec de la période précédente, les constituants solides du cerveau montrent les variations relatives suivantes : une légère baisse des protides à 53,3, une baisse du cholestérol à 5,25, une augmentation des phosphatides à 21,4, l'apparition des cérébrosides à 3,0, et des taux constants des « sulfatides » à 2,5 et des extractifs et cendres à 14,55.

4. Enfin, la quatrième période de croissance est caractérisée par la continuation de la formation des gaines de myéline. La croissance protoplasmique est, par contre, très ralentie, et il y a alors une grande réduction dans le taux absolu de formation de tous les constituants sauf les cérébrosides. Le taux absolu de formation des cérébrosides augmente entre le vingtième et le quarantième jour après la naissance ; il égale presque à ce moment celui des phosphatides, et est plus de la motié de celui des protides. Les cérébrosides contribuent donc pour une large part à la formation des gaines de myéline. Les « sulfatides » aussi continuent à être formés à un taux élevé ; relativement à leur quantité absolue, ils sont formés plus rapidement que tout autre constituant. Ainsi, entre le cent vingtième et le deux cent dixième jour, la quantité totale de « sulfatides » formée surpasse celle des cérébrosides et égale presque celle des phosphatides. La production constante des « sulfatides » est donc un trait caractéristique des stades tardifs de production des gaines de myéline, de même qu'une augmentation du taux des phosphatides et l'apparition des cérébrosides caractérisent le début de leur formation.

Pendant la période adulte ou stationnaire, qu'on peut faire arbitrairement commencer au deux cent dixième jour après la naissance chez le Rat, il n'y a plus guère de variations chimiques, sauf une lente déshydratation cérébrale. A ce moment le cerveau frais pèse 1,67 grammes et contient 78,1 pour cent d'eau. Les taux relatifs de ses divers consti-

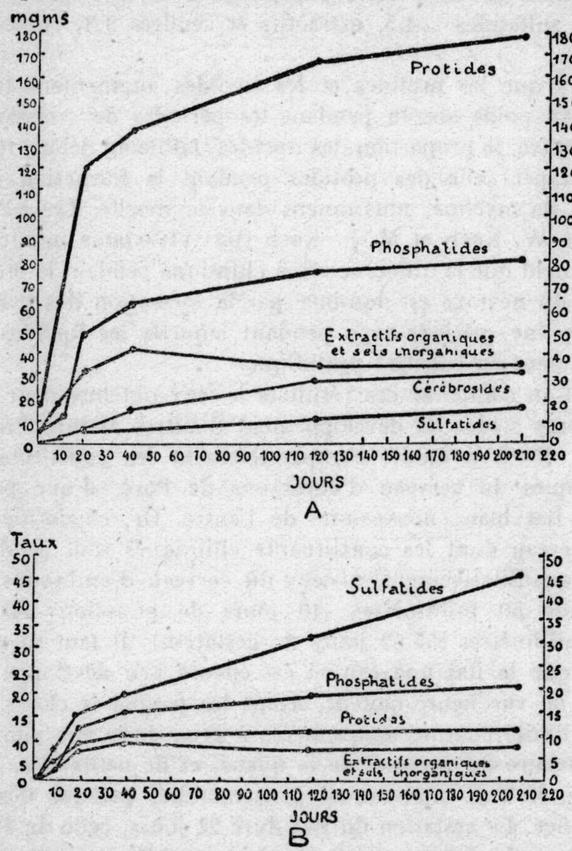

Fig. 110. — A. *Quantités absolues des constituants d'un cerveau de Rat blanc au cours de son développement post-natal.*

B. *Taux d'augmentation des constituants dans un cerveau de Rat blanc au cours de son développement post-natal, la quantité de chaque constituant à la naissance étant prise comme unité* (*W. Koch et M. L. Koch*).

tuants sont les suivants, exprimés en pour cent de son poids sec : protides 48,5, phosphatides 22,0, cérébrosides 8,4, « sulfatides » 4,5, extractifs et cendres 9,8, cholestérol 6,8.

Alors que les protides et les lipoïdes augmentent tous deux en poids absolu pendant les périodes de croissance du névraxe, la proportion des lipoïdes, faible au début, tend à rattraper celle des protides pendant la formation des gaines de myéline, notamment dans la moelle. Les résultats de W. Koch et M. L. Koch (fig. 110) nous montrent clairement que la différenciation chimique pendant la croissance du névraxe est dominée par la formation des gaines de myéline, période type pendant laquelle les lipoïdes se surajoutent au substrat protidique.

Peut-on comparer ces résultats à ceux obtenus pour les différents stades de développement d'autres Mammifères ? M. L. Koch a étudié comparativement les constitutants chimiques du cerveau d'embryons de Porc, d'une part, et de Rat blanc nouveau-né de l'autre. Or, ce dernier a un cerveau dont les constituants chimiques sont semblables, quantitativement, à ceux du cerveau d'embryons de Porc de 50 millimètres (40 jours de gestation) et de 100 millimètres (55-62 jours de gestation). Il faut se rappeler que le Rat nouveau-né est encore peu développé au point de vue neuro-moteur, ayant les paupières closes, et étant limité comme mouvements à ceux de la succion, de la courbure du corps et de la queue, et de petits cris. Par contre, le Porc nouveau-né peut marcher presque dès la naissance. La gestation du Rat dure 21 jours, celle du Porc 125 jours. Le Raton atteint un plein contrôle neuro-moteur 42 jours après la conception, au moment du sevrage (21 jours après la naissance), tandis que le Porc l'atteint à la naissance, 125 jours après sa conception. Or, nous venons de voir que M. L. Koch a observé qu'à mi-temps, c'est-à-dire 21 jours après la conception du Rat (naissance) et

62 jours après celle du Porc (embryon de 100 millimètres), les cerveaux ont une constitution chimique semblable. Les couches externes du cervelet, qui ont d'étroits rapports avec le contrôle neuro-moteur, sont également au même stade de formation à cette période de leur développement respectif, ainsi que l'ont observé Addison et Takasu. Il s'ensuit qu'il y a corrélation entre la constitution chimique du névraxe et le développement physiologique neuro-moteur. La comparaison du chimisme du névraxe des différents Mammifères ne peut donc se faire en fonction du temps de son développement, mais seulement en tenant compte de son état physiologique, qui dépend lui-même du degré exact de développement des neurones qui le constituent.

C'est dans ce sens qu'il faut interpréter les résultats de Smith et Mair sur le cerveau du Chien. Ils n'ont étudié que les lipides, après extraction au chloroforme, à partir du troisième jour après la naissance jusqu'au Chien adulte. Ils ont observé que si le cholestérol reste assez stable, pendant cette période de croissance, n'allant que de 18,3 à 21,8 pour cent des solides extraits, les cérébrosides augmentent considérablement (1,5 à 21,4 pour cent), tandis que les phosphatides augmentent de 52,0 pour cent (3 jours) à 60,0 pour cent à 21 jours, pour retomber à 44 pour cent chez l'adulte.

Smith et Mair ont étudié de la même façon le cerveau humain, depuis le fœtus à terme jusqu'à l'adulte, mais en séparant la substance blanche de la substance grise. Dans les deux cas le cholestérol est resté constant pendant la croissance (18,0 à 19,1 pour cent — substance grise ; 22,5 à 23,4 pour cent — substance blanche) et les cérébrosides ont augmenté, surtout dans la substance blanche (3,6 à 6,7 pour cent — substance grise ; 3,8 à 20,6 pour cent — substance blanche). Mais les phosphatides augmentent seulement dans la substance grise (29,2 à 52,7 pour cent) tandis qu'ils baissent dans la substance blanche (53,2 à 38,4 pour cent). Il semble donc que dans le cerveau de Chien l'augmentation, puis la baisse des phosphatides, soient la résultante de deux processus opposés. Une étude plus complète de la croissance de l'encéphale humain a été faite par Macarthur et Doisy.

Koch et Mann avaient montré, sur des cerveaux humains d'âges différents, qu'avec le temps il y a une diminution de l'eau, des protides, des extractifs et des cendres, et une augmentation des cérébrosides, des « sulfatides », des phosphatides, et du cholestérol, c'est-à-dire des substances qui prédominent dans les fibres à myéline. Macarthur et Doisy, usant de la même méthode, ont étendu le champ de leurs recherches à des cerveaux humains des âges ci-dessous : fœtus de 3 et 7 mois, enfants de 1, 3, et 24 ? mois, adultes de 21, 33, 35 et 67 ans.

Pendant la croissance de l'encéphale il y a augmentation du pourcentage des protides, phosphatides, « sulfatides », cérébrosides, du cholestérol, et des solides totaux ; mais il n'y a que peu de variation du pourcentage des extractifs, organiques ou inorganiques. L'eau décroît régulièrement jusqu'à l'âge adulte.

D'autre part, si l'on étudie, non plus le pourcentage de ses constituants par rapport au cerveau frais, mais le pourcentage de ceux-ci par rapport aux solides à l'état sec, c'est-à-dire les uns par rapport aux autres, on constate que les lipoïdes augmentent tous rapidement jusqu'à quelques mois après la naissance, puis plus lentement jusqu'à l'âge adulte. Les cérébrosides ne sont présents à l'état libre qu'à environ le moment de la naissance. Les protides baissent lentement, avec la croissance, par rapport aux solides totaux, tandis que les extractifs organiques et inorganiques décroissent très rapidement.

C'est à la naissance que la plupart des constituants cérébraux sont formés le plus rapidement. Mais ceci n'a lieu, pour les cérébrosides et « sulfatides », qu'environ 3 mois après.

Le cerveau d'un enfant nouveau-né s'accroît chaque jour dans les proportions suivantes, exprimées en milligrammes : eau 3270, solides 494 ; lipoïdes 165, dont phosphatides 85, cholestérol 70 (+), « sulfatides » 7,7, cérébrosides 1,9 ; protides 186 ; extractifs organiques 100, et inorganiques 44 ; soufre 2,3 ; phosphore 8,5.

Exprimées en pourcentage du tissu total *frais*, voici les quantités de ses constituants chez un fœtus de 3 mois et chez un adulte de 21 ans :

	Fœtus 3 mois	Adulte 21 ans
	—	—
Eau	91,91	77,25
Solides	8,09	22,75
Lipoïdes	1,78	12,32
dont :		
Phosphatides	1,04	5,80
Cérébrosides	0	1,20
« Sulfatides »	0,16	1,75
Cholestérol	0,58	3,57
Protides	3,77	8,14
Extractifs organiques ..	1,54	1,24
Extractifs inorganiques.	1,00	1,04
Soufre	0,045	0,104
Phosphore	0,151	0,352

L'augmentation en poids de certains de ces constituants, au cours des 56 premiers mois de la vie, est montrée dans la figure 111, et leur augmentation par jour dans la figure 112. Le changement le plus notable a lieu vers le troisième mois de la vie fœtale ; à ce moment les lipoïdes et les protides se forment plusieurs fois plus vite qu'auparavant.

Si l'on divise l'encéphale en trois parties : 1. hémisphères cérébraux, 2. cervelet, et 3. le reste, ou tronc cérébral, on voit que c'est dans cette dernière partie que se trouve le

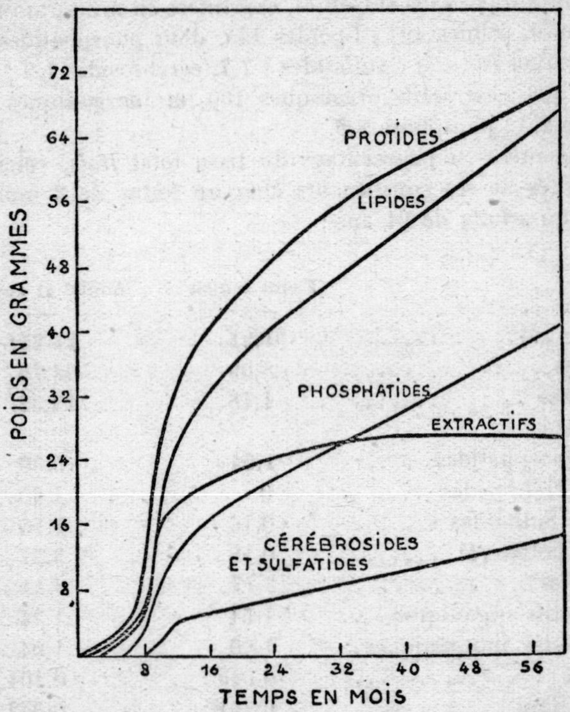

Fig. 111. — *Augmentation en poids de divers constituants cérébraux chez l'Homme, au cours des 56 premiers mois de la vie (C. G. Macarthur et E. A. Doisy).*

plus fort pourcentage de solides, de lipoïdes totaux, et de chaque lipoïde, mais le moins de protides, d'extractifs et d'eau. Les hémisphères ne sont pas très différents chimiquement du tronc cérébral, mais le cervelet montre certaines variations. C'est le tronc cérébral qui se différencie le premier et le plus rapidement ; les hémisphères suivent de près. Mais, d'après Macarthur et Doisy, le cervelet

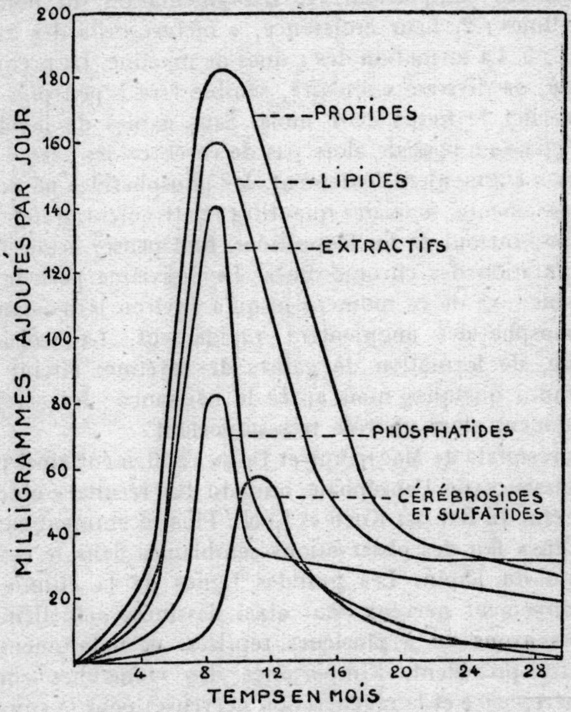

Fig. 112. — *Augmentation en poids par jour de divers constituants cérébraux chez l'Homme, pendant les 28 premiers mois de la vie* (*C. G. Macarthur et E. A. Doisy*).

n'atteint jamais le même haut niveau de différenciation ; il ne serait pas seulement moins rapide dans son développement que le reste de l'encéphale, avec moins de gaines de myéline, mais il constituerait la partie la plus jeune de l'encéphale, avec le taux de métabolisme le plus élevé.

Comme W. Koch et M. L. Koch l'ont fait chez le Rat, Macarthur et Doisy divisent la croissance cérébrale humaine en périodes comportant : 1. L'augmentation du nombre des cellules ; 2. Leur croissance, y incluse celle des cylindraxes ; 3. La formation des gaines de myéline. La première période, de division cellulaire, semble être à peu près terminée chez le fœtus de 7 mois. Sans gaines de myéline, l'encéphale ne possède alors pas de cérébrosides ; les « sulfatides » augmentent lentement, les phosphatides ne dominent pas encore, mais des quantités relativement grandes de protides, surtout de nucléoprotides, font penser à une forte augmentation des chromosomes. La deuxième période, de croissance, va de ce moment jusqu'à environ la naissance ; les phosphatides augmentent rapidement. La troisième période, de formation de gaines de myéline, atteint son maximum quelques mois après la naissance ; les cérébrosides jouent alors un rôle très important.

Les résultats de Macarthur et Doisy confirment ainsi pour la croissance de l'encéphale humain les résultats obtenus chez celui du Rat par Koch et Koch. Plus récemment encore Blacklin a fait des observations semblables dans le cas du cerveau du Lapin. Les grandes lignes de la chimie du développement nerveux sont ainsi dessinées actuellement.

Nous avons vu à plusieurs reprises, et notamment au chapitre précédent, l'importance des recherches sur la dégénérescence et la régénération nerveuses pour la compréhension de la morphologie et du développement du système nerveux. Ne peut-on concevoir qu'un rôle aussi important, vis-à-vis du chimisme nerveux, peut être joué par des recherches sur la chimie de ces processus ? C'est ce point de vue qui nous a poussé à entreprendre une série de travaux sur la chimie de la substance nerveuse au cours de sa dégradation expérimentale.

Appliquant à cette question les méthodes microchimiques

de Pregl, nous avons tout d'abord constaté que la teneur en soufre et en phosphore ne varie, dans les deux hémisphères cérébraux du Cobaye, que dans des limites très restreintes. On peut donc faire subir des opérations à un des hémisphères en vue de dosages ultérieurs, l'autre hémisphère, resté intact, servant de témoin.

Puis nous avons pratiqué, chez ce même animal, la

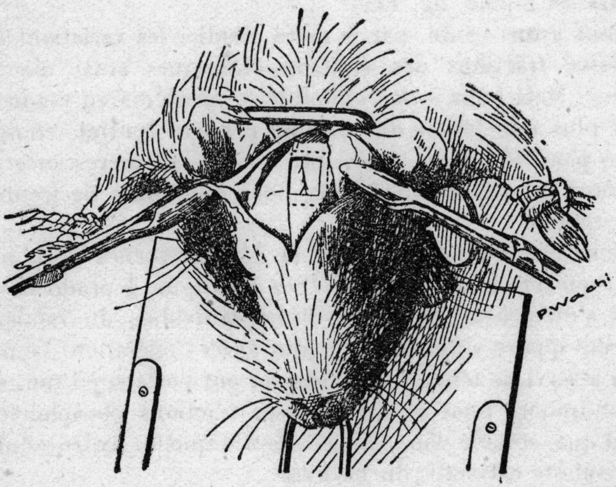

Fig. 113. — *Opération donnant lieu à l'encéphalite traumatique chez le Cobaye. La ligne pointillée indique la région de l'hémisphère cérébral qui est séparée du reste du cerveau* (*R. M. May*).

lésion d'un hémisphère cérébral (fig. 113), donnant ainsi lieu à une encéphalite traumatique. Nous avons dosé l'eau, l'azote, le soufre et le phosphore dans leur totalité pendant les 8 premiers jours de désintégration nerveuse, et 29 jours après l'opération, lorsque la substance nerveuse qui se trouve à la place de celle qui avait été lésée est normale histologiquement.

L'encéphalite traumatique se traduit par des variations du taux des facteurs chimiques que nous avons étudiés. Le phosphore diminue notablement dans la substance nerveuse en dégradation. Il n'y a qu'une légère augmentation de l'eau. Mais l'azote et le soufre augmentent nettement, l'augmentation de l'azote étant assez régulière pendant les premiers jours qui suivent la lésion, tandis que celle du soufre est rapide (fig. 114).

Nous avons voulu, par la suite, étudier les variations des diverses fractions des facteurs chimiques ainsi mis en valeur. Mais nous avons simplifié le problème en étudiant, non plus une lésion du système nerveux central, compliquée par l'ischémie, mais une simple dégénérescence du système nerveux périphérique, non compliquée de troubles vasculaires.

Nous avons ainsi provoqué la dégénérescence d'un nerf sciatique en le sectionnant chez le Lapin. L'étude de ce nerf s'est échelonnée, chez divers individus, du septième au cent quatre-vingt-seizième jour après l'opération. Le nerf sain a servi de témoin. Les dosages ont porté sur l'eau, sur le phosphore total et sur diverses fractions phosphorées : lipidique, soluble dans l'alcool, protidique, et hydro-soluble (phosphore extractif) du nerf sec.

L'augmentation de la teneur en eau dans les nerfs dégénérés est concomitante avec une hausse de la fraction phosphorée qui est soluble dans l'eau et qui doit contenir les phosphates et les combinaisons organiques simples de l'acide phosphorique. Par contre, la diminution des deux tiers du phosphore total est due à une baisse des neuf dixièmes de la fraction lipidique, contenant les phosphatides, à une baisse des deux tiers d'une fraction phosphorée soluble dans l'alcool mais non pas dans un mélange d'éther et de benzène ou dans l'eau, et enfin à une baisse des deux tiers de la fraction protidique (fig. 115).

Ainsi, la dégradation des constituants cellulaires com-

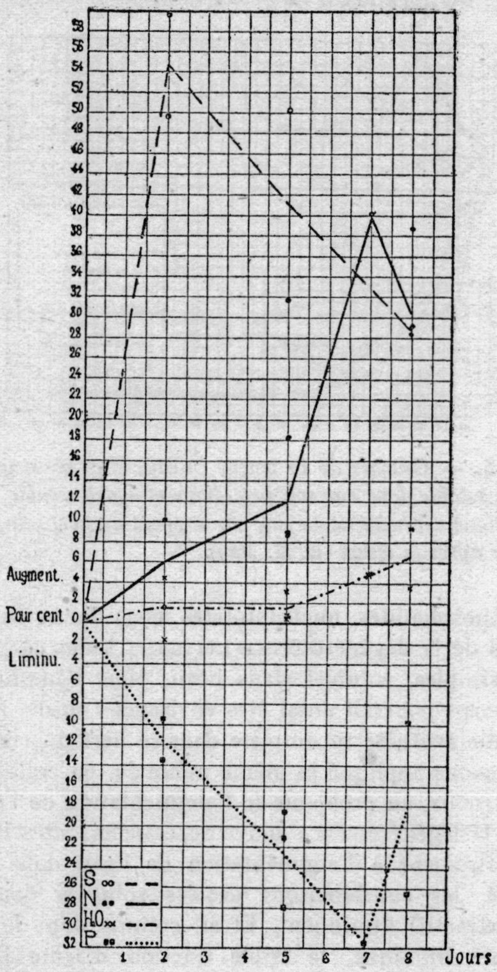

Fig. 114. — *Courbes de la teneur en eau, en azote, en soufre et en phosphore, de la substance nerveuse en désagrégation par rapport à la substance saine, pendant les 8 premiers jours après la lésion montrée dans la figure 113* (R. M. May).

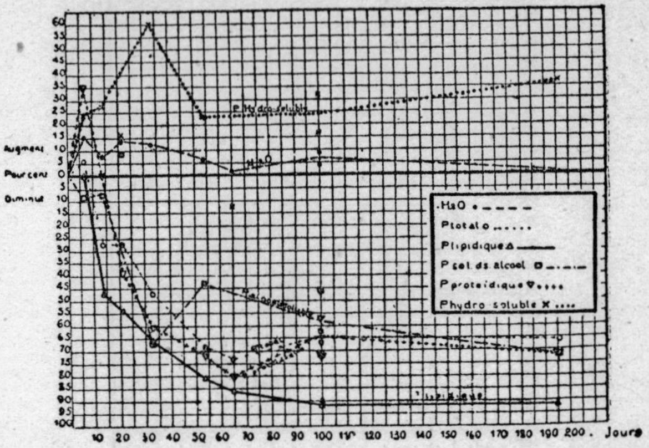

Fig. 115. — *Courbes de la teneur en eau, et en phosphore total, lipidique, soluble dans l'alcool, protidique et hydro-soluble, dans un nerf sciatique dégénéré de Lapin, par rapport au nerf sain, pendant 196 jours après la lésion* (*R. M. May*).

plexes (phosphatides, nucléoprotides, etc.) donne naissance, au cours de la dégénérescence nerveuse, à des corps phosphorés simples, solubles dans l'eau. Mais l'augmentation de ces corps pourrait aussi être envisagée comme l'expression d'une synthèse incomplète dans le nerf dégénéré.

Nous avons appliqué la même méthode, en collaboration avec J. Arnoux, au problème de l'augmentation de l'azote au cours de la dégénérescence nerveuse, cette fois chez le Chien.

Contrairement à l'augmentation de l'eau dans le nerf dégénéré, les combinaisons azotées solubles dans l'eau (azote extractif) diminuent. Et si, comme dans le cas du phosphore lipidique, la faible fraction d'azote lipidique baisse, par contre, et inversement à ce qui se passe pour les fractions phosphorées correspondantes, l'azote total et ses combinaisons soluble dans l'alcool et protidique augmentent dans le nerf dégénéré (fig. 116).

Comment doit-on interpréter ces résultats ? Il est tout d'abord possible que certaines augmentations observées au cours de la désintégration nerveuse pourraient n'être que relatives, à cause de l'élimination d'autres éléments. Mais il nous semble que l'histologie de la dégénérescence nerveuse peut nous être d'une aide précieuse pour cette interprétation.

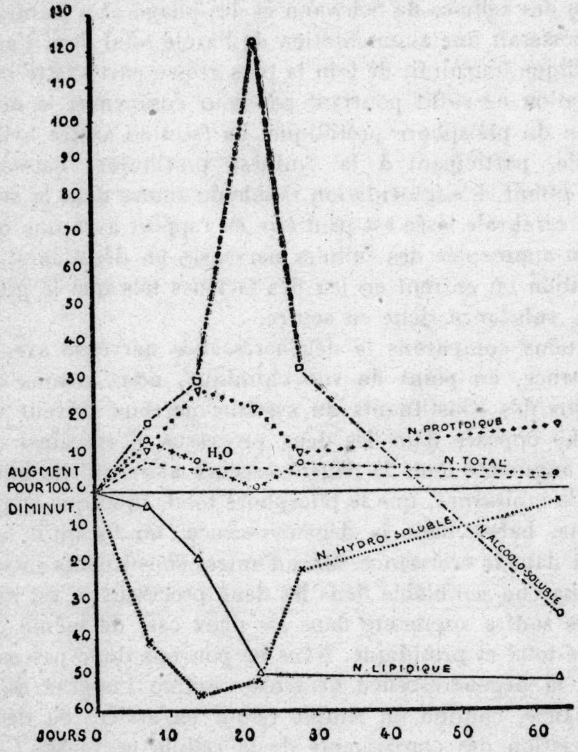

Fig. 116. — *Courbes de la teneur en eau et en azote total, lipidique, soluble dans l'alcool, protidique et hydro-soluble, dans un nerf sciatique dégénéré de Chien par rapport au nerf sain, pendant 63 jours après la lésion* (*R. M. May et J. Arnoux*).

A la dégradation de la fibre et de la myéline correspondrait la diminution des fractions phosphorées autres que la fraction hydrosoluble (extractifs), diminution qui très vraisemblablement est en rapport avec une désintégration des phosphatides, dont ferait partie la fraction azotée lipidique qui baisse également. Par contre, la multiplication des cellules de Schwann et des phagocytes immigrés comporterait une augmentation de l'azote total dont l'azote protidique fournirait de loin la plus grosse part ; cette multiplication ne suffit pourtant pas pour compenser la diminution du phosphore protidique. La fraction azotée hydrosoluble, participant à la synthèse protidique, baisserait pour autant. L'augmentation rapide du soufre dans la substance cérébrale lésée est peut-être en rapport avec une oxydation augmentée des cellules nerveuses en désintégration, oxydation où entrent en jeu des facteurs tels que le glutathion, substance riche en soufre.

Si nous comparons la dégénérescence nerveuse avec sa croissance, au point de vue chimique, nous voyons que certains des constituants du système nerveux suivent une marche opposée dans les deux processus. C'est ainsi que l'eau augmente dans la dégénérescence alors qu'elle baisse dans la croissance, que le phosphore total, lipidique et protidique, baisse dans la dégénérescence, tandis qu'il augmente dans la croissance. Mais d'autres constituants suivent une marche semblable dans les deux processus. C'est ainsi que le soufre augmente dans les deux cas, de même que l'azote total et protidique. Nous ne pouvons donc pas envisager la dégénérescence nerveuse comme l'opposé de la croissance, comme un simple retour en arrière ou dédifférenciation des constituants de la cellule nerveuse. C'est plutôt un processus où cette dédifférenciation a bien lieu pour certains des constituants chimiques, mais où, en plus, des transformations cellulaires spéciales comportent également des changements chimiques qui lui sont particuliers.

XIII

LES HORMONES DANS LE DÉVELOPPEMENT NERVEUX

Pendant une longue période après que l'on sût définitivement, dans les temps modernes, que le système nerveux est le centre coordinateur des organismes supérieurs, on l'a cru seul capable, chez eux, d'exercer les fonctions de la conduction et de la corrélation.

Mais, dès 1889, Brown-Séquard eut la divination de l'endocrinologie moderne en posant que les glandes à sécrétion interne déversent dans le sang des animaux des principes nécessaires à sa constitution, que tous les tissus ont une valeur sécrétoire pour le sang, et qu'enfin les diverses parties de l'organisme animal sont rendues solidaires les unes des autres par le milieu intérieur constitué par le sang, donc par un mécanisme différent du système nerveux, un mécanisme humoral.

Plus tard, en 1902, Bayliss et Starling, dans une expérience classique, ont montré le pouvoir qu'a un extrait chlorhydrique de muqueuse intestinale de provoquer la sécrétion du suc pancréatique. Ils créaient ainsi la notion d'hormone (du grec ορμᾶω, j'excite) : substance chimique élaborée par un tissu glandulaire, déversée dans le sang et amenée par lui au contact de certains éléments ou organes réactionnels sur lesquels elle exerce une action spécifique. Les hormones agissent d'ailleurs à très faibles doses ; des concentrations du millième ou du millionième de milligramme sont couramment employées dans les laboratoires.

Fig. 117. — *Idiot myxœdémateux âgé de 20 ans* (*P. Sainton, H. Simonnet, et L. Brouha*).

Parmi les nombreuses hormones qui furent étudiées par la suite, Gley proposait, en 1920, d'isoler un groupe spécial de substances qui agissent au cours de la croissance en assurant aux êtres vivants un développement harmonieux. Ce sont les harmozones (du grec ἁρμόζω, je règle, je dirige).

Or, parmi les tissus et organes dont le développement est ainsi réglé par des hormones se trouve le système nerveux. Il n'est besoin, pour s'en convaincre, que d'avoir sous les yeux un individu atteint, de façon congénitale, de grande insuffisance d'une des glandes à sécrétion interne — la thyroïde (fig. 117). On se trouve alors en présence d'un idiot myxœdémateux ou crétin. Ce nain a la tête volumineuse, le cou large et court, le ventre énorme et tombant, les membres pachydermiques, la peau sèche et pâle, infiltrée d'un œdème caractéristique, des organes génitaux rudimentaires. L'atrophie congénitale, de la thyroïde provoque des troubles du système nerveux qui peuvent aller jusqu'à l'idiotie complète, l'enfant ne traduisant ses réactions que par des cris inarticulés. Dans d'autres cas où l'insuffisance thyroïdienne est moins considérable quelques signes d'affectivité existent, mais l'idéation et le langage sont réduits au minimum, et le malade vit au ralenti, les quelques acquisitions qu'il est capable de faire n'ayant lieu qu'avec une lenteur extrême. Lorsqu'il veut se déplacer, ses mouvements sont lents, difficiles et maladroits.

L'examen histologique du système nerveux, dans ces cas montre des lésions cellulaires. C'est ainsi que Matt a observé la chromatolyse des cellules pyramidales, de Betz, et nucléaires du bulbe, et l'hyperplasie névroglique du cortex. Marinesco a noté la diminution du nombre des cellules nerveuses et de leur volume, avec moindre développement de leurs prolongements — surtout dans le cortex cérébral. Il a également vu la diminution des fibres tangentielles, et la persistance, en certains points du cortex et dans la circonvolution de l'hippocampe, de cellules granulaires et de cellules de Cajal, qui disparaissent en général après la période embryonnaire ; l'hypothyroïdie provoque ainsi un retard dans le développement des centres nerveux. Marinesco a en outre noté la présence de glycogène dans les ganglions, les noyaux radiculaires, les olives, etc., témoignant soit d'un trouble du métabolisme rappelant celui des tissus embryonnaires, soit d'un trouble de la nutrition. Marie, Tretiakoff et Stipfer ont d'ailleurs observé une lésion vasculaire spéciale du cervelet et du noyau lenticulaire, consistant en une infiltration des vaisseaux et des capillaires par une substance amorphe ferrique. Les nerfs périphériques et les faisceaux neuro-musculaires sont également lésés ; Scholtz a vu que dans certains cas ils sont infiltrés de mucine.

Ainsi la lésion initiale de la thyroïde, qui a comme conséquence l'absence de production d'hormone thyroïdienne, retentit sur le système nerveux en formation, et se traduit par des lésions de ses neurones et des troubles fonctionnels évidents. Le développement normal du système nerveux dépend donc pertinemment de la présence dans l'organisme de l'hormone émise par la glande thyroïde.

Les relations embryologiques du système nerveux avec d'autres glandes endocrines sont encore plus étroites, non plus seulement hormonales et d'innervation, comme pour la thyroïde, mais constitutives. C'est ainsi que trois catégories de glandes à sécrétion interne : les surrénales, l'hypophyse, et l'épiphyse sont constituées en partie de tissu d'origine nerveuse.

Nous avons décrit la formation de l'hypophyse au chapitre V, et de l'épiphyse aux chapitres V et IX. Nous n'y reviendrons donc pas. Les glandes surrénales, placées chez les Mammifères, comme leur nom l'indique, sur le bout antérieur des deux reins, font partie d'un ensemble compliqué d'éléments endocrines. Une partie de cet appareil provient des mêmes ébauches que les ganglions sympathiques ; l'autre est issue d'une prolifération localisée de l'épithélium de la cavité générale ou cœlome. La partie qui est engendrée par les ébauches sympathiques forme un système paraganglionnaire (fig. 118) dont les cellules élaborent un matériel qui possède une affinité élective pour les sels de chrome, d'où leur nom de cellules chromaffines ou phœochromes. Le tissu paraganglionnaire se rencontre, chez les Mammifères, le long du sympathique abdominal, dans le plexus solaire, près de l'artère sacrée moyenne (glandule coccygienne), près de la carotide (glandule carotidienne) et s'amoncelle en abondance dans le territoire des reins pour s'enfouir dans l'ébauche mésothéliale ou interrénale cœlomique, et donner de chaque côté une glande surrénale (fig. 119).

Celle-ci est ainsi constituée, chez les Mammifères, d'un cortex d'origine interrénale, et d'une partie centrale ou médullaire d'origine sympathique, — chromaffine ou phœochrome. Mais chez les Cyclostomes et les Poissons l'ensemble de la glande surrénale est constitué par deux organes ou deux groupes d'organes séparés, les organes surrénaux, composés de cellules phœochromes, et les organes interrénaux, édifiés de cellules mésothéliales. Les Amphibiens et les Lézards possèdent un système surrénal où le tissu phœochrome enveloppe de façon plus ou moins complète le tissu mésothélial. Les Oiseaux, enfin, ont un organe surrénal où les deux tissus sont intimement intriqués l'un dans l'autre.

Ainsi, l'appareil surrénal, limité aux Vertébrés, montre chez ceux-ci une grande variabilité morphologique. Mais chez eux tous, comme l'hypophyse, ce système endocrinien est constitué par deux éléments dont l'un dérive de l'ébauche nerveuse primitve, l'autre d'une ébauche non nerveuse.

Il serait intéressant d'étudier les effets des glandes à sécrétion interne, dès leur formation, sur l'évolution ultérieure du système nerveux, encore embryonnaire. Malheureusement, même pour la thyroïde, où ces effets sont si évidents, de telles recherches ne sont encore que fragmentaires.

Willier a fait des greffes de thyroïdes sur la membrane chorioallantoïdienne d'embryons de Poulet, et a observé que ces embryons restaient plus petits que les témoins. Hanan, qui a injecté de la thyroxine, hormone thyroïdienne, dans des œufs contenant les mêmes embryons, au cinquième jour de développement, n'a obtenu aucun résultat positif. Mais Okada, opérant comme Hanan, a obtenu une diminution de 18 pour cent de la longueur et du poids des Poulets provenant des œufs injectés : il a observé également chez eux des caractères histologiques montrant qu'ils

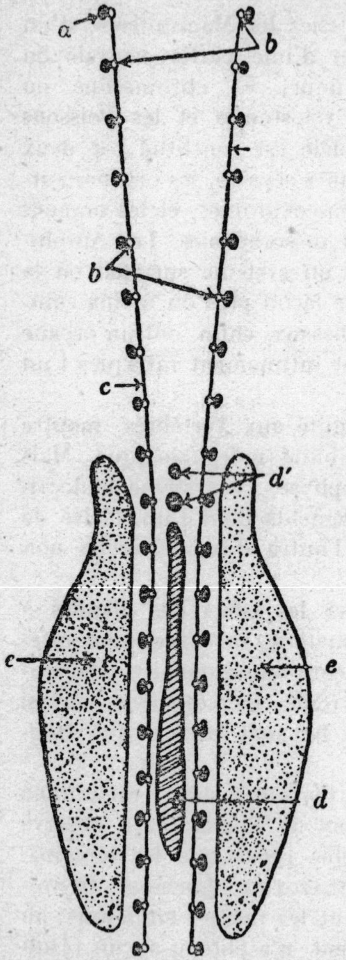

Fig. 118. — *Schéma d'appareil surrénal d'un Poisson Plasmobranche.* a, *corps chromaffine*; b, *ganglion sympathique*; c. *chaîne sympathique*; d, *corps interrénal*; d', *corps interrénal accessoire*; e, *reins* (S. Vincent).

étaient plus précoces que les témoins. L'injection de pituitrine, produit hypophysaire, faite par Cunningham et Stanfield dans les mêmes conditions, chez des embryons de 6 et 7 jours, semble au contraire accélérer la croissance embryonnaire. Mais ces chercheurs n'ont pas étudié en particulier l'effet sur le système nerveux.

Dans tous ces cas il serait d'ailleurs nécessaire de distinguer le résultat produit par les hormones autogènes et celui des hormones surajoutées ; il faudrait donc faire en plus des greffes et injections, des ablations totales ou partielles des glandes dont on veut étudier l'action ; il est en effet possible que la présence des glandes endocrines normales contrarie l'effet des glandes en surnombre ou de leurs produits injectés.

Il semble que différentes glandes à sécrétion interne commencent à fonctionner assez tôt dans le développement embryonnaire. L'adrénaline, par exemple, produite par le tissu chromaffine ou phœochrome, d'origine sympathique, semble être sécrétée dans la plupart des cas, chez les Mammifères, dès la première migration des cellules sympathiques des ébauches ganglionnaires vers le tissu interrénal, ici cortical. De même, Schlimpert, ainsi que Mc Cord, ont démontré la présence de l'hormone hypophysaire hypertensive dès le deuxième mois de développement chez l'embryon de la Vache, premier moment auquel on peut séparer l'hypophyse par dissection du reste de l'encéphale. Mc Cord a également démontré la présence à ce moment, chez ces embryons longs de 165 millimètres, de l'hormone hypophysaire ocytocyque. Ces hormones, hypertensive et ocytocyque, se trouvent dans la partie postérieure de l'hypophyse, d'origine nerveuse, à un moment où sa partie intermédiaire est encore en formation. Il semble donc que tôt dans le développement embryonnaire le tissu d'origine nerveuse, spécialisé en tissu endocrinien, commence à élaborer ses produits hormonaux.

Peut-on concevoir que l'élaboration de l'hormone particulière une fois faite, celle-ci puisse cheminer à partir de l'organe qui lui a donné naissance, non seulement par l'intermédiaire du sang et des humeurs, mais encore le long des voies nerveuses ?

C'est seulement récemment que cette question s'est posée. Sa réponse, que seule l'expérimentation pouvait donner, est venue de recherches faites chez l'adulte et non pas d'investigations chez l'embryon. Mais il semble que dans les deux cas elle soit positive, et que nous puissions envisager les voies nerveuses, en formation aussi bien que pleinement évoluées, comme transmettrices de substances de la nature d'hormones. Cette conduction chimique n'exclut d'ailleurs d'aucune façon l'aspect physique de la conduction nerveuse, récemment résumé de façon magistrale par Lapicque dans sa monographie « La machine nerveuse ».

La transmission de substances chimiques par les voies nerveuses est démontrée par deux ordres de faits, concernant d'une part l'innervation des glandes, des muscles et autres effecteurs, et d'autre part la sécrétion de l'hypophyse. Demoor, en 1913, a étudié, chez le Chien, les effets de l'excitation de la corde du tympan sur les glandes salivaires qu'elle innerve. Il a observé que de la salive, dont la sécrétion est ainsi excitée, injectée à un autre Chien, provoque la salivation de celui-ci. La salive du premier Chien semble donc contenir une substance, produite dans les glandes qui lui donnent naissance et due à l'activité des nerfs qui les innervent. Cette substance, capable de faire sécréter les glandes salivaires d'un deuxième Chien, serait de nature neuro-humorale. Ces faits porteraient à croire que des substances semblables, émanant des nerfs qui les innervent, existent dans d'autres glandes sous contrôle nerveux. Nous avons d'ailleurs vu plus haut que le pancréas, ainsi que l'ont montré Bayliss et Starling, sécrète à la suite d'une excitation, non pas nerveuse, mais purement hormonale.

D'autre part, dès 1905, Howell, puis Howell et Duke, ont démontré que l'excitation du nerf vague détermine un enrichissement en potassium du liquide de perfusion du cœur isolé qu'il innerve. Or Zondek a montré qu'il y a un parallélisme remarquable entre l'action des nerfs végétatifs et celle des électrolytes. L'excitation du vague, modérateur du rythme cardiaque, donne les mêmes résultats que la perfusion du cœur avec un liquide riche en potassium ; l'excitation du sympathique, accélérateur du rythme cardiaque, donne les mêmes résultats que la perfusion du cœur avec un liquide riche en calcium. Pour Zondek, l'action des nerfs végétatifs s'exercerait par l'intermédiaire des ions ; par exemple, le vague amènerait une modification dans le sens d'une concentration relative du potassium, le sympathique dans le sens d'une concentration relative du calcium.

Mais si rien n'empêche que l'action des hormones se traduise en fin de compte par un déplacement d'ions, ce sont des substances plus complexes, hormones ou substances voisines, qui ont été observées à la jonction des terminaisons nerveuses et des effecteurs. Nous devons ces résultats à Loewi et ses collaborateurs.

Lœwi a rempli un cœur isolé de Grenouille ou de Crapaud avec du liquide de Ringer, sorte de remplaçant du sang. Dans ces conditions le cœur continue à battre et après un certain laps de temps Lœwi retire le liquide ainsi soumis à l'action normale du cœur, et le met de côté. Un deuxième volume égal de liquide de Ringer est alors introduit dans le cœur et y est maintenu pendant le même laps de temps, période pendant laquelle le battement du cœur est ralenti par excitation du vague. Puis ce deuxième liquide est retiré et mis de côté. Lorsque le cœur bat à nouveau normalement le premier liquide y est introduit, et ne produit aucun effet appréciable. Mais si on le retire et qu'on introduise le deuxième liquide, le battement du cœur est ralenti comme si on excitait son nerf vague. Ainsi, le liquide présent dans un cœur dont le nerf vague est excité reçoit une substance qui lui confère le pouvoir, une fois réintroduit dans ce cœur, ou même introduit dans un deuxième cœur, le vague n'étant pas excité, de ralentir leur battement, tout comme l'aurait fait le vague soumis à une stimulation. Cette substance est donc vagomimétique et semble bien être la substance au moyen de laquelle agit normalement le nerf vague dans son inhibition du battement du cœur. Elle serait, pour Lœwi et ses collaborateurs, de l'acétylcholine, dont l'action sur le cœur est identique à celle de l'excitation du vague.

De façon semblable Lœwi a démontré qu'il existe une substance ayant affaire à l'accélération du battement du cœur, en rapport avec le sympathique. Pour Cannon et Bacq cette substance serait de la sympathine, qu'on ne peut pas rigoureusement identifier à l'adrénaline, produite par la partie chromaffine de la surrénale et autres organes chromaffines, mais qui lui ressemble.

Les expériences de Lœwi ont été reprises et modifiées par un nombre considérable de chercheurs. A l'heure actuelle l'idée d'un médiateur chimique entre le nerf et l'effecteur qu'il innerve est généralement admise, que cet effecteur soit un muscle lisse ou strié, un chromatophore — cellule à granules pigmentaires mobiles — ou une glande. Les nerfs agiraient ainsi par l'intermédiaire de substances de la nature d'hormones, des neurohormones qu'ils sécrèteraient et qu'ils émettraient à leurs terminaisons lorsqu'ils entreraient en action.

Nous en arrivons aux faits concernant la transmission de substances chimiques par l'hypophyse.

Collin a montré en 1924 que cette glande (fig. 120) élabore un produit colloïde dont une partie transite le long de la tige pituitaire jusqu'aux cellules nerveuses des noyaux végétatifs de l'hypothalamus, phénomène auquel il a donné le nom de neurocrinie interstitielle. Or, les extraits obtenus à partir de l'hypothalamus possèdent les mêmes propriétés que l'hypophyse : c'est la preuve que la colloïde neurocrine est le support de ces activités.

La neurocrinie hypophysaire est un exemple d'excrétion directe de produits hormonaux dans le système nerveux, qui lui sert à la fois de véhicule et de point d'attaque, le véhicule étant représenté par le faisceau hypothalamo-hypophysaire qui court dans la tige hypophysaire, et le point d'attaque par le corps et les prolongements des neurones hypothalamiques. Au point de vue histologique, Florentin chez les Poissons Téléostéens, Roussy et Mosinger chez les Mammifères, ont apporté la preuve que la colloïde neurocrine est bien reprise par les neurones tubériens.

Ainsi, dans le cas de l'hypophyse comme dans celui des nerfs, nous avons la démonstration de la transmission de substances chimiques, de nature hormonale, par des voies nerveuses. Nous avons là évidemment des faits qui viennent à l'appui de la théorie du neurotropisme de Cajal,

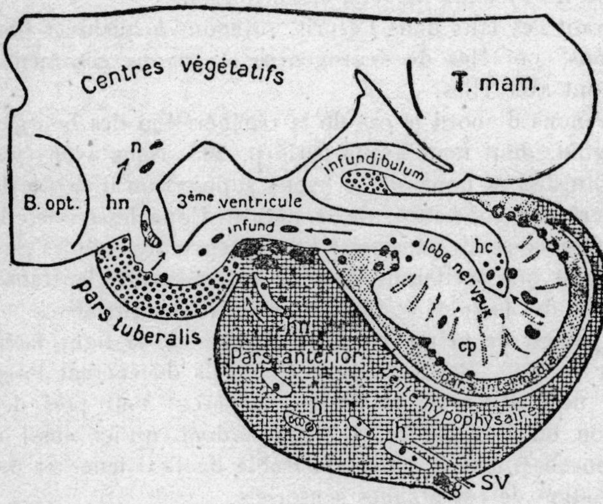

Fig. 120. — *Schéma représentant les voies d'excrétion de l'hypophyse en coupe sagittale chez le Chat. Le tissu nerveux, en blanc, comprend le lobe nerveux et l'infundibulum (neuro-hypophyse), ainsi que la partie inférieure de l'hypothalamus, limitée en avant par la bandelette optique,* B, opt., *et en arrière par le tubercule mamillaire,* T. mam. *La colloïde est partout figurée en noir. Le lobe nerveux renferme de la colloïde interstitielle qui s'élimine dans le* recessus infundibuli : *colloïde hydrencéphalocrine,* hc, *et de la colloïde périvasculaire,* cp. *L'hémocrinie,* h, *est représentée par des capillaires sinusoïdes renfermant des globules rouges et de la colloïde hémocrine. Celle-ci s'élimine dans les sinus veineux périhypophysaires,* SV : *colloïde hémocrine proprement dite, et dans le système porte hypophysaire,* hn : *colloïde hémoneurocrine.* n : *colloïde neurocrine proprement dite (R. Collin).*

dont nous avons parlé aux chapitres VI et XI. Car si, dès les stades embryonnaires, les neurones sont à même d'élaborer, ou tout au moins de transmettre des substances spécifiques, il semble que nous soyons justifiés de penser que ces substances peuvent prendre une part active à l'organisation du système nerveux en formation.

Ayant ces faits dans l'esprit, revenons à quelques observations concrètes de neurogénèse et voyons comment ils cadrent avec elles.

Prenons d'abord le cas de la régénération des bourgeons du goût, dont nous avons parlé p. 203. Nous avons vu là qu'Olmsted et nous-même avons supposé qu'il existe dans le nerf une substance, de la nature d'une hormone, dont la présence serait nécessaire à l'existence des cellules gustatives, et qui exciterait, dans la régénération, la transformation des cellules épithéliales en cellules gustatives.

Il en est de même pour les organes de la ligne latérale (voir p. 150). Brockelbank a vu qu'ils dégénèrent lorsque leur nerf dégénère, et qu'ils régénèrent tout près de la région où il régénère. Il semble donc qu'ici aussi une « neurohormone » soit responsable de l'existence et de la formation de ces organes sensoriels.

En effet, quelle hypothèse autre que celle qui suppose l'existence d'une substance émise par le nerf, et nécessaire à la différenciation et au mantien des cellules sensorielles qu'il innerve, peut expliquer leur dégénérescence et leur régénération commandées par lui ? Jensen a pensé que peut-être la dégénérescence des bourgeons du goût consécutive à la section de leur nerf serait due à une inflammation de la muqueuse dans laquelle ils sont plongés ; l'absence de leurs excitants usuels, les substances gustatives, provoquerait alors leur dégénérescence. Mais ni Boeke, ni Olmsted, ni nous-même n'avons observé une telle inflammation.

Une seconde hypothèse émise par Jensen est que, dans

ces nerfs « trophiques », des fibres centrifuges seraient responsables de l'état normal des cellules sensorielles. Enfin, dans une troisième hypothèse il a parlé d'une action inversée, c'est-à-dire d'une influence du neurone sensitif, par l'intermédiaire de son prolongement dendritique, sur l'organe sensoriel, ici gustatif.

Mais nous avons observé chez le Poisson-chat (p. 203) que les arborisations terminales des nerfs gustatifs dégénèrent, après section de la branche du nerf dont elles émanent, longtemps avant que les bourgeons du goût ne se désagrègent. Quelle que soit l'influence des terminaisons nerveuses ou du neurone entier, son absence n'est donc pas immédiatement ressentie par les organes sensoriels. Ceci ne laisse donc comme explication possible que l'idée d'une neurohormone des terminaisons sensitives, qui serait responsable du maintien des cellules gustatives. Celles-ci, imprégnées de cette substance, pourraient fort bien subsister quelque temps après la disparition des terminaisons qui lui avaient donné naissance, jusqu'à ce que son usure provoque à son tour leur désagrégation.

Ainsi paraît-il très vraisemblable que les fibrilles nerveuses en croissance régénérative, c'est-à-dire encore embryonnaires, sécrètent ou transmettent une ou des substances qui excitent la formation des cellules du goût, avec lesquelles les terminaisons n'auront pourtant que des rapports de voisinage, et non pas de continuité. Nous avons montré dans « Les cellules embryonnaires » qu'elles semblent bien être les équivalents nerveux des cytopoïétines de Carnot, substances à caractère embryonnaire qui excitent la formation des diverses catégories de cellules.

Ce processus neurohormonal, qui n'est accessible à l'expérimentation, à l'échelle cellulaire, que chez l'adulte, semble déjà exister dans l'ontogénèse.

Chez l'embryon très jeune de Triton, au stade gastrula, les différentes régions n'ont pas la même valeur dans le développement. La plupart d'entre elles, transplantées dans d'autres régions de l'embryon, suivent le développement du nouveau milieu ainsi que nous l'avons dit p. 169. Mais Spemann et ses collaborateurs ont montré qu'une région particulière de la jeune gastrula, la lèvre supérieure du blastopore, transplantée dans une région indifférente d'une autre gastrula, ne s'adapte pas à son milieu, mais au contraire développe ses propres potentialités et commande la différenciation de celui-ci. Sous l'influence de cet organisateur, provenant du centre d'organisation de la gastrula, il se forme un embryon secondaire, composé en partie de cellules transplantées, en partie de cellules de l'hôte. Or, cet embryon secondaire comporte des tissus de nature nerveuse — tube médullaire, vésicules optiques.

Il semble que ce soit une substance chimique qui fournisse cette induction, apparemment présente chez tous les Vertébrés, et non pas un facteur physique ou bien encore une activité physiologique dominante. Nous avons traité ailleurs [1] cette question, et nous y renvoyons le lecteur. Il nous suffit de dire ici que J. et D. Needham et Waddington concluent que cette substance doit appartenir au groupe des stérols. Pour Barth, elle serait peut-être identique à la céphaline (p. 215).

Mais, ainsi que le dit Caullery, le fait de l'induction était connu avant la découverte de l'organisateur. Il consiste essentiellement en une différenciation provoquée dans un tissu embryonnaire par une influence extérieure à ce tissu. Un exemple frappant est celui de la formation du cristallin dans le développement de l'œil (fig. 121). Nous l'avons résumé p. 77 ; nous avons vu là que lorsque le fond des vésicules optiques primitives arrive au contact de l'ectoderme latéral de la tête, celui-ci, comme en réponse à ce voisinage, s'épaissit, s'invagine en une fossette cristalli-

1. May, R. M., *Les cellules embryonnaires.*

nienne, qui bientôt se détache de l'ectoderme et forme le cristallin qui est enchâssé par la suite dans la cupule optique pour former l'œil.

Quoique, chez certaines espèces de Batraciens, le cristallin se différencie, de façon imparfaite, même en l'absence de l'ébauche oculaire, en général il ne se forme que lorsque celle-ci provoque sa formation, comme nous venons de le dire, à partir de l'ectoderme au contact duquel elle arrive. Il y a donc là un cas d'induction, sans continuité quelconque, d'un tissu d'origine nerveuse sur un tissu

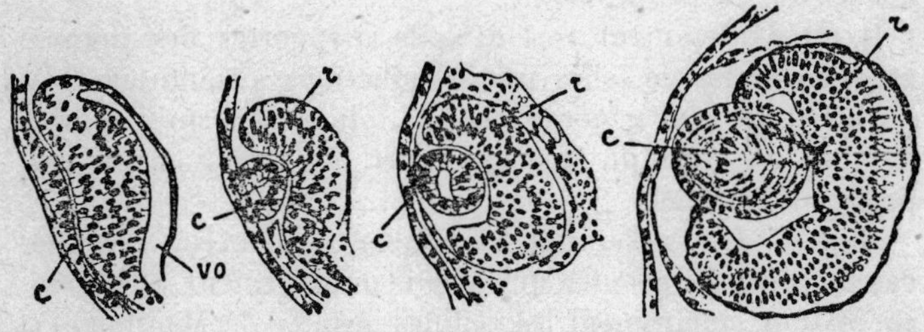

Fig. 121. — *Quatre stades successifs de la différenciation normale du cristallin chez l'Axolotl (Salamandre* Amblystoma *larvaire).* c, *cristallin*; r, *rétine*; vo, *vésicule optique* (*Rabl*).

ectodermique, pour l'édification d'un organe commun. N'avons-nous pas là un cas semblable à celui des bourgeons du goût où le nerf induit la formation, à partir de cellules épithéliales, des cellules gustatives spécifiques ? Et ne sommes-nous pas justifiés de penser que dans le cas de l'œil aussi les neuroblastes de la vésicule optique doivent agir par l'intermédiaire d'une neurohormone ?

Les cas d'induction que nous venons de citer sont ceux qui nous frappent parce qu'ils sont le résultat de l'action d'ébauches entières, comme la lèvre dorsale du blastopore, ou la vésicule optique, et qu'ils sont ainsi aisément discernables. Mais il semble que dans l'édification du système nerveux des inductions semblables se produisent, à l'échelle cellulaire, un nombre énorme de fois. Nous avons vu p. 134 que Coghill a observé la spécialisation de neuroblastes en neurones particuliers, les cellules commissurales du plancher, lorsque la croissance des fibres motrices les met en rapport de contiguïté avec ces cellules nerveuses embryonnaires. Ce rapport se fait à la synapse entre les deux types cellulaires, et il semble que là aussi puissent jouer des inductions morphogénétiques, tout comme dans les cas que nous venons de citer, — cellules gustatives, cristallin, etc.

Il est évidemment très difficile d'apporter des preuves expérimentales de telles micro-inductions synaptiques, car les synapses sont généralement si minuscules qu'il semble hors de question de leur appliquer un traitement expérimental individuel.

Mais G. H. Parker fait remarquer qu'il existe quelques cas de synapses géantes qui se prêteraient mieux à l'expérimentation, notamment les cellules géantes de Mauthner, et les fibres géantes des Annélides et des Crustacés (p. 51), auxquelles nous ajouterons les grandes cellules de Purkinje du cervelet chez les Vertébrés (fig. 42 et p. 147).

Deux cellules géantes de Mauthner existent chez les Poissons Téléostéens et chez les Batraciens Urodèles. Chez la Salamandre *Amblystoma* on peut les voir de chaque côté du bulbe (fig. 122), au niveau de pénétration du huitième nerf cranien, acoustique. Chaque cellule de Mauthner possède deux dendrites géantes, latérale et ventrale, et de nombreuses autres plus petites. Elles semblent avoir affaire, d'après les études histologiques de Coghill, et les recherches expérimentales de Detwiler, à la transmission d'impulsions

Fig. 119. — *Embryon du Batracien Apode* Hypogeophis. **A**, *aorte*; **I**. *organe interrénal*; **N**, *mésonéphros*; **S**, *ganglion sympathique*; **Vc**, *veine cardinale* (*Brauer*).

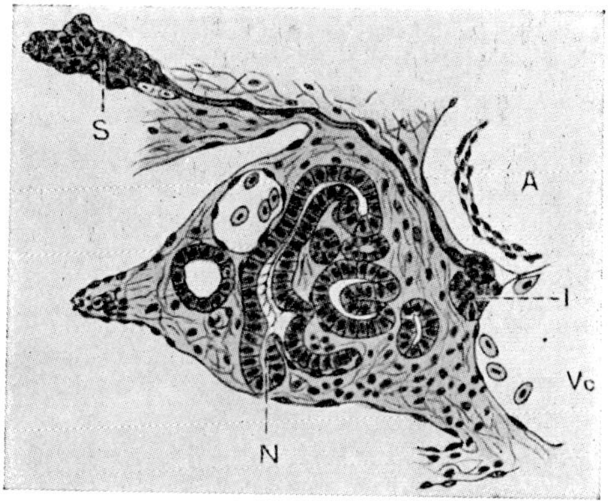
S
A
I
Vc
N

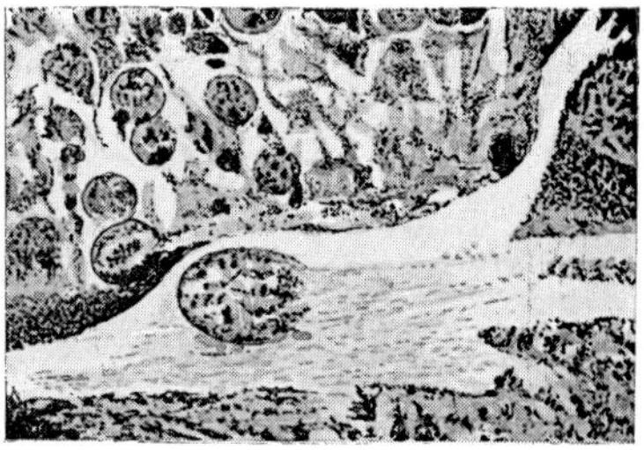

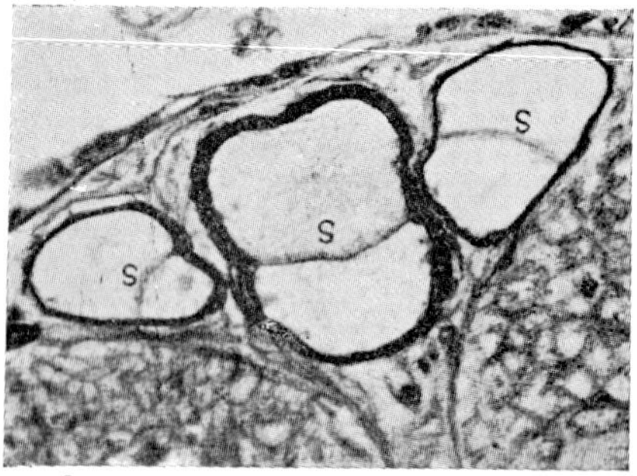
S
S
S

nécessaires pour le maintien de réflexes de natation coordonnés et soutenus. L'énorme membrane plasmatique de leurs synapses, décrite par Bartelmez, se prêterait bien à l'étude histochimique et expérimentale de substances de nature hormonale.

Nous avons déjà dit p. 51 que G. E. Johnson a observé chez les Crustacés, et Stough chez les Annélides (fig. 123), que chaque fibre géante peut être décomposée en plusieurs éléments. Ces éléments sont unis en couples par des synapses géantes ou macrosynapses. Or, à chaque macrosynapse, le tétroxyde d'osmium colore plus fortement l'élément excitant que l'élément excité. G. H. Parker interprète ceci, à un point de vue neuro-humoral, comme indiquant que l'élément de la macrosynapse qui se colore fortement serait sécrétant, tandis que son élément faiblement coloré serait réceptif. Il est certain que la différence de colorabilité des deux côtés de la macrosynapse indique une différence d'ordre chimique des deux neurones en cet endroit, mais elle n'est pas une démonstration d'une action sécrétrice différentielle. Ces observations permettent pourtant une interprétation neurohormonale de la synapse, dans le cadre des faits déjà démontrés dans les terminaisons périphériques des nerfs.

Fig. 122. — *Cellules géantes de Mauthner chez la Salamandre* Amblystoma. *A gauche, coupe transversale du bulbe d'une larve âgée de 60 jours, montrant la position des deux cellules de Mauthner. A droite, cellule de Mauthner à un fort grossissement* (*S. R. Detwiler*).

Fig. 123. — *Coupe transversale des trois fibres géantes de la chaîne nerveuse ventrale du Lombric. On voit dans chaque fibre deux éléments qui se chevauchent, l'élément plus fortement coloré étant au-dessus de l'autre. La membrane* S, *probablement double, qui sépare les deux éléments, représente la macrosynapse* (*H. B. Stough*).

Dans ce chapitre nous avons plutôt posé des problèmes que donné leur solution. Mais il nous a semblé indispensable d'indiquer au lecteur la voie nouvelle vers laquelle s'orientent actuellement la neurologie et la neuroembryologie, voie dans laquelle le système nerveux est présenté non plus isolé des humeurs du milieu intérieur, et notamment des hormones, mais influencé par elles dans sa genèse, dans sa forme, et dans son fonctionnement, et contribuant même à leur élaboration par ses propres sécrétions.

XIV

L'ÉVOLUTION DES ORGANES DES SENS

On ne peut pas plus concevoir un système nerveux sans éléments sensoriels qu'une organisation centrale quelconque sans système de renseignements. Plus est complet, et par conséquent complexe, le système de renseignements, plus nombreuses et variées seront les activités de l'organisation centrale. De même, on peut affirmer que plus sont variés et perfectionnés les organes des sens, plus sont nombreux les réflexes et les associations du système nerveux central, et par conséquent les réactions et les possibilités de l'organisme. Mais il existe de nombreux organismes dont la vie relativement simple, les réactions toujours semblables, s'accommodent fort bien d'un système sensoriel rudimentaire.

C'est ainsi que nous avons vu chez les Cœlentérés à comportement simple (chap. III), premier groupe où apparaît un système nerveux, sous forme d'un réseau, que certaines espèces, comme les Actinies, ne possèdent pas d'organes des sens, mais seulement des cellules neurosensorielles et des cellules ganglionnaires primitives. Parmi ces dernières il y en a dont les terminaisons épithéliales ne semblent conduire que dans une direction, de la surface vers les cellules musculaires ; une telle polarisation apparente ces cellules ganglionnaires primitives aux neurones des formes supérieures.

Nous observons donc, dès l'apparition du système nerveux, deux variétés de terminaisons nerveuses superficielles sensibles, les unes spécialisées — cellules neurosensorielles — les autres non spécialisées — terminaisons diffuses ou libres. Ces deux variétés de terminaisons périphériques vont demeurer dans toute la série animale. Mais chez les Invertébrés inférieurs elles existent seules en tant que système sensoriel. Elles suffisent pourtant chez ces espèces à toute une gamme de réactions.

Nous avons eu l'occasion d'étudier, aux Iles Bermudes, en 1923, les réactions sensorielles d'une Ophiure (*Ophionereis reticulata*), Echinoderme qui, comme les autres membres de cet embranchement (fig. 124), ainsi que les Cœlentérés, ne possède, comme cellules nerveuses, que des cellules neurosensorielles et des cellules ganglionnaires primitives. Les Echinodermes ont, en plus d'un plexus à la base de l'épithélium, des connectifs radiaires plus profonds, que n'ont pas les Cœlentérés. Malgré le type primitif de son système sensoriel, l'*Ophionereis* présente des réactions tactiles, photiques, thermiques et chimiques. A de très légères excitations mécaniques elle réagit par une adhérence (stéréotropisme positif), à de fortes excitations par des mouvements de recul. Elle réagit, non seulement à la lumière directe, mais aussi aux ombres et à la teinte du substratum. Mais aucune partie de l'Ophiure n'étant spécialisée pour ces réactions photiques, il semble que ce soit toute la surface aborale pigmentée, avec ses terminaisons nerveuses cutanées, qui réagisse. L'*Ophionereis* a un sens thermique qui est peu développé, mais son sens chimique l'est plus. Ainsi elle réagit à trois des quatre classes de substances qui excitent les sensations gustatives chez les Mammifères, car elle est sensible aux substances salines (sels), acides, et amères (alcaloïdes), mais non pas aux substances sucrées. Preyer et Graber ont mis en évidence l'odorat chez d'autres Ophiures.

Les deux types de terminaisons nerveuses superficielles ont permis à l'*Ophionereis*, espèce très ancienne au point de vue paléontologique, non seulement de lutter à travers les âges contre des adversaires possédant des organes senso-

Fig. 124. — *Ophiure* (Ophiopholis aculeata), *espèce voisine de l'*Ophionereis reticulata (*E. R. Lankester*).

riels bien plus spécialisés, et beaucoup mieux armés qu'elle, mais lui ont assuré des possibilités assez considérables d'adaptation à son milieu immédiat. Ces deux types de terminaisons sensibles primitives, cellules neurosensorielles et terminaisons libres, suffisent donc aux Invertébrés inférieurs pour toute leur vie sensorielle ; de plus, elles demeurent dans toute la série animale. Elles sont toutes deux encore présentes, en effet, dans l'épithélium olfactif des Vertébrés, et les terminaisons diffuses le sont également dans la totalité de l'épithélium du tégument et des muqueuses, ainsi que dans de nombreuses formations du tissu conjonctif chez les membres de cet embranchement.

Les cellules neurosensorielles de l'épithélium olfactif des Vertébrés (fig. 125) sont, comme celles des Invertébrés, des cellules sensorielles primaires dont les prolongements cylindraxiles, qui constituent ici le nerf olfactif, transmettent les excitations jusqu'au bulbe olfactif. En plus des cellules sensorielles avec leurs poils olfactifs périphériques, l'épithélium olfactif comprend des cellules de soutien, des cellules basales et, comme nous venons de le dire, des terminaisons diffuses ou libres qui semblent faire partie du nerf trijumeau.

Les terminaisons sensibles primitives, qui sont ainsi présentes en tant que telles chez toutes les espèces animales, n'en ont pas moins évolué en donnant naissance à d'autres types d'organes sensoriels simples chez les Invertébrés supérieurs et chez les Vertébrés.

C'est ainsi que nous trouvons, en plus d'elles, chez les Arthropodes, des organes sensoriels cutanés spéciaux constitués par des cellules épithéliales spécialisées, en rapport avec les neurones bipolaires au moyen des fibrilles terminales de ces derniers. Ce seraient là des organes tactiles.

Chez les Invertébrés inférieurs les cellules épithéliales en rapport avec les terminaisons sensibles conservent leur rôle de revêtement, sans devenir exclusivement réceptrices. Les cellules épithéliales que nous venons de décrire, par contre, n'ont qu'une fonction, celle de percevoir les excitations sensorielles. Elles ont été observées chez les Crustacés et les Insectes.

D'après Droogleever Fortuyn, ces cellules épithéliales sensorielles seraient un nouvel échelon dans l'évolution du système nerveux. Ce ne sont pas des cellules nerveuses, car elles ne servent pas à la conduction, n'ayant pas d'expansion, mais, uniquement spécialisées à la perception des stimuli, mieux adaptées à cette fonction que les cellules épithéliales ordinaires, elles en abaisseraient le seuil et permettraient ainsi des perceptions plus fines ou eucritiques Ce sont des cellules sensorielles secondaires.

L'évolution ultérieure de ces cellules sensorielles secondaires, nombreuses chez les Vertébrés, donne naissance aux terminaisons nerveuses encapsulées, aux bourgeons du goût, aux organes de la ligne latérale aux cellules labyrinthiques et acoustiques.

Les terminaisons nerveuses encapsulées existent chez les Vertébrés supérieurs. On observe sous l'épiderme du bec et de la langue des Oiseaux aquatiques les corpuscules de Grandry et de Herbst (p. 202). Chez les Mammifères existe toute une série de formes corpusculaires — corpuscules de Meissner dans les papilles dermiques, corpuscules de Vater-Pacini dans le tissu conjonctif sous-cutané et dans beaucoup d'autres lieux de l'organisme, corpuscules génitaux, etc. Ces formes encapsulées qui semblent avoir des fonctions tactiles ou de sensibilité profonde, sont des associations d'une terminaison nerveuse et de cellules sensorielles spécialisées. Elles ont peut-être évolué à partir des terminaisons diffuses qui aboutissent dans le cytoplasme épithélial.

Nous avons déjà parlé de l'abondance des organes du goût chez les Poissons (fig. 126), où ils semblent jouer un rôle de premier plan, de même que l'olfaction, dans la recherche de leur alimentation. Herrick a montré que chez certains Poissons osseux, tels que les Poissons-chats et les Carpes, on trouve des bourgeons du goût sur toute la surface du corps ; chez le Poisson-chat *Ameiurus*, en particulier, les bourgeons du goût des flancs sont aussi importants pour la découverte de l'appât que ceux de la région buccale. On en trouve déjà, d'après Johnston, sur la tête des Cyclostomes. Mais ces organes gustatifs nécessitant, comme les cellules olfactives, une surface humide pour fonctionner, ils sont limités, chez les Vertébrés terrestres, à la cavité buccale. Même chez les Batraciens, dont beaucoup d'espèces ont une peau toujours humide, les bourgeons du goût sont restreints à la région buccale.

La structure de ces bourgeons est semblable dans tous les groupes de Vertébrés. Constitués par des cellules épithéliales sensorielles à pointe sensible et par des cellules de soutien (fig. 105), occupant toute l'épaisseur de l'épithélium, leur innervation est constituée par des fibrilles nerveuses qui les entourent ou les pénètrent, en contiguïté avec les cellules gustatives. Ces fibrilles rejoignent un plexus nerveux sous-épithélial.

Il n'y a pas chez les Vertébrés de nerf gustatif spécifique, comme il y a un nerf olfactif et un nerf optique. Des fibres gustatives sont distribuées dans plusieurs nerfs craniens. Chez les Poissons les bourgeons du goût de la bouche et de la peau sont innervés par le facial, ceux de la région branchiale par le glosso-pharyngien et le vague. Chez les Mammifères les bourgeons du goût de la partie antérieure de la langue sont innervés par la corde du tympan, branche du facial anastomosée avec le nerf lingual du trijumeau (p. 157), ceux du tiers postérieur de la langue le sont par le glosso-pharyngien, tandis que ceux de la partie tout à fait postérieure de la langue, proches de l'épiglotte et du larynx, semblent l'être par le vague.

Il n'y a donc pas de grands changements dans la struc-

Fig. 125. — *Schéma des connexions des cellules olfactives avec le bulbe olfactif et de celui-ci avec la région olfactive du cerveau chez l'Homme* (*C. J. Herrick*).

Fig. 126. — *Coupe d'un barbillon du Poisson-chat* Ameiurus. *Les bourgeons du goût,* b. g., *sont surtout nombreux dans l'épiderme du bord antérieur. On voit des cellules pigmentaires dans l'épiderme, du tissu conjonctif au centre, contenant des vaisseaux sanguins, du tissu cartilagineux,* t. c., *et un nerf,* n (*R. M. May*).

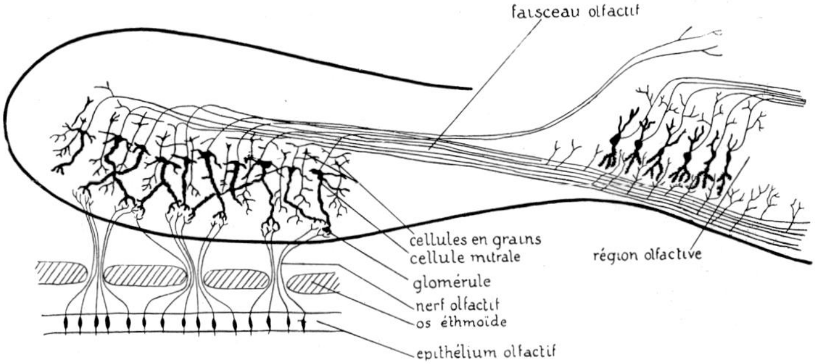
faisceau olfactif
cellules en grains
cellule mitrale
glomérule
nerf olfactif
os éthmoïde
epithélium olfactif
région olfactive

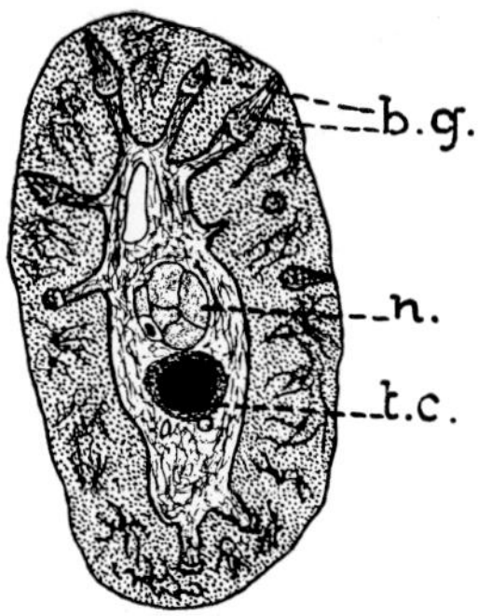
b.g.
n.
t.c.

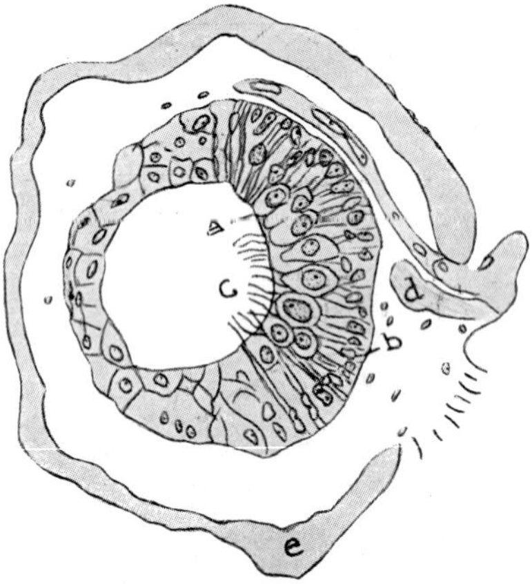
a
c
d
b
e

ture ni dans l'innervation des bourgeons du goût, dans toute l'échelle des Vertébrés, hors de ceux nécessités par la limitation de la large surface humide gustative des Cyclostomes et Poissons à la région buccale chez les autres Vertébrés. Des bourgeons sensoriels semblables ont été signalés chez les Annélides, dispersés sur toute la surface du corps, mais surtout autour de la bouche. On a d'ailleurs démontré expérimentalement que les Sangsues ont un sens gustatif. Il ne semble pas y avoir de tels bourgeons chez d'autres Invertébrés.

Un autre système sensoriel, constitué par des groupes de cellules sensorielles secondaires, est celui de la ligne latérale, dont nous avons dit un mot p. 150. Nous avons là un type spécialisé d'organes cutanés sensoriels, limité aux Vertébrés aquatiques. Il en existe, chez les adultes de ces espèces, une rangée latérale de chaque côté du tronc, et trois rangées de chaque côté de la tête avec, dans certains cas, une ligne qui relie les systèmes des deux côtés dans la région postérieure de la tête. L'innervation provient des nerfs facial et vague, exceptionnellement du nerf glossopharyngien.

Les organes de la ligne latérale, ou neuromastes (fig. 127), sont constitués par des cellules sensorielles secondaires, piriformes, à pointe sensible, entourées de cellules de soutien, et en rapport de contiguïté avec les fibrilles terminales des branches nerveuses qui les innervent. Les cellules sensorielles des neuromastes ne vont pas jusqu'à la base de l'épithélium, comme les cellules gustatives mais, ressemblant en cela aux cellules de l'équilibre et de l'audition, elles n'en occupent qu'une partie.

Fig. 127. — *Neuromaste, organe de la ligne latérale.* a, *cellule sensorielle* ; b, *cellule de soutien* ; c, *pointes sensibles* ; d, *branche du nerf de la ligne latérale* ; e, *gaine du canal de la ligne latérale* (*M. C. Brockelbank*).

Des bourgeons semblables aux neuromastes sont présents chez des Sangsues du genre *Glossosiphonia*, et il semble que nous ayons affaire là à des cellules sensorielles secondaires comme chez les Vertébrés. Par contre, des bourgeons semblables qui se trouvent dans les tentacules oraux de l'Amphioxus sont constitués par des cellules neurosensorielles, primaires. Il semble donc que la substitution de cellules sensorielles secondaires aux cellules sensorielles primaires a eu lieu dans le cas des neuromastes, indépendamment chez les Invertébrés et les Vertébrés.

La fonction des neuromastes, stimulés par les vibrations de basse fréquence dues aux mouvements de la masse de l'eau, se rapproche de celle des organes de l'équilibre et de l'audition. Leur structure est également semblable à celle des épithéliums sensibles de ces organes stato- et phonorécepteurs.

Nous avons vu p. 36 que, déjà chez les Cœlentérés, les Méduses libres possèdent des otolithes qui, reposant sur un épithélium neurosensoriel, constituent un organe d'orientation à la gravité. Nous avons là un système qui, enregistrant les changements de position du corps, est un organe de l'équilibre ou stato-récepteur. On en trouve de semblables chez la plupart des Invertébrés, où ils épousent en général la forme d'une vésicule d'origine ectodermique ou otocyste, revêtue par un épithélium cylindrique cilié, remplie par un milieu liquide et des concrétions calcaires, et rattachée au système nerveux par un nerf sensible particulier. Le déplacement des concrétions permet à l'organisme de connaître les changements de position du corps par rapport au monde extérieur. Chez les Mollusques la vésicule à otolithes est tapissée par un épithélium dont les éléments sensibles sont localisés dans des régions spéciales, dispositif comparable à celui des taches vestibulaires des Vertébrés.

Chez ces derniers l'otocyste se complique et devient le

labyrinthe membraneux, que nous avons décrit p. 82. Nous y avons vu que des plages sensorielles, constituées par des cellules en rapport avec des branches du nerf acoustique, se forment dans la paroi épithéliale de l'utricule, du saccule, des ampoules, de la lagena ou du limaçon. Ces cellules sont semblables à celles des neuromastes. On y trouve des cellules sensorielles secondaires et des cellules de soutien. Les cellules sensorielles, à pointe sensible dite « poil auditif », ici aussi n'occupent qu'une partie de l'épithélium, à peu près la moitié superficielle. Les cellules de soutien, par contre, occupent toute l'épaisseur de l'épithélium. Il existe des cellules basales entre les pieds des cellules de soutien. L'endolymphe labyrinthique contient des concrétions.

C'est là l'organisation cytologique des plages sensorielles (macules et crêtes) de l'organe stato-récepteur des Vertébrés. Chez les Reptiles et les Oiseaux apparaît avec netteté l'organe phono-récepteur, sous forme de la lagena qui s'étend et prend la forme d'une corne. Mais elle ne contient pas encore un véritable organe de Corti, épithélium auditif du canal cochléaire des Mammifères, et elle renferme toujours des otolithes.

Chez les Mammifères l'organe phono-récepteur est constitué par le canal cochléaire, contenu dan le limaçon osseux. Sa longueur varie depuis un demi-tour de spire chez le Monotrème *Echidna*, Mammifère primitif, jusqu'à trois tours chez l'Homme, et trois tours et demi chez le Daim. La face basale du canal cochléaire offre un épaississement papillaire, la papille spirale ou organe de Corti, qui représente la surface sensible de l'organe phono-récepteur. Comme pour les plages sensorielles de l'organe stato-récepteur, celle de l'organe phono-récepteur est essentiellement composée par des cellules sensorielles secondaires, logées dans l'organe de Corti, et en rapport de contiguïté avec les fibrilles terminales du nerf acoustique. L'organe de

Corti présente un aspect particulier sur coupe transversale, parce que, parmi les cellules de soutien de l'épithélium sensoriel, il en existe deux qui sont inclinées l'une vers l'autre et qui limitent entre elles une sorte de tunnel, le tunnel de Corti ; ce sont les cellules piliers de Corti. A part cette disposition, l'épithélium sensoriel de la crête spirale possède la même structure fondamentale que les crêtes et macules de l'organe de l'équilibre, avec des cellules sensorielles secondaires et des cellules de soutènement (Bouin).

Les éléments de soutien supportent des cellules sensorielles dont la face spirale donne insertion à une vingtaine de « poils auditifs ». L'épithélium de Corti n'est pas recouvert par une couche otolithique, mais il est surplombé par une membrane épaisse, la membrane de Corti ou *membrana tectoria*. Les déplacements de cette membrane impressionnent les poils auditifs avec lesquels elle vient en contact.

Si nous résumons maintenant l'évolution des cellules sensorielles secondaires, que nous avons vues pour la première fois chez les Invertébrés supérieurs, nous voyons qu'elles se sont différenciées morphologiquement chez les Vertébrés en trois directions. Elles ont ainsi donné naissance : 1° aux différents types de terminaisons nerveuses encapsulées, en rapport avec diverses sensations, superficielles et profondes ; 2° aux bourgeons du goût, dont la morphologie est étonnamment stable, probablement en rapport avec des fonctions également toujours les mêmes, chez tous les Vertébrés ; enfin 3° aux cellules des neuromastes et des organes stato- et phono-récepteurs.

La forme également stable de ces cellules est en rapport avec les fonctions des organes de la ligne latérale, de l'équilibre, et de l'audition. Les sensations de ces trois types d'organes ont en commun d'être provoquées par des ondes en milieu liquide, et il semble qu'elles soient suffisamment rapprochées pour s'accommoder de cellules sensorielles secondaires à morphologie peu différente.

L'évolution de l'organe photo-récepteur ou visuel est tout autre. Nous avons vu dans le cas de l'*Ophionereis*, que nous avons cité plus haut, qu'il peut y avoir sensibilité à la lumière sans organe spécialisé ; chez cette espèce toute la surface aborale pigmentée semble réagir au moyen de ses terminaisons nerveuses cutanées. Mais il est évident que la sensibilité à la lumière que nous observons ainsi n'est pas la vision, sensation hautement différenciée.

En fait, la réaction à la lumière est une propriété de la

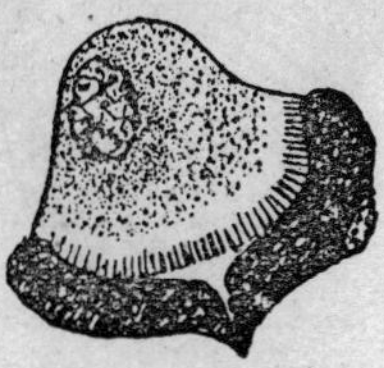

Fig. 128.

Fig. 129.

Fig. 128. — *Cellule de sens lumineux, avec bordure ciliée. Ocelle unicellulaire du Ver Polychète* Spio fuliginosus (*C. Hesse*).

Fig. 129. — *Ocelles unicellulaires du névraxe d'Amphioxus* (*J. Ovio*).

matière organique en général, et de la matière vivante en particulier. Même de simples sels, comme le nitrate d'argent, et de nombreuses substances organiques non vivantes s'altèrent sous l'action de la lumière. La réaction à la lumière s'observe chez les plantes et chez les Invertébrés inférieurs sans système nerveux. Quand il y a réaction à la lumière et qu'il n'existe pas de cellule différenciée pour cette fonction on parle de phototropisme. Mais, déjà chez les Protozoaires, les Flagellés, qui sont phototropiques, ont un corpuscule chromatique ou pigmentaire. Or, dans toute la série animale le pigment est intimement associé aux organes de la vision.

La forme rudimentaire de l'organe visuel est la cellule de sens lumineux, simple cellule épithéliale légèrement différenciée (Ovio). Quelquefois cette cellule est isolée ou nue parmi les autres cellules uniformes de l'épithélium ; ceci est le cas chez certains Annélides-Lombrics, Sangsues. Plus souvent cette cellule est entourée de cellules chargées de pigment, qui représentent un manteau pigmentaire pour

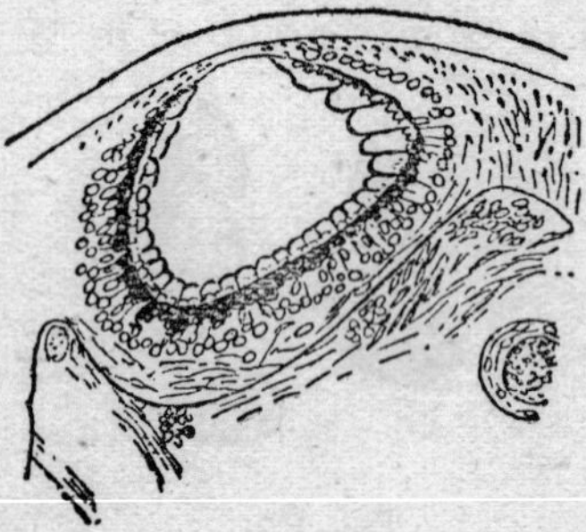

Fig. 130.

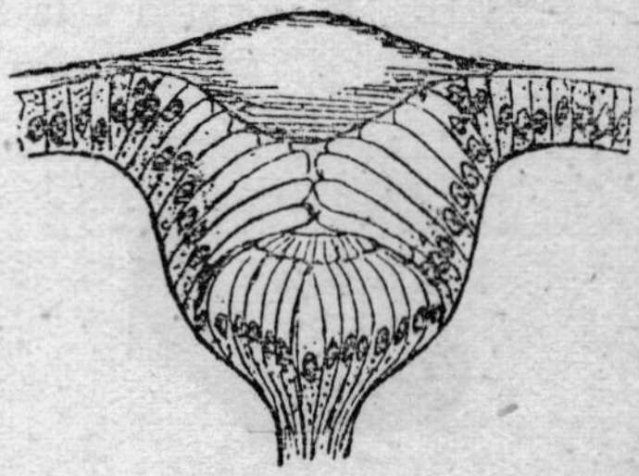

Fig. 131.

Fig. 130. — *Ocelle à fossette du Ver* Nereis cultrifera (*C. Hesse*).

Fig. 131. — *Ocelle de Dytique, Insecte Coléoptère, montrant l'épaississement de la cuticule formant une espèce de lentille* (*J. Ovio*).

elle. Ces yeux primitifs, formés par une ou plusieurs cellules, s'appellent ocelles. On en trouve d'uni-cellulaires chez certains Vers Polychètes (fig. 128) et chez l'Amphioxus (fig. 129) le long du névraxe (p. 66).

Chez d'autres espèces les cellules de sens lumineux sont au nombre de deux, comme chez le Ver plat *Planaria torva*, ou bien elles se trouvent groupées en nombres plus ou moins grands. Dans ces derniers cas elles forment des ocelles mieux organisés, qui peuvent être plans ou à fossette.

Les yeux simples à fossettes sont les plus communs. La

fossette présente comme avantage sur l'œil plan une plus grande accumulation d'éléments sur un petit espace et une certaine orientation quant à la direction de la lumière qui les frappe.

La fossette peut être fermée comme chez l'Annélide *Nereis cultrifera* (fig. 130), avec une petite ouverture vers la peau qui la recouvre, rappelant la pupille, ou bien elle peut être largement ouverte. Souvent il existe une espèce de lentille

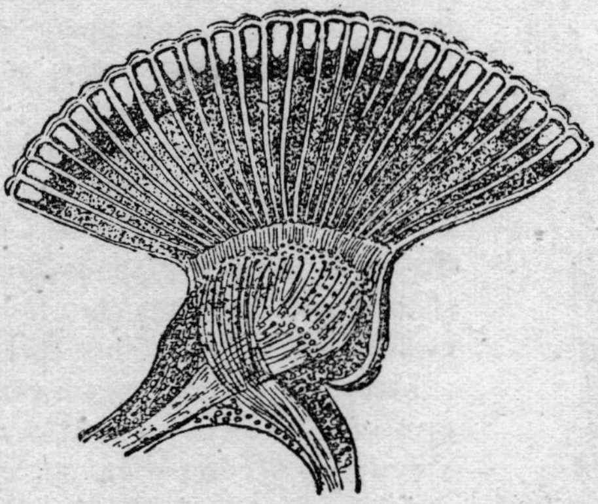

Fig. 132. — *Section schématisée d'un œil composé* (*J. Ovio*).

formée par un épaississement de la cuticule qui la recouvre et qui agit en organe réfringent (fig. 131). Entre la rétine, qui peut être constituée par plusieurs couches de cellules visuelles, et la lentille, il peut encore y avoir une substance vitrée, ou des cellules indifférentes, formant un appareil réfringent.

On trouve de ces ocelles à fossettes chez des Annélides et des Mollusques. Chez les Arthropodes on observe des ocelles à fossette dans les diverses classes. Mais les Crustacés n'ont souvent que ces yeux simples, les Arachnides n'ont que ces ocelles, tandis que chez les Insectes le même individu a souvent des yeux simples et des yeux composés.

Arrêtons-nous donc à ces yeux composés pour en analyser la constitution. Déjà chez les Annélides tubicoles les ocelles sont parfois groupés et adossés les uns aux autres de façon à constituer de véritables yeux composés. Mais c'est dans l'embranchement des Arthropodes qu'ils trouvent leur plus grand développement, — chez les Crustacés, mais surtout chez les Insectes.

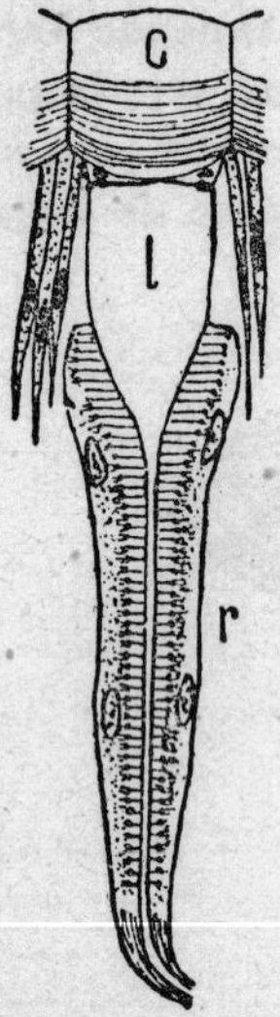

Fig. 133. — *Ommatidie de Blatte, Insecte Orthoptère.* c, *cornéule ;* l, *cône cristallin ;* r, *cellules visuelles à marge ciliée, qui font partie d'une rétinule* (*J. Ovio*).

Les yeux composés sont formés d'ocelles appelés ommatidies, dont le nombre varie de quelques unités chez *Scutigera*, seul Myriapode qui en possède, à une trentaine chez les Fourmis, et de 20.000 à 30.000 chez les Libellules.

Les ommatidies étant en général plus grosses à leur extrémité distale que proximale, la section d'un œil composé a la forme d'un éventail (fig. 132).

L'appareil dioptrique est formé, dans chaque ommatidie (fig. 133), de la cornéule ou facette et du cône cristallin. Ses cellules visuelles ou réticulaires sont groupées, de 4 à 8 en général par ommatidie, pour former la rétinule et donner naissance à une fibre nerveuse ou à un petit faisceau de fibres intimement unies.

Chaque ommatidie peut être ainsi comparée à un ocelle contenant peu de cellules visuelles ou rétiniennes. Il n'est d'ailleurs pas possible de faire une distinction nette entre les yeux simples groupés, comme ceux des Myriapodes en général, et les yeux composés que nous venons de décrire.

Un autre type d'yeux qui dérivent des ocelles à fossette est celui des yeux à vésicule, présents chez les Céphalopodes, Mollusques supérieurs. Comme les yeux des autres Invertébrés, les yeux à vésicule sont des yeux épithéliaux. Mais ce sont des fossettes fermées, enfoncées, et isolées de l'épithélium de revêtement, dans l'hypoderme. L'œil des Céphalopodes est le plus parfait des yeux d'Invertébrés.

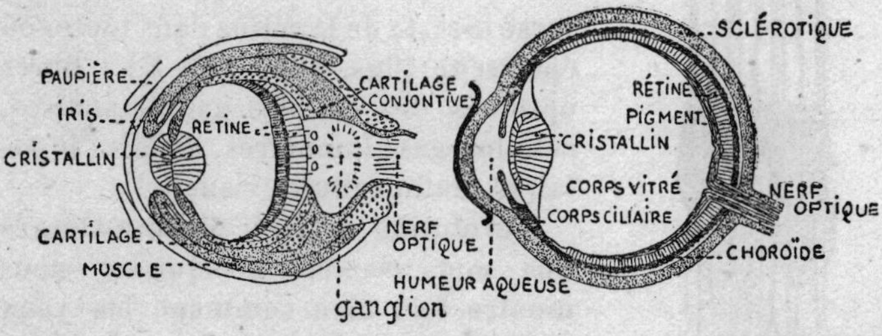

Fig. 134. — *Schémas de coupes médianes d'yeux de Céphalopode (à gauche) et de Vertébré (à droite). Les deux types d'yeux se ressemblent dans plusieurs de leurs caractères fondamentaux ; mais la rétine de l'œil de Céphalopode est vertie, tandis que celle de l'œil de Vertébré est invertie (H. V. Neal et H. W. Rand).*

Chacun des deux yeux est enfoncé dans une cavité cartilagineuse.

Ainsi que le montre la figure 134, cet œil à vésicule ressemble énormément à l'œil cérébral des Vertébrés. Mais il existe une différence fondamentale : sa rétine est vertie, et non pas invertie comme chez ceux-ci.

La plupart des Invertébrés ont une rétine vertie comme les Céphalopodes, où la lumière frappe les cellules visuelles avant d'arriver aux fibres nerveuses qui forment le nerf optique (fig. 135). Mais les yeux du Peigne de Jacob (*Pecten*), certains ocelles des Araignées, et l'œil cérébral des Vertébrés ont des rétines inverties.

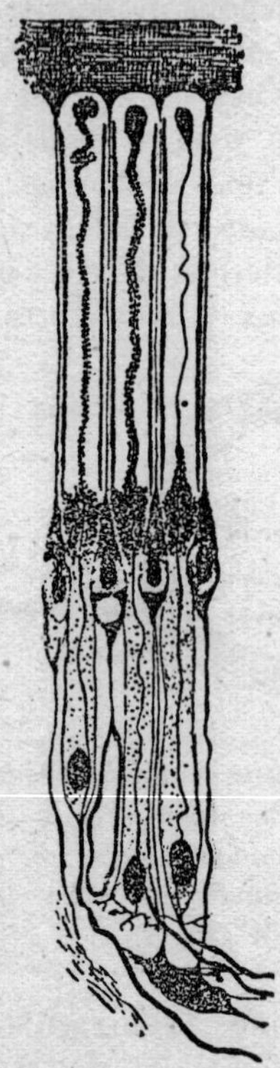

Fig. 135. — *Trois cellules rétiniennes à bâtonnets, avec filament axial, de Céphalopode. La lumière frappe directement ces cellules — rétine vertie (C. Hesse).*

Dans ces yeux les cellules visuelles sont tournées de telle façon que la lumière les frappe tout d'abord dans leurs fibres, leurs corps, puis dans leurs prolongements visuels différenciés, et là où la rétine et complexe, comme chez les Vertébrés, la lumière vient frapper les cônes et bâtonnets des cellules visuelles après avoir traversé le reste de la rétine dans toute son épaisseur (figs. 134, 137, E) : fibres optiques des cellules ganglionnaires, cellules ganglionnaires, cellules bipolaires, enfin cellules visuelles.

L'évolution de l'œil des Invertébrés que nous venons d'esquisser nous montre fort bien comment les yeux épithéliaux ont évolué à partir de simples cellules visuelles en yeux épithéliaux plans, à fossette, composés, et à vésicule. Mais elle ne nous explique en rien la genèse évolutive des yeux cérébraux latéraux des Vertébrés, formés, comme nous l'avons vu au chapitre V, par une évagination bilatérale du tube neural dans sa région diencéphalique. Il est vrai qu'on observe des ocelles unicellulaires chez l'Amphioxus, un dans la vésicule cérébrale, d'autres le long du névraxe ; nous avons donc là des cellules visuelles cérébrales, et non plus épithéliales. Ces simples oscelles sont disséminés en groupes métamériques sur toute la longueur et dans l'épaisseur même de la portion cylindrique, ou moelle, du système nerveux central de ce Chordé. Excitables par la lumière, ils transmettent leur excitation aux cellules nerveuses qui les environnent sans l'intermédiaire de nerfs.

Il y a donc loin de ce système photo-récepteur sérié primitif aux yeux latéraux des Vertébrés antérieurs, pairs, complexes, reliés de chaque côté, par un nerf optique, au cerveau. Les yeux de tous les Vertébrés sont d'ailleurs essentiellement semblables. A part des différences de détail, l'œil des Cyclostomes a la structure de celui des Mammifères. Ce n'est donc pas en étudiant l'œil des diverses classes de Vertébrés que nous obtiendrons quelque lumière sur son évolution.

D'après Neal et Rand, on pourrait l'imaginer, à partir des yeux à vésicule, de la façon suivante. Des yeux vertis, comme ceux du Céphalopode *Nautilus*, sans cristallin, se seraient invaginés dans le prosencéphale d'un ancêtre des Vertébrés. Cette invagination aurait eu comme conséquence de transformer leur rétine vertie en rétine invertie, les cellules visuelles étant repoussées loin de la lumière, qui frapperait alors tout d'abord les fibres optiques. Il se serait formé par la suite un œil cérébral de chaque côté, qui aurait poussé vers la peau et la lumière sous forme d'une sphère creuse, la vésicule optique primitive. Un cristallin, formé peut-être à partir d'un organe de la ligne latérale, repoussant la vésicule optique, aurait transformé celle-ci en une cupule à deux feuillets, l'interne étant la rétine proprement dite, et l'externe donnant la lame pigmentaire de la rétine. Enfin, le mésenchyme environnant aurait été transformé en choroïde et sclérotique, et celle-ci se serait mise en connexion avec les muscles oculaires, les autres muscles segmentaires pré-otiques (pré-acoustiques) disparaissant complètement.

Cette hypothèse repose en grande partie sur une série de hardies suppositions. Il nous semble aussi plausible de laisser complètement de côté l'œil épithélial des Invertébrés et de penser, avec Boveri, que l'œil cérébral des Vertébrés a pu trouver son origine dans des cellules de sens lumineux impaires, présentes dans le tissu du névraxe même, comme c'est le cas chez l'Amphioxus. L'œil pinéal impair, les yeux latéraux pairs, se seraient formés et rapprochés du tégument au fur et à mesure de l'agrandissement de la

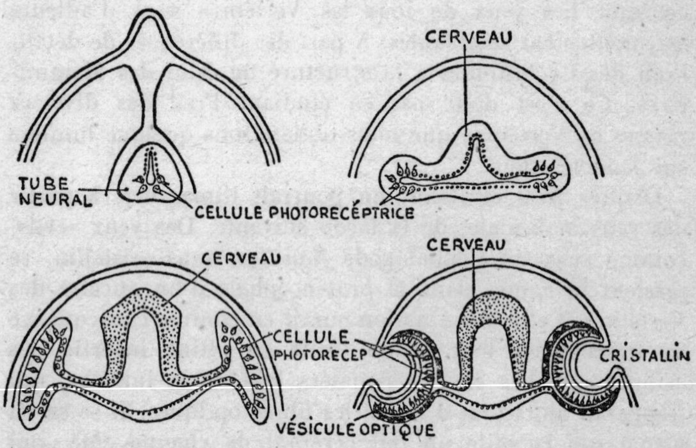

Fig. 136. — *Schémas illustrant la théorie de Boveri selon laquelle les yeux cérébraux pairs des Vertébrés auraient évolué à partir des cellules de sens lumineux présentes dans le névraxe* (*H. V. Neal et H. W. Rand*).

tête, et de l'enfouissement du système nerveux central loin de la peau pigmentée, la lumière ne pouvant plus atteindre alors les cellules de sens lumineux du névraxe (fig. 136). Les facteurs formatifs, physiques et chimiques, des organes de la vision étant les mêmes chez les Invertébrés que chez les Vertébrés, rien ne nous empêche de supposer que les mêmes causes ont produit des effets semblables dans les deux groupes. A partir de cellules de sens lumineux épithéliales, les Invertébrés auraient formé les yeux plans à fossette, composés ou à vésicule, tous épithéliaux, tandis que les Vertébrés, à partir de cellules de sens luminieux présentes dans le névraxe, auraient formé des yeux cérébraux. Nous aurions là un exemple d'évolution parallèle à partir d'un élément unique, la cellule de sens lumineux. Le type de l'appareil dioptrique de l'œil, ou de son appareil de soutien, la structure vertie ou invertie de la rétine, ne semblent être que des éléments secondaires déterminés par des conditions spécifiques ou locales qui modifieraient quelque peu les facteurs formatifs fondamentaux des organes de la vision, facteurs qui semblent être les mêmes pour toutes les espèces.

Quelle est, chez l'embryon des Vertébrés, la genèse des cellules de la rétine, les neurones essentiels de la vision ?

La rétine est une partie constituante du cerveau, autant, par exemple, qu'un hémisphère cérébral, et sa structure est, en général, semblable à celle d'autres parties de l'encéphale. Il y existe des éléments de soutien, les cellules de Müller et les cellules névrogliques, parmi lesquels se trouvent les neurones : cellules visuelles avec leurs cônes et bâtonnets, cellules bipolaires, cellules ganglionnaires donnant naissance aux fibres optiques, enfin des neurones d'association horizontaux. Tous ces neurones sont intrinsèques à la rétine, sauf les cellules ganglionnaires dont les axones forment le nerf optique qui se termine dans le thalamus diencéphalique. Nous avons vu que la rétine est doublée à sa face externe d'une couche de cellules pigmentaires, dont le rôle semble bien être d'empêcher le phénomène du halo, c'est-à-dire la propagation latérale des ondes dans la couche sensible de la rétine.

Fürst a vu que la rétine du Saumon passe par trois phases de développement : 1° une phase d'épithélium unistratifié, devenant pluristratifié par prolifération ; 2° une phase de différenciation pendant laquelle s'établissent les couches cellulaires et se modèlent les éléments nerveux ; 3° une phase de croissance, caractérisée par le développement des expansions cellulaires et la formation des cônes et bâtonnets. La multiplication cellulaire commence dans la couche germinale ou portion la plus externe de la rétine. Ces résultats obtenus par Fürst chez les Poissons ont été confirmés et complétés par Leboucq chez les Mammifères. La genèse de la rétine semble donc se faire de la même façon chez tous les Vertébrés.

His et d'autres chercheurs ont montré que dans les premières périodes de sa formation la rétine est constituée par un massif de noyaux, sans stratification régulière. Un peu plus tard on peut y distinguer deux formations : une couche externe de cellules germinales, dont un grand nombre en voie de mitose ; l'autre interne, où s'amassent les neuroblastes, déjà plus évolués et caractérisés par leur aspect piriforme et leur expansion descendante unique.

Cajal a vu que les prolongements externes des cellules visuelles, les cônes et les bâtonnets, ne se forment que très tard chez les Mammifères. Absents chez le Chien et le Chat nouveau-nés, ils croissent peu à peu dans les jours qui suivent la naissance et atteignent presque leur modelé définitif au moment de l'ouverture des paupières. Les cellules visuelles passent par plusieurs phases dans leur développement — germinale, unipolaire, enfin bipolaire.

Les cellules bipolaires de la rétine ne sont pas discernables en plusieurs phases formatives, mais ses cellules ganglionnaires le sont : phase apolaire, bipolaire, enfin unipolaire. Sont-ce là des phases qui rappellent l'évolution phylogénétique de ces cellules, partant de neurones cérébraux pour former des neurones rétiniens ? Rien ne permet de l'affirmer. Ces aspects de sa genèse nous montrent, de toute façon, que la structure ultime de la rétine est la résultante de nombreux facteurs qui jouent pendant tout son développement, créant toute une succession de formes cellulaires qui vont en se modifiant jusqu'à leur aspect définitif. Certains de ces facteurs sont peut-être purement physiques ou chimiques, d'autres d'interaction entre ses éléments constitutifs aux divers moments de leur genèse. Mais nous n'entrevoyons certes pas encore leur mode exact d'action.

Résumons maintenant ce que nous avons dit dans ce chapitre. Chez les Invertébrés inférieurs qui possèdent un système nerveux, des réactions sensorielles simples sont accomplies au moyen de deux types cellulaires seulement, les cellules neurosensorielles et les cellules ganglionnaires primitives à terminaisons superficielles diffuses ou libres. Le premier type donnera, chez les Vertébrés, les cellules olfactives, les terminaisons libres demeureront comme telles. Mais à partir des Invertébrés supérieurs nous voyons un nouveau type cellulaire, les cellules épithéliales spécialisées en cellules sensorielles secondaires, se mettre en rapport avec les terminaisons libres pour donner naissance, chez les Vertébrés, aux terminaisons encapsulées, aux bourgeons du goût, aux organes de la ligne latérale, aux cellules stato- et phono-réceptrices (fig. 137).

Si l'on peut ainsi considérer tous ces systèmes sensoriels comme ayant évolué à partir des deux types cellulaires primitifs, qui suffisent également pour la sensibilité à la lumière, il n'en est certes pas de même pour l'organe de la vision. Là l'évolution semble s'être produite à partir d'un type spécial de cellule sensorielle, la cellule de sens lumineux, qui apparaît tôt dans l'évolution des Invertébrés. Donnant naissance chez eux aux yeux épithéliaux plans, à fossette, composés, ou à vésicule, elle se serait cantonnée au tissu nerveux même chez les Vertébrés, donnant naissance chez eux à l'œil cérébral, peu variable dans toutes leurs classes.

XV

LES FACTEURS FORMATIFS DES ORGANES DES SENS

La difficulté d'analyser les facteurs formatifs d'un organisme est accrue du fait que tout se passe comme si, au cours des longues périodes de temps pendant lesquelles ils ont agi sur les générations successives, leur action se serait profondément imprimée sur les tissus embryonnaires. Ceux-ci en sont arrivés à réagir, à chaque moment précis de leur développement, à des excitations infimes dont certaines dépendent de facteurs agissant à ce moment même, mais d'autres semblent transmises dans les cellules sexuelles de génération en génération. Il semble, de plus, que certains facteurs formatifs agissent en fin de compte, dans beaucoup de cas, non pas en tant que tels, mais pour déclencher une série ou une chaîne de stimuli, dont ceux qui ont une action formatrice seraient efficaces, à chaque génération, au moment exact auquel leur action s'est fait sentir dans le passé. En d'autres mots, il faut tenir compte, dans la genèse des organismes, non seulement des facteurs formatifs actuels, comme dans le monde inanimé, mais encore de leur action héréditaire répétée un nombre énorme de fois.

C'est ainsi que nous avons vu (p. 204) quel rôle fonda mental jouent les nerfs gustatifs dans la formation des bourgeons du goût, rôle qu'il est aisé de mettre en évidence en provoquant leur dégénérescence et leur régénération ultérieure chez l'adulte. Et pourtant, chez l'embryon de la Salamandre *Amblystoma*, Stone (1933-1940) a montré que dans les greffes de l'ébauche de la langue, faites avant la croissance des nerfs gustatifs, des bourgeons du goût se forment malgré l'absence de ces nerfs. Si l'on greffe des parties de langue larvaire possédant des bourgeons du goût normalement innervés, sur le côté ou sur la nageoire caudale, ces bourgeons ne dégénèrent pas, mais continuent à former de nouveaux organes du goût par bourgeonnement. Ce n'est qu'après la métamorphose, qui comporte l'invasion du greffon par de la peau nouvellement formée, que celui-ci et ses bourgeons du goût se désagrègent. Chez l'adulte du Triton *Triturus viridescens* Mintz et Stone ont greffé de la même façon le bout de la langue, et observé que les bourgeons du goût ont maintenu leur intégrité pendant 6 mois, malgré leur isolement des fibres gustatives.

Avons-nous là un cas particulier, différent pour les Batraciens Urodèles de ce qui a lieu chez les Poissons et les Mammifères ? Est-il possible que le nerf gustatif ait une influence formatrice sur les bourgeons du goût chez les Poissons, Vertébrés peu évolués, et chez les Mammifères, Vertébrés les plus évolués, et non pas chez les Batraciens Urodèles, groupe à mi-chemin dans leur évolution ? Ou bien faut-il appliquer ici le principe de la double assurance de Spemann, d'après lequel deux facteurs seraient capables d'obtenir le même résultat embryogénique ?

Nous avons déjà vu, dans la division cellulaire, la mitose et l'amitose, dans la régénération nerveuse la néoformation après dégénérescence et la cicatrisation par première intention (p 206) Or, dans la formation du cristallin (p. 251 et fig. 121) nous avons encore un cas semblable. Les travaux de nombreux chercheurs, dont Spemann, Herbst, Lewis, Levy, Bell, Ekman, Wachs, Harrison, Filatow, Werber, Von Ubisch, ont montré que la formation du cristallin, sur l'emplacement normal, n'est pas conditionnée seulement par l'induction de la cupule optique, mais qu'elle se trouve aussi fixée par l'hérédité. Si bien que chez certaines espèces de Batraciens, groupe où cette question est étudiée le plus aisément, la formation du cristallin s'ébauche, d'une façon très précoce, même en l'absence de la cupule oculaire. Pour Von Ubisch, cette formation cristallinienne est commandée à la fois par la vésicule optique, et par au moins un autre facteur. Si l'influence de la vésicule optique vient à manquer, des cristallins rudimentaires peuvent se former sous l'influence du second facteur uniquement, facteur qui est peut-être localisé dans la peau. La formation de cristallins peut d'ailleurs être arrêtée par des influences extérieures, telles qu'une température défavorable ou des lésions opératoires. De plus, dans l'œil du Triton adulte, Colucci et Fischel ont montré qu'après perte du cristallin l'épithélium de l'iris fait retour à l'état embryonnaire, et régénère un nouveau cristallin à partir de son bord supérieur.

Nous voyons donc que pour la formation des bourgeons du goût comme pour celle du cristallin nous ne saurions être dogmatiques et exclusifs. Les processus embryologiques, si complexes, semblent souvent ne pas se satisfaire d'une solution unique, mais plutôt d'une solution principale, à laquelle peuvent se substituer, le cas échéant, des facteurs subsidiaires.

Brockelbank a montré que la formation des organes de la ligne latérale se fait, comme celle des bourgeons du goût, sous l'influence de leur nerf. Harrison avait étudié leur développement par une ingénieuse méthode chez l'embryon de Grenouille. Il a greffé la partie antérieure d'un embryon de *Rana sylvatica*, espèce très pigmentée, à la partie postérieure d'un embryon de *Rana palustris*, espèce peu pigmentée. Il se forme par la suite un seul embryon, qui se développe de façon régulière, et où l'on peut suivre le développement de la ligne latérale (fig. 138). L'ébauche de celle-ci émigre, dans sa formation, de la tête, où elle prend son origine, le long du dos et de la queue. On peut facilement suivre son évolution, car elle est composée de cellules très pigmentées de *Rana sylvatica* qui tranchent sur le fond plus clair de *Rana palustris*. L'ébauche ainsi allongée par migration cellulaire provoque la formation d'une série d'organes de la ligne latérale. Sous son influence des cellules non différenciées se transforment en cellules sensorielles ou cellules de soutien.

Stone a montré que des ébauches (placodes) de la ligne latérale, transplantées chez l'embryon de la Salamandre *Amblystoma*, forment les ganglions et organes des sens correspondants; mises à la place des placodes d'autres ganglions, elles assument les fonctions de ces derniers, mais forment encore quelques organes des sens. Pour ce biologiste les organes de la ligne latérale peuvent se former par bourgeonnement à partir d'organes semblables, comme il l'a également vu dans le cas des bourgeons du goût.

Nous avons vu au chapitre précédent que les organes de la ligne latérale de même que les bourgeons du goût sont typiques des organes à cellules sensorielles secondaires. Or, malgré l'intime association fonctionnelle avec leur innervation, et quoique celle-ci ait une indubitable action formatrice dans leur régénération chez l'adulte, leur genèse embryonnaire semble être déjà déterminée à partir d'ébauches particulières, sans connexions avec le système nerveux central. L'analyse de leur détermination dans ces ébauches, à des stades embryonnaires antérieurs à la formation de celles-ci, paraît peu justiciable des méthodes de la microchirurgie, et serait plutôt du ressort de l'analyse bio- et histochimique.

Il semble en être de même pour l'oreille interne, autre organe à cellules sensorielles secondaires, mais plus évolué que les organes de la ligne latérale. Là encore des cellules s'isolent de bonne heure chez l'embryon pour former un organe sensoriel qui se met secondairement en rapport avec le névraxe.

Fig. 137. — *Représentation schématique du dispositif affecté par les neurones périphériques des divers organes des sens chez les Vertébrés.*

A. *Dispositif olfactif.* ép. o., *épithélium olfactif formé par les cellules olfactives,* c. o., *qui envoient directement leurs cylindraxes dans le bulbe olfactif,* b. o. — c. s., *cellules de soutien. La cellule olfactive est une cellule sensorielle primaire.*

B. *Dispositif gustatif.* b. g., *bourgeon du goût, avec* c. s. s., *cellules sensorielles secondaires en noir, et* c. s., *cellules de soutien, en pointillé.* — c. g. *cellule ganglionnaire qui envoie une expansion dendritique se ramifier autour des cellules sensorielles secondaires, et une expansion cylindraxile dans les centres nerveux,* c. n.

C. *Dispositif de l'organe de l'audition et de l'équilibration. Dans l'épithélium sensoriel on voit : en noir, les cellules sensorielles secondaires,* c. s. s. ; *en pointillé, les cellules de soutien,* c. s. ; *en* c. g. b., *une cellule ganglionnaire bipolaire, qui envoie une dendrite se ramifier au niveau des cellules sensorielles et un cylindraxe dans les centres nerveux,* c.n.

D. *Dispositif tactile.* g.c.s., *ganglion cérébro-spinal avec deux cellules ganglionnaires en T, dont l'une envoie une dendrite dans l'épiderme tégumentaire où elle se ramifie,* e. p., *et dont l'autre envoie une dendrite dans un corpuscule du tact,* c. t. *Ces mêmes cellules ganglionnaires envoient leurs cylindraxes dans les centres nerveux,* c. n.

E. *Dispositif de la membrane visuelle (rétine).* c. b., *cônes et bâtonnets ;* c. bp., *cellules bipolaires ;* c. g., *cellules ganglionnaires ;* f. o., *cylindraxes de ces dernières, ou fibres optiques. C'est la structure d'un centre nerveux, avec cellules périphériques (cônes et bâtonnets) adaptées pour la perception des vibrations de la lumière. La lumière ne frappe les cônes et bâtonnets qu'après avoir traversé le reste de la rétine, invertie, dans toute son épaisseur* (*P. Bouin*).

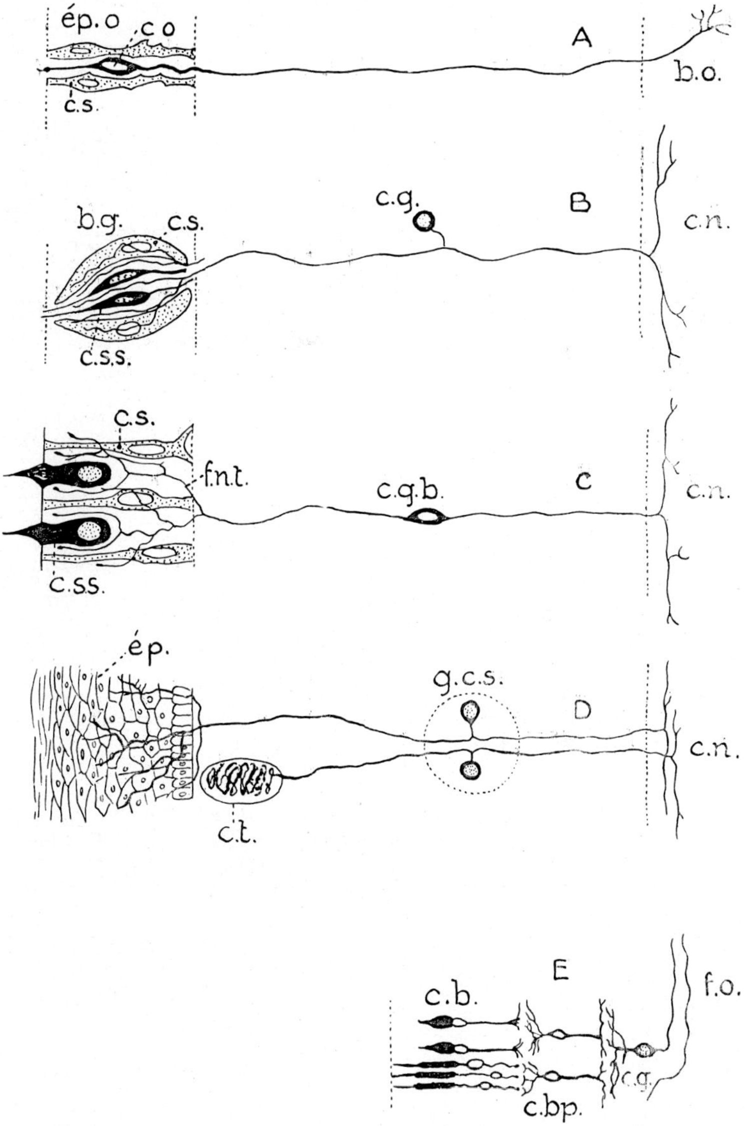

ép. o
c o
A
b.o.
c.s.
c.g.
B
b.g.
c.s.
c.n.
c.s.s.
c.s.
f.n.t.
c.g.b.
C
c.n.
c.s.s.
ép.
g.c.s.
D
c.n.
c.t.
E
f.o.
c.b.
c.g.
c.bp.

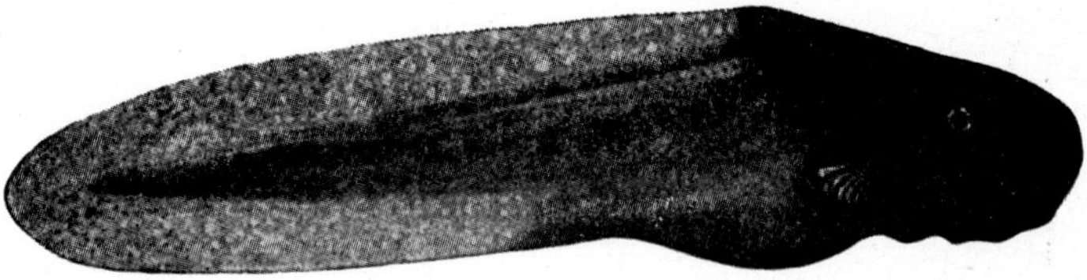

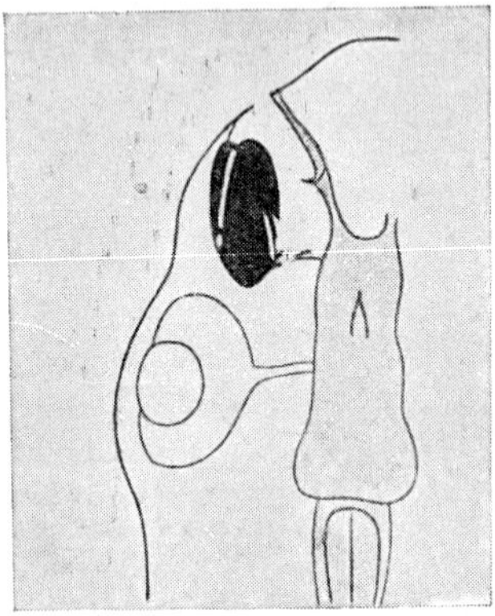

O. Levy a conclu de ses expériences d'isolement de la coupe otique, chez l'embryon de *Triton taeniatus*, que les cellules de la coupe auditive se développent indépendamment de leur milieu immédiat, et que les rapports de ces cellules avec le labyrinthe qui se forme plus tard ne sont pas prédéterminés. Ainsi, n'importe quelle moitié de la coupe otique formerait un labyrinthe complet, mais dont la taille serait diminuée de moitié.

Mais cette conception n'a pas été confirmée par Spemann, ni par Streeter, qui ont employé la méthode des greffes. Spemann a coupé en deux l'ébauche de l'oreille au stade de la fermeture de la gouttière médullaire, chez l'embryon de *Rana esculenta* ; les deux moitiés n'ont pas formé des labyrinthes complets — dans l'un d'eux il manquait toujours le canal endolymphatique. De même, les expériences de rotation de la coupe otique ont amené Spemann et Streeter à s'accorder sur le fait qu'elle a déjà subi, à ce stade, une différenciation marquée, et ne peut donc constituer un système équipotentiel, c'est-à-dire dont les différentes parties ont une valeur formative égale et peuvent constituer l'ensemble de l'organe.

Fig. 138. — *Partie antérieure d'un embryon de la Grenouille* Rana sylvatica *coaptée à la partie postérieure d'un embryon de la Grenouille* Rana palustris, *un peu plus de 4 jours après la greffe. La ligne latérale principale est présente sous forme d'une série de points pigmentés noirs dont 84 se trouvent dans l'épiderme de la partie* Rana palustris. *On peut observer, moins nette, une série dorsale dans la nageoire dorsale* (*R. G. Harrison*).

Fig. 140 (*en bas*). — *Grenouille ; reconstruction graphique montrant la forme et les rapports d'une vésicule otique transplantée, 1 à 3 mois après la greffe. Le nerf et le ganglion acoustique se sont prolongés de la vésicule otique vers le cerveau ; la connexion est complète, les fibres pénétrant au point de jonction du cerveau antérieur et du lobe olfactif. Système nerveux central, ombré ; vésicule otique, en noir* (*G. L. Streeter*).

Les cellules qui formeront l'oreille interne sont déterminées tôt dans le développement embryonnaire. Lewis a vu que même au stade de la plaque otique, non invaginée encore en forme de coupe, les cellules constitutives, une fois transplantées, continuent leur différenciation en un labyrinthe. Par contre, les cellules environnantes, qui forment la capsule cartilagineuse, ne sont pas prédéterminées. Il n'y a pas de formation de cartilage dans les cas où la plaque otique est excisée sans régénération ultérieure de l'oreille. Par contre, quand la plaque otique est transplantée d'un embryon de *Rana sylvatica* à celui d'*Amblystoma*, entre l'œil et l'oreille de ce dernier, il se forme un labyrinthe qui est entouré d'une capsule cartilagineuse provenant du porte-greffe. Les expériences de Luther, puis de Kaan, ont d'ailleurs montré que la vésicule otique ne peut induire la formation d'une capsule cartilagineuse que dans la région adjacente à celle de l'oreille normale. Les capsules qui se forment autour de vésicules implantées dans d'autres régions du corps se développent à partir de cellules mésenchymateuses qui ont été transplantées avec le greffon.

La latéralité de la vésicule otique n'est pas contrôlée par le milieu où elle se trouve, mais est déterminée par le caractère intrinsèque de ses cellules constitutives. C'est ainsi que Streeter a observé qu'une vésicule otique gauche, transplantée du côté droit, se développe en un labyrinthe qui a tous les caractères d'un organe gauche (fig. 139). Mais, dans ses expériences de rotation de la vésicule otique, Sreeter a vu que le labyrinthe qui se forme a une posture normale par rapport au cerveau, aux masses ganglionnaires, et à la surface du corps. Streeter en conclut qu'il existe une influence qui agit entre la vésicule otique et son milieu, influence qui est le facteur principal dans la détermination de sa posture. Ogawa a d'ailleurs observé que même une moitié de vésicule otique, greffée en position renversée, subit la rotation aussi bien qu'une vésicule complète.

Nous voyons donc, d'après ces expériences, faites chez l'embryon de Batracien, jusqu'à quel point les cellules embryonnaires qui formeront l'oreille interne sont déjà déterminées pour leur évolution ultérieure dès qu'elles constituent une ébauche visible. Nous ne pouvons déjà plus qu'étudier alors les facteurs de la forme ou facteurs morphogènes. Comme pour les organes de la ligne latérale et

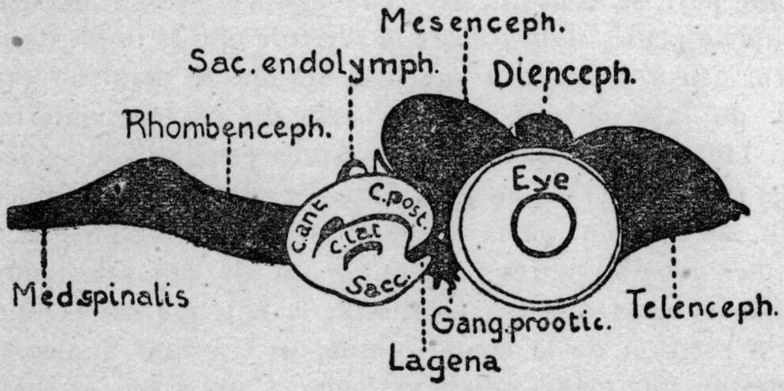

Fig. 139. — *Têtard de la grenouille* Rana pipiens. *Reconstruction montrant la forme et les rapports d'une vésicule otique gauche greffée du côté droit ; elle a conservé ses caractères originels gauches, bien qu'à d'autres égards elle se soit adaptée à sa nouvelle situation.* Eye, *œil* ; Med. spinalis, *moelle épinière* ; *pour l'explication des autres abréviations voir la fig. 36 et le Chap. V (G. L. Streeter).*

les bourgeons du goût, l'analyse des facteurs qui déterminent la spécificité cellulaire même, en tant que cellules sensorielles, ne saurait se faire à ce stade, qui paraît déjà trop tardif pour ce but : seule une étude faite bien plus tôt semble pouvoir nous renseigner à cet égard. Mais pour ce faire nous n'avons pas encore de technique permettant, non seulement de différencier la lignée cellulaire des organes des sens aux tout premiers stades du développement, mais encore d'agir sur elle de façon différentielle, isolément du reste de l'organisme.

Il n'en est pas tout à fait de même pour les éléments nerveux des organes des sens, car ces éléments, de développement plus tardif que les cellules sensorielles mêmes, paraissent subir plus facilement les influences expérimentales, et révéler ainsi les facteurs qui agissent sur eux normalement dans leur genèse. C'est ainsi que Streeter a observé que dans plusieurs de ses cas de greffe de coupes otiques un ganglion et un nerf se sont formés. Or, une connexion nerveuse complète peut s'établir entre la vésicule otique implantée et le cerveau à un endroit anormal, tel que le point de jonction du lobe olfactif avec le reste du cerveau antérieur (fig. 140) ; mais seules quelques fibres pénètrent le cerveau dans ce cas, et l'on ne peut observer d'effets fonctionnels.

Or, au moment où la coupe otique a été transplantée les cellules ganglionnaires adhérentes ont été, par cela même, déplacées dans diverses positions ; le fait que ces cellules, après rotation de la coupe otique, se trouvent finalement toutes du côté médian de la vésicule, et que le nerf se dirige vers le cerveau, ne peut être expliqué que par une attraction qui existerait entre le cerveau et ce nerf. Nous avons déjà parlé au chapitre VII des forces attractives entre les fibres nerveuses des centres pour les organes périphériques, tels que les membres, et réciproquement de la force d'attraction des fibres sensorielles de l'organe olfactif et de l'œil pour le névraxe, et encore entre cellules ganglionnaires et cellules cérébrales. Dans tous ces cas, le névraxe, qu'il soit sollicité ou qu'il sollicite, traduit cette surcharge périphérique, motrice, sensitive, ou sensorielle, par une augmentation du nombre de ses neurones du côté affecté (p. 177).

Nous ne reviendrons donc pas ici sur cette question des connexions nerveuses des organes sensoriels avec le névraxe. Le lecteur n'aura qu'à se reporter pour l'organe olfactif à la page 116 et pour l'œil à la page 117. L'organe olfactif, peu compliqué dans sa partie purement sensorielle, constituée par des cellules neurosensorielles ou cellules sensorielles primaires, n'a donné lieu qu'à un petit nombre de recherches concernant sa morphogénèse, en dehors de celles sur les connexions nerveuses auxquelles nous venons de faire allusion. Bell a montré, chez des embryons de Grenouille, que l'ébauche olfactive peut être régénérée en un état pratiquement normal, avec des rapports normaux avec le cerveau et le pharynx, à la suite de l'excision de son ébauche représentée par un épaississement ectodermique, ou même celle de l'ectoderme avant la formation de cette plaque. L'excision de la partie du cerveau embryonnaire qui donnera par la suite les lobes olfactifs n'empêche pas le développement de l'ébauche nasale laissée en place, ses rapports ultérieurs avec le pharynx, ni la formation de fibres olfactives qui poussent sans connexions cérébrales. L'ectoderme de la région olfactive, greffé avant la formation de la plaque nasale, peut former une ébauche olfactive, et ultérieurement des fibres olfactives qui pénètrent dans une partie du cerveau autre que le lobe olfactif.

Luna a d'ailleurs vu que si l'ébauche olfactive est transplantée sans fragment du cerveau antérieur, il se forme un organe olfactif moins développé que normalement. Son degré de différenciation morphologique est alors en rapport avec la quantité de mésenchyme environnant qui est greffé avec elle.

Les cellules neurosensorielles sont donc déjà déterminées pour leur évolution ultérieure en organe olfactif avant l'apparition de l'ébauche de ce dernier. Quoique capables de se développer indépendamment du cerveau, elles ne semblent pourtant atteindre leur plein épanouissement qu'en contact formatif avec celui-ci.

L'œil, organe composé de plusieurs parties qui sont formées à des moments différents, a suscité de nombreux travaux expérimentaux. Nous avons déjà résumé ceux qui concernent la formation du cristallin (p. 77 et 251)[1].

1. Voir, pour plus de détails, May, R. M., La transplantation animale.

On considère généralement, avec Spemann, que chez les Batraciens les ébauches oculaires sont déjà mises en place d'une façon définitive dans la plaque médullaire, et que l'ébauche présomptive du cristallin se trouve dans le territoire épidermique situé immédiatement en dehors du bourrelet qui limite la plaque (fig. 141).

Sur des œufs de Grenouilles et de Crapauds, au stade de la plaque médullaire encore étalée, Jolly et Lieure ont tout récemment (1943) recueilli, avec son tissu mésodermique sous-jacent, la partie la plus large de la plaque, en ayant

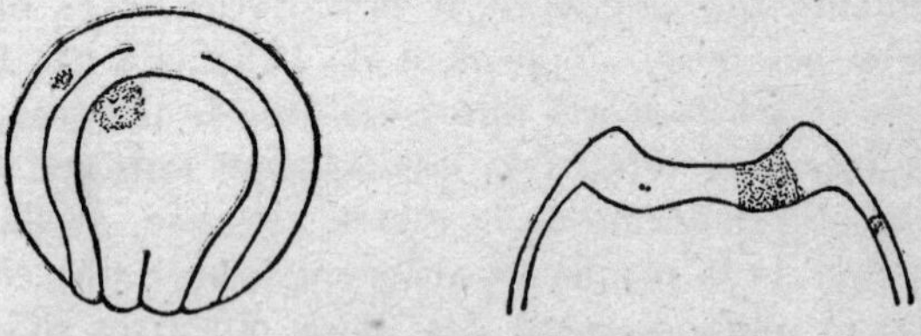

Fig. 141. — *Schéma, indiquant sur la plaque médullaire d'un Batracien, vue de face (à gauche) et en coupe (à droite), les ébauches présomptives de la vésicule oculaire et du cristallin, dans le développement normal (H. Spemann).*

bien soin de s'en tenir très exactement en dedans du bourrelet qui la limite. Comme le montre la figure 142, le fragment prélevé est un carré ou un rectangle inscrit dans le territoire limité par ce bourrelet. Il contient toute l'ébauche oculaire, mais ne contient pas l'ébauche présomptive du cristallin.

Dans le vase de culture, au bout de quelques jours, le fragment prélevé a formé une petite tête qui montre, sur coupes, un cerveau très bien formé et, de chaque côté, une cupule optique complète avec un cristallin. Elle montre aussi des invaginations olfactives et des vésicules auditives avec leur épithélium sensoriel et le bourgeon du canal endolymphatique. Le tout est enveloppé d'un véritable épiderme possédant deux couches de cellules. La plus superficielle est pigmentée ; la plus profonde correspond à la couche sensorielle de l'épiderme normal.

Le cristallin est formé, de chaque côté, et très régulièrement, non pas aux dépens de l'épiderme présomptif, comme dans le développement normal, mais aux dépens d'un nouvel épiderme qui s'est constitué à l'aide des matériaux de la partie neurale de l'ectoderme de la plaque médullaire. Cet ectoderme a suppléé à l'absence de l'épiderme normal en enveloppant toute la tête d'un revêtement constitué aux dépens de matériaux cellulaires qui, si le fragment était resté en place, auraient formé du tissu nerveux. On peut observer les stades progressifs du développement du cristallin aux dépens de la couche sensorielle de ce nouvel épiderme. C'est lui qui a formé aussi, en avant, les fossettes olfactives et en arrière les invaginations qui ont donné les vésicules auditives.

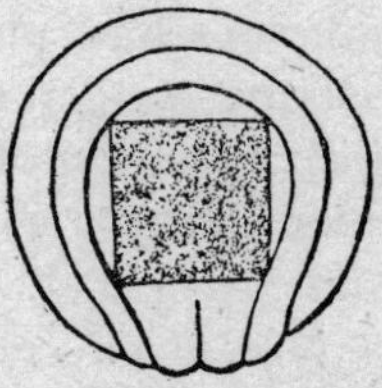

Fig. 142. — *Indication des limites du fragment prélevé sur la plaque médullaire de Grenouille et de Crapaud, puis cultivé (J. Jolly et C. Lieure).*

Ces expériences de Jolly et Lieure montrent que la plaque médullaire est douée d'un certain pouvoir de régulation. Elle est capable, avec un matériel réduit, et à l'aide de cellules dont la destinée, si le développement avait été normal et libre, aurait été différente, de former, en culture, une petite tête possédant un cerveau et des yeux dont l'architecture générale est régulière et complète.

Les pédicules optiques, vésicules optiques primitives, cultivés *in vitro*, continuent d'ailleurs à se développer, donnant naissance à un œil de différenciation histologique assez poussée, avec couche pigmentaire et rétine stratifiée. Ceci ressort des recherches de Filatow chez l'embryon de Grenouille, ainsi que de Strangeways et Fell, qui ont cultivé de cette façon des ébauches d'embryons de Poulet de 60 à 72 heures de développement.

Mais si, au lieu de faire une culture *in vitro* de l'ébauche oculaire d'embryon de Poulet, on la greffe sur la membrane chorio-allantoïdienne d'un deuxième embryon, comme l'a fait Hoadley, on peut en obtenir le développement chez des embryons bien plus jeunes. La partie antérieure d'un blastoderme (embryon très jeune) de 4 heures d'incubation, ainsi transplantée, donne déjà naissance à des cellules pigmentaires ; celle de 6 heures à des cellules rétiniennes pigmentées et d'autres non pigmentées ; celle de 8 heures, en plus, à un commencement de stratification rétinienne. La greffe faite au stade du prolongement céphalique donne une différenciation des couches de la rétine et aussi des différentes régions des couches rétiniennes et cristalliniennes. Enfin, à 33 heures d'incubation, quand les somites sont formés, la vésicule optique isolée et greffée se comporte comme unité montrant une autodifférenciation complète.

Ainsi, pour les Vertébrés à sang chaud comme pour ceux à sang froid, l'ébauche de l'œil, une fois constituée, continue son développement, même si elle est isolée, par

---

Fig. 143. — *Fusion complète en un seul œil d'une vésicule optique greffée à côté de celle d'un deuxième embryon de la Salamandre* Pleurodeles (*P. Pasquini*).

Fig. 144. — *Un fragment de lame pigmentaire embryonnaire du Batracien Anoure* Pelobates fuscus, *greffé sur la partie antérieure de la cupule optique d'un second embryon un peu plus jeune, a donné naissance à une petite cupule optique contenant à la fois une lame pigmentaire*, Tt, *et une rétine proprement dite*, Rt. Ro, *rétine*, To, *lame pigmentaire*, Lo. *cristallin de l'œil porte-greffe* (*Dragomirow*).

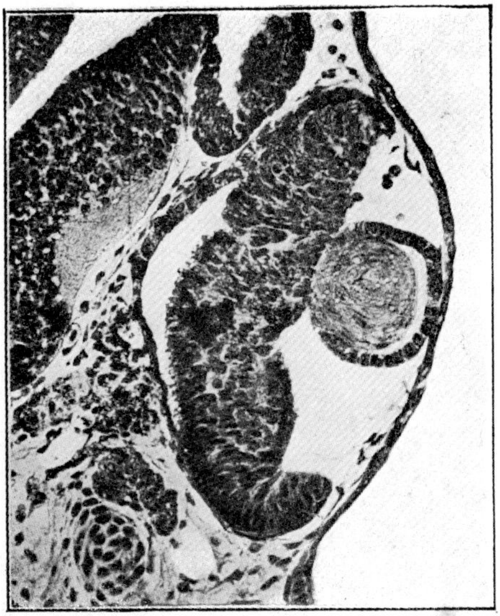

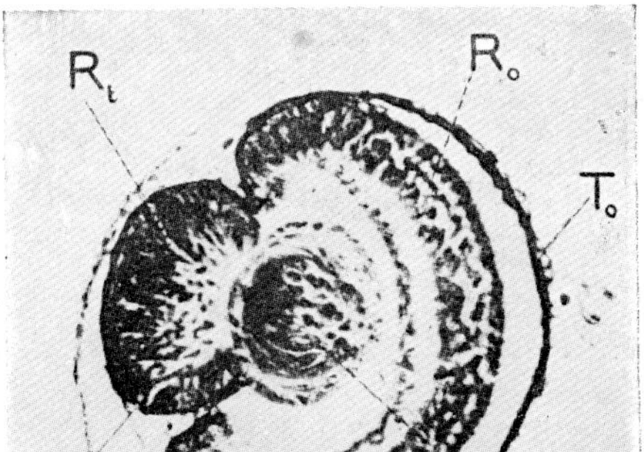

R_t
R_o
T_o
T_t
L_o

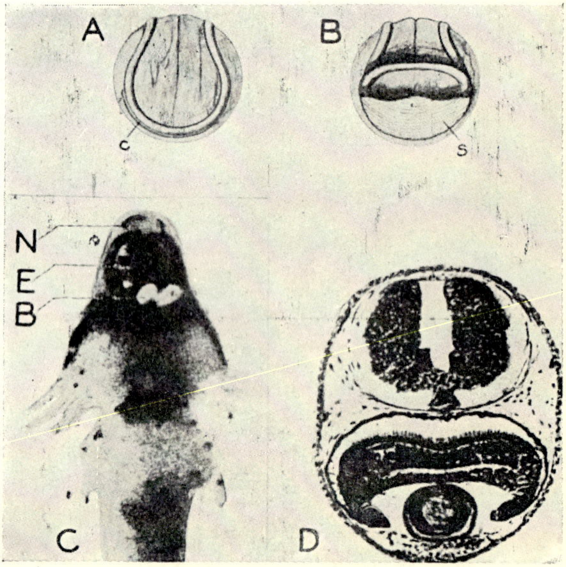
A
B
c
s
N
E
B
C
D

culture ou greffe, des structures qui l'entourent normalement.

Mais si l'ébauche de l'œil dans son ensemble est déjà organisée, à des stades précoces, pour donner un œil, les cellules constituantes de celui-ci sont capables, pendant une longue période du développement embryonnaire, de s'adapter à de nouvelles circonstances et de se transformer pour donner une autre variété d'éléments optiques. Deux expériences mettent ce fait en valeur.

La première est due à Pasquini. Ce biologiste a transplanté, chez l'embryon de la Salamandre *Pleurodeles*, une vésicule optique primitive tout près d'une ébauche semblable d'un deuxième embryon, en prenant soin d'orienter le greffon correctement par rapport à cette deuxième ébauche oculaire. Dans ces cas il y a souvent eu fusion complète des deux vésicules optiques, avec formation ultérieure d'un œil unique, normalement constitué, quoique plus grand qu'un œil normal (fig. 143). Il est clair que dans ces cas les cellules constituantes ont été redistribuées et se sont différenciées autrement qu'elles ne l'auraient fait si elles avaient suivi leur évolution normale.

Fig. 147. — *Cyclopie chez le Triton. L'ablation du substrat mésodermique de la partie antérieure de la plaque médullaire, chez la jeune neurula, a provoqué la fusion médiane des yeux en un seul œil ventral.*

A. *Neurula préparée pour l'opération par une incision* (c) *autour du bord antérieur de la plaque médullaire.*

B. *La partie antérieure de la plaque médullaire est soulevée. Le substrat mésodermique* (S) *ainsi exposé est alors excisé et la partie médullaire est remise en place.*

C. *Vue ventrale de larve cyclopéenne formée à partir de* B. B, *balanciers* ; E, *œil médian unique* ; N, *narines fusionnées.*

D. *Coupe transversale de la tête de* C, *montrant l'œil ventral avec un cristallin médian unique* (*O. Mangold*).

La deuxième expérience, due à Dragomirow, est encore plus frappante. Ce chercheur a isolé soigneusement un fragment de la lame pigmentaire de la rétine (p. 78), dans la cupule optique de l'embryon de l'Anoure *Pelobates*, puis a greffé ce fragment sous la peau de la tête d'un deuxième embryon. Quoique ne possédant pas d'éléments qui se seraient normalement développés en cellules de la rétine proprement dite, le fragment implanté s'est transformé en une petite cupule optique à deux couches (fig. 144), un épithélium pigmenté externe et une rétine typique interne.

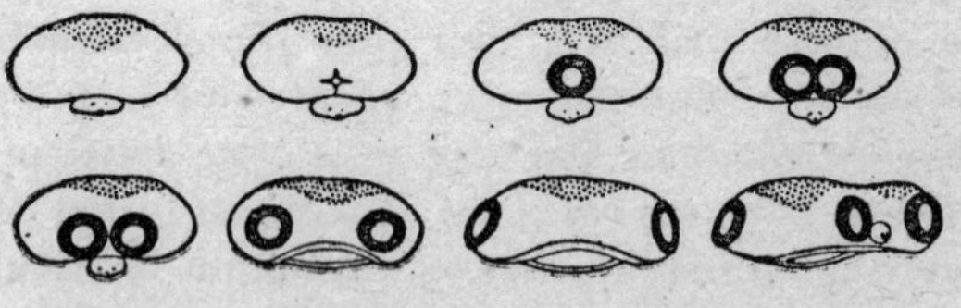

Fig. 145. — *Résultat de l'action du chlorure de magnésium sur le développement des yeux du Poisson* Fundulus. *Les embryons sont vus de face ; ils montrent divers degrés de fusion des deux yeux (C. Stockard).*

Une partie des cellules qui normalement auraient toutes donné naissance à la lame pigmentaire s'est donc transformée en rétine proprement dite.

Nous ne pouvons douter, dans ces deux cas, qu'il y ait eu régulation et transformation d'éléments oculaires en d'autres catégories cellulaires, sous l'impulsion de facteurs et d'un milieu nouveaux. A un moment où l'œil est déjà formé dans ses grandes lignes, ses éléments constitutifs sont donc encore à même de subir des transformations fondamentales.

Or, si l'on n'a pas encore isolé ces facteurs internes, il n'en est pas de même de facteurs chimiques externes qui peuvent provoquer des anomalies dans le développement de l'œil entier, et donner un œil cyclopéen unique au lieu des deux yeux normaux.

C'est ainsi que Stockard, dès 1909, a soumis les œufs du Poisson *Fundulus* à l'action du chlorure de magnésium en solution dans de l'eau de mer. Il a obtenu chez les embryons, à la suite de ce traitement, la formation d'un œil

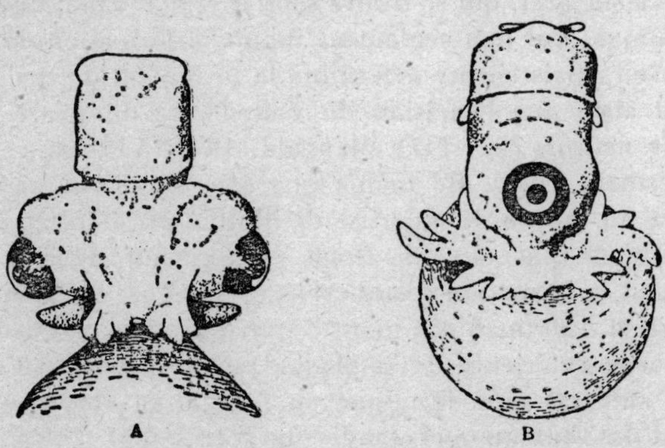

Fig. 146. — *Développement cyclopéen du Céphalopode* Loligo vulgaris *à la suite de l'action du chlorure de lithium sur l'embryon.*
A. *Embryon normal avec son vitellus, montrant des yeux pairs.*
B. *Embryon cyclopéen obtenu à la suite de l'action de chlorure de lithium à 1 °/₀ dans de l'eau de mer, de 12 à 48 heures, sur le blastoderme de l'œuf. Les deux yeux se sont fusionnés en un seul qui est médian* (S. *Ranzi*).

double ou d'un œil unique cyclopéen, en position médiane et ventrale (fig. 145). Mais il n'y a pas là d'action chimique spécifique, car Stockard l'a encore obtenue avec des solutions d'anesthésiques tels que l'alcool, l'éther, le chloroforme, et Mc Clendon avec des solutions de chlorure de potassium, de chlorure de sodium, de soude caustique, et de sucre de canne. Le chlorure de lithium est également actif à cet égard ; Leplat, Bellamy, Cotronei, faisant agir des solutions de ce sel, ont obtenu des yeux uniques et médians chez l'embryon de Grenouille, et Ranzi chez l'embryon du Céphalopode *Loligo* (fig. 146).

Or, des études plus récentes sur la cyclopie expérimentale et sur la détermination normale des yeux pairs ont insisté sur le rôle du substrat mésodermique. Il semble que ce soit ce substrat, qui se trouve sous la région oculogène ectodermique, qui non seulement induit la formation du tissu de l'œil, mais encore détermine la formation d'yeux pairs. C'est ainsi que l'excision du mésoderme du rostre de la jeune neurula (fig. 147) (Mangold, 1931, Adelmann, 1937, Alderman, 1938), de même que son inhibition physiologique au moyen de chlorure de lithium ou d'autres agents chimiques (phénol, chlorétone — Lehmann, 1933) a pour résultat la formation d'embryons cyclopéens. De plus Adelmann et Alderman ont montré que des pièces médianes de la partie antérieure de la plaque médullaire, greffées sans leur substrat mésodermique au flanc d'un embryon, forment des yeux uniques, tandis que si elles sont transplantées avec lui elles donnent naissance à des yeux pairs. De cela Alderman conclut que la formation d'yeux pairs, qui trouvent leur origine dans un « cercle de dispersion médian » unique, dépend de facteurs présents dans le mésoderme.

Pour Alderman, ce sont deux régions mésodermiques particulières qui induisent la formation d'yeux pairs dans une seule région oculogène ectodermique, non encore spécialisée. Entre ces deux régions mésodermiques latérales en existerait une troisième, médiane, qui aurait une action inhibitrice, empêchant la formation d'un œil en cette région. C'est pour cela que la suppression du bloc rostral de tissu qui normalement sépare les yeux donne lieu à leur fusion médiane complète. La formation des yeux, ectodermique, serait donc sous la dépendance de facteurs présents dans le mésoderme sous-jacent. Mais il reste à déterminer comment ces facteurs agissent, et à quelles influences ils obéissent eux-mêmes.

Même dans leur développement plus tardif les yeux sont soumis à des facteurs qui modifient, accélèrent ou retardent leur formation. Uhlenhuth a découpé l'œil et un morceau de peau environnante chez des larves et quelques individus métamorphosés de *Salamandra*, *Triton* et *Amblystoma*, puis a greffé ces tissus juste derrière la tête d'une seconde larve. Après une dégénérescence initiale l'œil régénère et redevient absolument normal dans toutes ses parties. Le nerf optique pousse sous forme d'un cordon nerveux, et dans certains cas pénètre dans un glanglion spinal.

Un œil d'une larve âgée, greffé sur une larve plus jeune, se métamorphose seulement à la métamorphose de cette dernière. Un œil d'une jeune larve, greffé à une larve plus âgée, est accéléré dans son développement et se métamorphose avec les yeux de la larve sur laquelle il est greffé.

Ceci n'a pas lieu quand on emploie pour les expériences des larves très âgées, qui vont quitter l'eau. Un jeune œil, greffé sur une telle larve, se métamorphose plus tard qu'elle ; un œil d'une telle larve, greffé sur une larve plus jeune, se métamorphose longtemps avant cette dernière.

Pour Uhlenhuth, ces résultats seraient dus à ce que la métamorphose de l'œil et de la peau dépend de la présence d'un certain facteur d'une autre partie du corps de l'animal. D'après lui, la métamorphose a lieu si elle est déterminée par ce facteur, même si les yeux sont éloignés du lieu de sa production, mais ce facteur doit agir un certain temps pour commander le début de la métamorphose.

Vrtelowna a confirmé les résultats d'Uhlenhuth en employant sa méhode. Elle a greffé des yeux de têtards jeunes de l'Anoure *Pelobates fuscus* sur des têtards plus développés de la même espèce, sur le dos, près de la tête, et, inversement, des yeux de têtards plus âgés sur des têtards jeunes. La lumière ne provoque pas de réaction pupillaire visible sur les têtards de cette espèce. Mais les mêmes conditions de lumière provoquent, chez les têtards en métamorphose, une importante contraction de la pupille et la transformation de leur forme ronde en forme ovale ou lenticulaire. Etudiant la contraction de la pupille des yeux transplantés à la métamorphose, Vrtelowna a constaté que : 1° la différenciation fonctionnelle du sphincter pupillaire d'un œil greffé dépend de son hôte ; sur un hôte plus développé elle est accélérée, sur un autre plus jeune elle est retardée ; 2° le développement fonctionnel du sphincter pupillaire d'un œil greffé et le même processus dans les yeux de l'hôte sont synchrones.

Nous avons nous-même observé un remarquable synchronisme dans le développement des différentes parties de l'œil transplanté, chez l'embryon de Grenouille et de Crapaud, avec celui des yeux du porte-greffe. Ce synchronisme, qui se manifeste depuis les premières phases de la formation de l'œil jusqu'à sa métamorphose, est certainement indépendant du système nerveux central, et peut difficilement trouver une explication dans l'influence du système sympathique. Nous avons admis, pour l'expliquer, l'action d'un facteur qui serait de nature hormonale.

Or nous voyons que toutes les expériences sur le développement des yeux, depuis le premier moment où il est possible, dans l'état actuel de la technique, d'expérimenter sur leurs ébauches, jusqu'aux stades tardifs de leur métamorphose, suggèrent l'action de tels facteurs. Ce que nous avons dit de la formation des autres organes des sens nous pousse également à interpréter leur genèse comme un processus largement influencé par des facteurs semblables aux hormones dont nous avons déjà vu l'action dans le développement du névraxe et des nerfs périphériques (chapitre XIII).

Mais ces facteurs de nature hormonale sont loin d'être simples. Nous en sommes encore au stade où nous ne faisons qu'entrevoir leur action, et de longues recherches seront certainement encore nécessaires pour analyser leurs fonctions et déterminer leur structure chimique.

Au cours de l'exposé que nous avons fait dans ce petit livre nous avons vu, tout à tour, la contribution apportée par l'anatomie et l'histologie comparées, par l'embryologie, et par l'expérimentation, au problème de la formation du système nerveux. Mais si l'anatomie et l'histologie comparées, si l'embryologie normale, semblent avoir fourni, en grande partie, la lumière qu'elles pouvaient donner à l'élucidation de ce problème, il n'en est plus de même lorsqu'elles sont rénovées par l'expérimentation. Celle-ci, jusqu'ici, dans ce domaine, s'est surtout cantonnée aux méthodes de la microchirurgie. Mais, sollicitée dans les voies nouvelles mêmes qu'elle a percées, et notamment celles qui laissent entrevoir des actions hormonales, elle tend de plus en plus à s'orienter vers une analyse plus poussée qui fait appel à d'autres disciplines. La chimie de la neurogénèse qui, nous l'avons vu, n'en est qu'aux premières phases de son évolution, sa physique, qui n'a attiré qu'incidemment l'attention des chercheurs, apporteront, n'en doutons pas, de solides données dans ce domaine. Le jour viendra où la genèse du neurone, comme son action, seront complètement fouillées au moyen de techniques semblables à celles qui ont déjà tant fait pour la compréhension d'autres aspects de la Nature. Alors, grâce à elles, la croissance, l'organisation et le fonctionnement de la cellule nerveuse, encore si mystérieux, entreront dans le domaine des lois scientifiques qui nous permettront d'en discerner le mécanisme et d'en prédire les manifestations.

QUELQUES TRAVAUX D'ENSEMBLE INTRODUCTIFS A L'ÉTUDE DE LA FORMATION DU SYSTÈME NERVEUX

Arey, L. B., 1925. — Developmental anatomy. A text-book and laboratory manual of embryology, 433 p., Philadelphie et Londres, Saunders, Editeur.

Barbé, A., 1938. — Recherches sur l'embryologie du système nerveux central de l'Homme, 340 p., Paris, Masson, Editeur.

Beaunis, H,. 1890. — L'évolution du système nerveux, 315 p., Paris, Baillière, Editeur.

Bouin, P., 1932. — Eléments d'histologie, 2 t., 334 et 580 p., Paris, Alcan, Editeur.

Brachet, A., 1935. — Traité d'embryologie des Vertébrés, 690 p., Paris, Masson, Editeur.

Cajal, S. *Ramón y,* 1911. — Histologie du système nerveux de l'Homme et des Vertébrés, 2 t., 986 et 993 p., Paris, Maloine, Editeur.

Cajal, S. *Ramón y,* 1928. — Degeneration and regeneration of the nervous system. Traduit par R. M. May, 2 t., 769 p., Oxford University Press, Editeur.

Caullery, M., 1939. — Les progrès récents de l'embryologie expérimentale, 236 p., Paris, Flammarion, Editeur.

Chauchard, P., 1942. — Le système nerveux et ses inconnues, 126 p., Paris, Presses Univ. de France, Editeur.

Chauchard, P., 1943. — La chimie du cerveau, 128 p., Paris Presses Univ. de France, Editeur.

Child, C. M., 1921. — The origin and development of the nervous system from a physiological viewpoint, 296 p., Chicago, Univ. of Chicago Press, Editeur.

Coghill, G. E., 1929. — Anatomy and the problem of behaviour, 113 p., Cambridge, University Press, Editeur.

Collin, R., 1935. — Leçons sur les récepteurs de la sensibilité, 284 p., Nancy, Thomas, Editeur.

Collin, R. 1938. — Les hormones. 358 p., Paris, Albin Michel, Editeur.

Collin, R., 1944. — L'organisation nerveuse, 530 p., Paris, Albin Michel, Editeur.

Cordier, R., 1939. — Les composants fonctionnels des nerfs craniens chez les Vertébrés, 57 p., Paris, Hermann, Editeur.

Cossa, P., 1931. — Précis d'anatomie du système nerveux central, 400 p., Legrand, Paris, Editeur.

Cowdry, E. V., 1924. — General cytology, 754 p., Chicago, Univ. of Chicago Press, Editeur.

Craciun, E. C., 1931. — La culture des tissus en biologie expérimentale, 411 p., Paris, Masson, Editeur.

Da Costa, A. C., 1938. — Eléments d'embryologie, 494 p., Paris, Masson, Editeur.

De Beer, G. R., 1926. — An introduction to experimental embryology, 148 p., Oxford, Clarendon Press, Editeur.

Delage, Y. et Hérouard E., 1898. — Traité de zoologie concrète, t. VIII. Les Procordés, 379 p. Paris, Schleicher Fr., Editeur.

Detwiler, S. R., 1936. — Neuroembryology. An experimental study, 218 p., New York, Macmillan, Editeur.

Droogleever Fortuyn, 1920. — Die Leitungsbahnen im Nervensystem der wirbellosen Tiere. Haarlem, De Erven F. Bohn, Editeur.

Eggeling, H. v., Hoepke, H. et Kolmer, W., 1927 — Haut und Sinnesorgane. Dans : Möllendorff, W. v., Handbuch der mikroskopischen Anatomie des Menschen. Dritter Band, Erster Teil. 505 p., Berlin, Springer, Editeur.

Fischer, A., 1927. — Gewebezüchtung. Handbuch der Biologie der Gewebezellen in vitro., 508 p., München, Müller und Steinicke, Editeur.

Hanström, B., 1928. — Vergleichende Anatomie des Nervensystems der wirbellosen Tiere unter Berüchsichtigung seiner Funktion, 628 p., Berlin, Springer, Editeur.

Herrick, C. J., 1924. — An introduction to neurology, 395 p., Philadelphie et Londres, Saunders, Editeur.

Kappers, C. U. A., 1929. — The evolution of the nervous system in Invertebrates Vertebrates and Man, 335 p., Haarlem, De Erven F. Bohn, Editeur.

Kappers, C. U. A., 1920, 1921. Die vergleichende Anatomie des Nervensystems der Wirbeltiere und des Menschen, t. I, 1920, p. X + 624 + XXXII, t. II, 1921, p. IX + 625-1329. Haarlem, De Erven F. Bohn, Editeur.

Kuntz, A., 1934. — The autonomic nervous system. 697 p., Londres, Baillière, Tindall and Cox, Editeur.

Lapicque, L., 1943. — La machine nerveuse, 251 p., Paris, Flammarion, Editeur.

Lhermitte, J., 1937. — Les mécanismes du cerveau, 237 p., Paris, N. R. F. (Gallimard), Editeur.

Mc Ewen, R. S., 1923. — Vertebrate embryology, 544 p., New York, Henry Holt, Editeur.

May, R. M., 1932. — La transplantation animale, 352 p., Paris, Gauthier-Villars, Editeur.

May R. M., 1938. — Les cellules embryonnaires, 257 p., Paris, N. R. F. (Gallimard), Editeur.

Neal, H. V., and Rand, H. W., 1936. — Comparative anatomy, 739 p., Philadelphie, Blakiston's Son, Editeur.

Needham, J., 1931. — Chemical embryology. 3 t., 2021 p., Cambridge Press, Editeur.

Ovio, J., 1927. — Anatomie et physiologie de l'œil dans la série animale. Traduit par C. Dejean, 736 p., Paris, Lacan, Editeur.

Page, J. H., 1937. — Chemistry of the brain, 444 p., Londres, Baillière, Tindall and Cox, Editeur.

Parker, G. H., 1919. — The elementary nervous system, 229 p., Philadelphie et Londres, Lippincott, Editeur.

Parker, G. H., 1922. — Smell, taste, and allied senses in the Vertebrates, 192 p., Philadelphie et Londres, Lippincott, Editeur.

Parker, G. H., 1932 — Humoral agents in nervous activity. With special reference to chromatophores, 79 p., Cambridge, Cambridge Univ. Press, Editeur.

Perrier, R., 1925. — Cours élémentaire de zoologie, 871 p., Paris, Masson, Editeur.

Pighini, G., 1915. — La biochimica del cervello, 162 p., Turin, Rosenberg e Sellier, Editeur.

Retzius, G, 1891, 1892. — Biologische Untersuchungen. Neue Folge, t. II, 1891, 53 p., t. III, 1892, 68 p., Stockholm, Samson et Wallin, Editeur.

Rochon-Duvigneaud, A., 1943. — Les yeux et la vision des Vertébrés, 719, p., Paris, Masson, Editeur.

Sainton, P., Simonnet, H., et Brouha, L., 1937. — Endocrinologie clinique, thérapeutique et expérimentale, 834 p., Paris, Masson, Editeur.

Van Gehuchten, A., 1897. — Anatomie du système nerveux de l'Homme, 941 p., Louvain, Uystpruyst-Dieudonné, Editeur.

Vialleton, L., 1911. — Eléments de morphologie des Vertébrés, 790 p., Paris, Doin, Editeur.

Villiger, E., 1918. — Brain and spinal cord. A manual for the study of the morphology and fibre-tracts of the central nervous system. Traduit par G. A. Piersol, 289 p., Philadelphie et Londres, Lippincott, Editeur.

Weiss, P., 1939. — Principles of development. A text in experimental embryology, 601 p., New York, Henry Holt, Editeur.

TABLE DES MATIÈRES

I. — Introduction. 9
II. — Le mouvement sans nerfs 14
III. — Le réseau nerveux. 25
IV. — L'organisation de la chaîne ganglionnaire 41
V. — Le développement du névraxe des Vertébrés . . . 62
VI. — La genèse normale de la cellule nerveuse 84
VII. — Le genèse expérimentale de la cellule nerveuse . 102
VIII. — La formation des faisceaux. 121
IX. — Le névraxe de la Lamproie à l'Homme 145
X. — Les facteurs formatifs du névraxe. 168
XI. — La régénération nerveuse 190
XII. — Le chimisme du développement nerveux 212
XIII. — Les hormones dans le développement nerveux. . 237
XIV. — L'évolution des organes des sens. 255
XV. — Les facteurs formatifs des organes des sens . . . 276
Quelques travaux d'ensemble introductifs à l'étude de la formation du système nerveux 297

IMPRIMERIE DE LAGNY
EMMANUEL GREVIN ET FILS
• • • • • 5-1953 • • • • •

Dépôt légal : 1945.
N° d'Éd. 3289 — N° d'Imp. 3362.
Imprimé en France.